资源环境信息系统导论

Introduction to Resources and Environment Information

主　编◎　赵小辉　周　尚　杨　琼
副主编◎　朱乾华　石文兵　贺　薇
主　审◎　杨季冬　王鼎益

北京大学出版社
PEKING UNIVERSITY PRESS

图书在版编目(CIP)数据

资源环境信息系统导论/赵小辉,周尚,杨琼主编.—北京：北京大学出版社,2013.5
ISBN 978-7-301-22508-0

Ⅰ.①资…　Ⅱ.①赵…②周…③杨…　Ⅲ.①自然资源—地理信息系统—高等学校—教材　Ⅳ.①X37-39

中国版本图书馆CIP数据核字(2013)第094694号

书　　名：资源环境信息系统导论
著作责任者：赵小辉　周　尚　杨　琼　主编
责 任 编 辑：王树通
标 准 书 号：ISBN 978-7-301-22508-0/X·0060
出 版 发 行：北京大学出版社
地　　址：北京市海淀区成府路205号　100871
网　　址：http://www.pup.cn　新浪官方微博：@北京大学出版社
电 子 信 箱：zpup@pup.pku.edu.cn
电　　话：邮购部62752015　发行部62750672　编辑部62765014　出版部62754962
印　刷　者：北京虎彩文化传播有限公司
经　销　者：新华书店
787毫米×980毫米　16开本　12.5印张　260千字　2插页
2013年5月第1版　2022年10月第5次印刷
定　　价：28.00元

内容简介

本书面向资源环境教学及环境保护和管理工作的实际需要，以遥感、地理信息系统和全球定位系统技术为手段，进行资源环境空间信息的获取、分析处理、存储和表达，并为环境保护工作提供资源环境空间信息支持和管理决策依据的计算机系统。本书内容丰富，较全面地介绍资源环境信息系统的基本理论和技术及其应用。

全书26万字，共分为六章，分别介绍资源环境信息系统概论，资源环境信息系统数据库，空间资源信息的地理坐标系统和全球定位系统，资源环境遥感，地理信息系统，环境信息统计分析方法等内容。

本书可作为高等院校环境科学、环境工程、生态环境专业本科生的教学用书，也可作为研究生及从事环境保护与管理等相关工程技术人员的参考书。

序

幼年，读李白出夔门诗："渡远荆门外，来从楚国游。山随平野尽，江入大荒流。月下飞天镜，云生结海楼。仍怜故乡水，万里送行舟。"遥想诗人倜傥潇洒，"仗剑去国，辞亲远游"，"两岸猿声啼不住，轻舟已过万重山"，"一出夔门天地宽，飞升一跃踏龙门"，不胜神往。

壮年，终于有机会一游夔门。从宜昌乘小军舰逆流而上，为国防工程作环境评估论证。弹指间，已是半个世纪之前的事情。

2011年，地处三峡库区腹地、巴国故都涪陵的长江师范学院为了充分发掘学校的地理优势、学科优势和教育资源，及时满足三峡库区生态建设与环境保护的需求，建立"三峡库区生态环境监测和灾害防治工程技术研究中心"。揭牌之际，我应邀到涪陵。"夜发清溪向三峡，思君不见下渝州"，得此机会与学校领导、教师及国内外专家一起相聚三天，乘舟东下，"高峡出平湖"，再游夔门，考察库区生态环境，共议库区保护建设。

长江师范学院的领导和教师以三峡库区经济社会发展为使命，以办地方特色的教学应用型大学为目标，大力实施内涵建设，奋力推进战略转型。为此，赵小辉等几位青年教师编写了这本《资源环境信息系统导论》教材。

教育部中长期科学和技术发展规划（2006—2020）以自然资源与可持续利用、环境污染与环境安全、灾害预防与减灾工程、地球环境与生态系统等四个研究主题为发展重点，以资源环境与人类社会协调发展研究为主线。资源环境信息系统是用于资源环境信息的采集、数据处理、数据管理、信息传播以及辅助管理的决策系统，它是面向资源和环境应用领域的信息技术系统。近年来，资源环境信息系统广泛用于环境监测信息管理、污染源信息管理、环境质量考核与总量控制、环境污染事故应急处理、环境污染模拟与预测等方面。

本书的作者都有编写教材的经验，且都在教学一线，具有实际工作经历。我相信，本教材的出版发行和应用将会推动我国资源环境信息系统的进一步深化与完善，进而促进我国环境保护事业的发展。

祝愿本书"一出夔门天地宽"！

中国工程院院士

任阵海

序于中国环境科研研究院

2012年12月

前　　言

随着环境污染问题的加剧，资源、环境与人口之间的矛盾日益突出，严重威胁着人类的生存和发展。为此，“十二五”规划指出“面对日趋强化的资源环境约束，必须增强危机意识，树立绿色、低碳发展理念，以节能减排为重点，健全激励与约束机制，加快构建资源节约、环境友好的生产方式和消费模式，增强可持续发展能力，提高生态文明水平。”如何合理地使用与开发有限的资源、有效地改善与保护自然环境，是人们共同关心的课题。资源环境信息系统作为解决资源环境问题的重要的管理系统之一，它不仅可以帮助人们定位、定性、定量、可视化地发现并分析资源环境问题，而且可以向人们提供管理资源环境的科学手段、辅助人们制定合理的资源利用规划与环境保护方案以及相应的政策。

环境科学带有明显的地理空间的特点，资源环境信息系统与环境科学在研究对象和研究方法上所具有的相似性和互补性，使二者的结合孕育着巨大的发展空间，在环境管理、环境监测、环境规划、环境影响评价、环境工程等领域拥有广泛的应用前景。

本书以遥感、地理信息系统和全球定位系统技术为手段，进行资源环境空间信息的获取、分析处理、存储和表达，并为环境保护工作提供资源环境空间信息支持和管理决策依据的计算机系统。全书共分为六章，分别为：资源环境信息系统概论，资源环境信息系统数据库，地理坐标系统和全球定位系统，资源环境遥感，地理信息系统，环境信息统计分析方法。全书内容丰富，较全面地介绍了资源环境信息系统的基本理论和技术及其应用。

本书由赵小辉、周尚完成统稿、文字修订和图表设计工作。前言由杨季冬编写；第1章由杨琼编写；第2章由朱乾华编写；第3章由石文兵编写；第4章由贺薇编写；第5章由赵小辉编写；第6章由周尚编写。在编写过程中，第1章到第4章得到王鼎益教授的热情指导，在此表示衷心的感谢。

在本书出版之际，感谢长江师范学院教务处、化学化工学院领导们的大力支持，感谢北京大学出版社编辑为本书出版所作的辛勤工作。

由于编者水平有限，教材中存在的不足之处，敬请读者不吝指正。

编者

2013年元旦于重庆

目　录

第 1 章　资源环境信息系统概论

1.1　资源环境信息系统基础

1.1.1　资源环境信息

资源环境信息是环境数据的内在含义，是以语言文字、图形表格、音像媒体等表达的资源环境的资料、数据，其反映资源环境的状态特征及其时空变化。

（一）资源环境信息的基本特征

1. 资源环境信息的普遍性

信息是事物运动的状态和方式，只要有事物存在，只要有事物的运动，就会有其运动的状态和方式，就存在着信息。资源环境信息是对资源环境系统的运动状态的反馈。因此，信息是普遍存在的，信息、物质与能量一起构成了客观世界的三大要素。

2. 资源环境信息的综合多样性

这表现在产生环境信息的载体不限于单一的环境要素或环境介质，而同时存在于多种环境成分和介质中。如大气中的二氧化硫，在一定条件可以转化为酸雨，能同时污染地面水体、土壤、农作物、森林牧草，这就产生了一系列综合的环境信息。

3. 资源环境信息的区域性和整体性

资源环境信息由各个地区的资源环境特征、社会经济状况等因素决定。资源环境信息又具有整体性，即在一个地区、一个时间段，同一种环境信息的不同取值具有可比性。

4. 资源环境信息的连续性和动态性

资源环境系统内部的结构和能量的流动以及迁移转化过程的连续性决定了资源环境信息的连续性和时效性，通过对它们变化趋势的科学分析可以得到新的信息。

5. 资源环境信息的随机性

某些资源环境信息的种类、数量、流动过程和时空分布状态，都受到人的社会行为、自然因素和特定环境条件的随机作用而带有明显的随机性。

6. 资源环境信息的相关性和综合性

各种资源环境信息之间有着千丝万缕的联系，例如工业用水与废水排放、产值与“三废”排放、排污水平与经济发展水平等都体现出一定的内在关系，可以经过综合对比分析而获得更有深度的信息。

（二）资源环境信息的分类

根据不同的划分标准，可以把资源环境信息划分为如下一些类型：

(1) 以环境介质为基础，可以分为水环境信息、大气环境信息、土壤环境信息、生物环境信息、噪声信息等。

(2) 以信息源为基础，可以分为资源环境监测信息、资源环境统计信息、资源环境科研信息、资源环境普查信息(如工业污染源调查、资源环境背景值调查、农业污染源调查等)、资源环境管理机构信息、资源环境法规与标准信息、自然保护信息等。

(3) 以时空变化特征为基础，可以分为不随时间变化的环境信息、随时间变化的环境信息(又可分为定期更新和不定期更新的环境信息)、不随地区变化的环境信息、因地而异的环境信息。

(4) 以环境信息的应用为基础，可以分为各种环境管理信息、环境办公信息、决策信息等。其中，环境管理信息又可按来源分为4类：排污企事业单位填报的污染源基本信息，各级环境监测部门采集的环境质量、污染源监测信息，各级环境管理部门收集的环境管理业务信息，来自其他有关部门的信息。

(5) 以学科为基础，可以分为环境化学信息、环境物理信息、环境生物信息、环境工程信息、环境医学信息和环境管理信息等。

计算机是资源环境信息处理的主要工具。根据资源环境信息及其计算机处理技术的特点，从资源环境信息的计算机管理角度出发可以做如下分类：

1. 数值型信息

数值型信息是资源环境信息中数量最大的一类。这类信息主要是指资源环保部门办公系统涉及的文档信息，例如环境统计数据、环境监测数据、排污申报数据等。这类信息一般为确定性信息，很容易用典型的关系型数据库管理系统(RDBMS)来进行管理。这类信息积累到一定程度后，可以很方便地过渡到多维数据库和数据仓库，进行多维分析和信息挖掘工作，以辅助环境决策。

2. 空间信息

空间信息是指确定资源环境空间属性(定位)的数据。一方面是底图，可以包括多层信息，如地质特征、行政区划、水文特征、人口分布、土壤特征、道路、建成区等；另一方面是资源环境信息的空间属性，即如何在底图上定位资源环境信息。定位方式通常包括两类：一类是通过绝对坐标定位，如点源的坐标可以由经纬度来表示；另一类通过具有绝对坐标的地表物体的关联来定位，如根据河流分段来具体确定取样点的位置，或根据街道来定位监测点的位置，在数据库中只要建立与河流分段或街道的关联即可。

空间信息一般可由地理信息系统(geographic information system，GIS)来管理。由于典型的关系型数据库管理系统(RDBMS)在管理大量数据的功能和性能上更有优势，同时在RDBMS上已建成大量的数据库，因此，目前的GIS一般都提供和RDBMS的接口，以便从其中获得数据。

3. 多媒体信息

多媒体信息主要包括图像、图形、音频、视频等类别。很多系统都能提供对多媒体信息的管理能力，例如，可以利用数据库管理系统的新分支——多媒体数据库或群件系统来维护多媒体信息。在实际的环境信息管理过程中，可以根据要管理的环境信息的特点，采用不同的计算机技术来开发管理系统，这些系统也可以通过 Internet/Web 来加以集成。

1.1.2 资源环境信息系统

资源环境信息系统是指在计算机软硬件支持下，把资源环境信息按照空间分布及属性，以一定格式输入、处理、管理、空间分析、输出的计算机技术系统。换句话说，即对各种各样资源环境信息及其相关信息加以系统化和科学化的信息系统。

（一）资源环境信息系统的功能

1. 数据功能

数据功能主要指数据管理（包括数据的录入、添加、修改、删除、处理、传输与维护）和信息查询、访问、公布等功能。具体如下：

（1）促进资源环境信息的有效利用。

（2）为各种资源环境管理决策提供信息支持，提高决策的科学性。

（3）高速度地完成资源环境管理过程中的数据处理，包括数据的汇总、统计、指标值计算等，以此提高管理效率。

（4）对资源环境管理全过程的信息进行有效管理，可以发现管理过程中存在的某些问题，达到强化监督措施，改善管理效果的目的。

（5）促进有效控制。利用现代化的手段对数据进行对比分析、预测和评价，为管理的前馈控制和反馈控制提供信息支持，有助于提高控制过程的科学性、合理性和有效性。

（6）通过计算机网络，实现信息的高效传输，有利于各级管理机构和管理人员之间的协调。

2. 交流功能

实现国内、国际环境信息交流。通过计算机网络，保证环境信息系统与其他部门信息系统的信息交流渠道畅通，为环境决策提供支持。建立与有关国际组织和国家的联系，有利于国际交往与合作。

（二）资源环境信息系统的分类

按照不同功能，资源环境信息系统可以分为：环境信息采集系统（environmental information collection system，EICS）、环境信息处理系统（environmental information processing system，EIPS）、环境信息监测系统（environmental information monitoring system，EIMS）、环境信息管理系统（environmental management information system，EMIS）、环境信息资源系统（environmental resources information system，ERIS）。

按照地域范围来看，可将资源环境信息系统划分为：全球资源环境信息系统、国家资源环境信息系统、区域资源环境信息系统、省级资源环境信息系统、地市级资源环境信息系统等。

从具体的应用行业来看,可分为:大气环境信息系统、固体废弃物监测信息系统、噪声污染信息系统、水污染环境信息系统等。

(三)资源环境信息系统技术

资源环境信息系统是面向资源和环境应用领域的信息技术系统。资源环境信息技术是指资源环境信息的采集、数据处理、数据管理、信息传播以及辅助管理决策的整套技术。其涉及的信息技术有:计算机图形学、数据(仓)库技术、图像处理技术、3S技术(GIS,RS,GPS)、专家系统技术等。

1. 资源环境信息系统技术的特点

(1) 基础性:80%以上的国民经济的信息都与资源环境信息有关;

(2) 综合性:体现在多技术集成以及地域和模块功能集成;

(3) 公布性(或开放性):地域和模块功能;

(4) 广泛性:事关"资源与环境"问题的解决,涉及社会的各个领域。

2. 资源环境信息系统技术对国民经济的意义

资源环境问题构成人类生存的巨大威胁,利用现代信息技术强化资源环境管理是国民经济可持续发展的根本保障,这项技术的发展是国家实力的一种体现。社会需要资源环境信息系统,资源环境信息系统事关人们的衣食住行。

1.2 国内外资源环境信息系统的发展历程与现状

信息技术是生产力发展的必然产物。信息是物质世界各种事物存在的表征。具有共用性、客观性、时效性。信息技术独立发展成为一门技术,是生产力发展的必然结果。信息技术的发展需要社会生产力发展的驱动,同时也需要以相关基础科学与技术为条件。

资源环境信息系统使人们更加深刻地认识和合理地保护地球——人类共同生存的空间。在空间范围上,可以将数万平方千米的地学图形图像信息容纳在一台计算机以内。在时间维上,人们可以在瞬间将数千千米外的音像信息传输到眼前。在现代信息技术支持下,可以将巨大的时空范围事物变化的过程可视化地表现在一个小小的计算机屏幕上。

1.2.1 国外资源环境信息系统发展历程

20世纪60年代,遥感技术开始出现,资源环境信息技术开始形成。英国在60年代就建成了水质档案系统。

70年代,地理信息系统概念具体提出。加拿大建设了世界上第一套CGIS系统,日本、丹麦、芬兰、荷兰等发达国家也建成了各种形式的资源环境信息系统。

80年代,全球定位系统投入使用,资源环境信息技术形成一个独立的技术体系,信息系统的应用日益广泛。保加利亚开发的农业综合管理系统(integrated computerized agricultural management system,ICAMS)从80年代初开始运行;1986年,联合国环境规划署开发了全球资源信息数据库;1989年,美国土壤保持局运用土壤信息系统有效保护土壤生态环境,控制土壤污染。

90年代,资源环境信息与信息技术步入产业化时代。美国就业人口中52%从事直接信息产业。在美国国家环境保护局(EPA)1992年所列出的环境信息系统清单中,包含了600多个系统、数据库和模型。1998年美国提出"数字地球"概念,世界各国响应,数字农业(精确农业)、数字国土等概念纷纷提出,国家级信息工程也纷纷启动。

美国环境信息系统发展较为完善。其显著特点是以数据为核心,首先考虑数据的完整性和系统性,再由此规划数据的收集系统、分析处理系统和传输系统,并且公开数据库结构以及数据,以便在此基础上进一步开发和利用这些数据。到目前为止,美国的环境数据库有20多种,主要包括如下系统。

1. EPA的数据仓库

EPA的数据仓库主要包括:

(1) CERCLIS,里面存放了从1983年到现在危险废弃物堆放点的评价和维护信息;

(2) ESDLSS,EPA空间数据库系统;

(3) LRT,记录所有EPA管理的设备、运行单元、场地、观察点和环境监测的经纬度坐标;

(4) PCS,全国范围的NPDES(国家污染排放削减系统)数据,可以跟踪许可证发放、监测数据和许可限制;

(5) RCRIS,根据RCRA(资源保护和恢复法令),记录危险废弃物产生者、运输者、处理者、存储者和处置者的信息。

2. 大气监测信息检索系统

大气监测信息检索系统(A1RS)是美国和国际卫生组织的某些成员国使用的基于计算机的气态污染物信息库,由美国EPA负责运转,数据库运行在北卡罗来纳州的EPA国家计算机中心的IBM主机系统上。主要包括:

(1) AFS,EPA负责监测的150 000个点污染源数据;

(2) AQS,大气污染物浓度及其相关气象数据;

(3) AG,多个AIRS子系统的数据集成到地图和统计图中,显示污染数据的模式、趋势和异常现象;

(4) GCS,AQS,AFS和AG子系统的参考数据;

(5) TTN,电子布告板系统,用于公众交换大气污染技术和立法信息;

(6) AE,PC机程序,包括从AIRS数据库中导出的数据子集,用于普通用户访问AIRS数据。

3. ERNS 紧急响应通知系统

该系统主要针对诸如石油或有毒物品泄漏等突发事件。

此外，还有跨国环境信息系统，统一收集环境信息，保证信息的完整性和一致性，实现信息共享，以便解决区域性或全球性环境问题。主要有欧盟和联合国环境规划署建设的相关系统。

欧盟的环境信息系统包括：欧洲环境和健康信息源超级数据库（environment and health information source database）；环境化学品数据和情报网（environmental chemicals data and information network，ECDIN）；欧盟自然和生态资源信息协调项目（coordination of information on the environment，CORINE）。

联合国环境规划署的环境信息系统包括：国际环境资源查询系统（international referral system，IRS）；全球环境监测系统（global environment monitoring system，GEMS）；国际潜在有毒化学品登记管理系统（international register of potentially toxic chemicals，IRPTC）；全球资源信息数据库（global resource information database，GRID）。

1.2.2 中国的环境信息系统

中国的环境管理体制分为5个层次，即：国家、省（市）、地（市）、县（市）和乡（镇）（见图1-1）。与中国现有环境管理体制相适应，长期以来，中国环境信息系统的基本层次结构是三级系统。

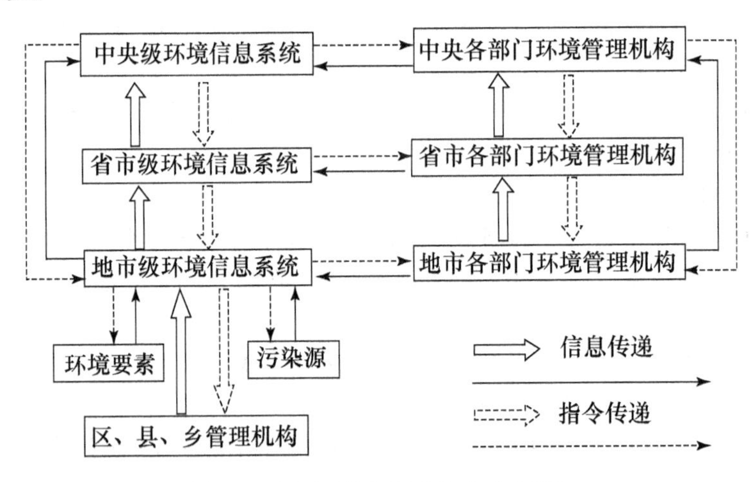

图1-1 中国环境信息系统的基本结构

（一）中国环境信息系统的发展阶段

中国环境信息系统是从20世纪80年代开始起步的。1983年召开的第二次全国环境保护会议将环境保护确定为中国的一项基本国策，制定了“同步发展”的战略方针，并形成了“强化管理为主体、预防为主及谁污染谁治理”的三大政策体系。近20年来，环境信息工作的开展历史，大致可以划分为4个阶段。

1. 环境信息标准化

从“七五”计划(1986—1990年)开始，中国启动了环境信息标准化和环境数据库开发方面的研究。十几年来，在环境质量、污染源管理等领域，已经建立起了一套行之有效的环境信息标准。这个阶段的信息系统建设集中在数据规划和标准制定方面，开发的大多是基于Foxbase等数据库上的单机版软件，数据传输主要采用书面报表和软盘传递的方式，数据输出也主要采用报表格式。

2. 省级环境信息系统建设

利用世界银行贷款项目(B-1项目)“中国省级环境信息系统建设”的实施，建成了27个省环境信息中心，在省级环保局建立起了承上启下的数据采集、传输、管理系统。首次引进了网络信息管理、地理信息系统、大型关系型数据库管理系统、决策支持系统等最新的信息技术研究成果，规划并初步实现了比较完整的环境信息解决方案，进行了有益的尝试和研究，为后期的环境信息系统建设打下了基础。

3. 城市级环境信息系统建设

继B-1项目后，国家环保总局继续在全国23个城市环保局推行城市级环境信息系统(B-1扩展项目)，围绕着市级环境信息系统建设，展开调研和系统开发工作，推广了城市环保局办公自动化软件、环境数据中心软件和环境监测站数据采集软件。中日两国政府合作项目——100个城市环境信息网络建设的第一部分——也在此基础上，在全国范围内进行了推广。经过这几年的快速发展，全国所有的地级城市都可望建立起环境信息中心，它们将成为中国环境信息系统建设的主要力量。环境信息系统建设开始向实用、通用、易用方向转变，在系统设计方案上也更加精炼和可行。同时，充分利用最新的互联网技术和浏览器/服务器(B/S)结构，将大系统框架划分成若干具体的软件功能，采用软件销售和技术支持的方式在全国几十个城市开展环境信息系统建设工作。

4. 环境管理广域网建设

中国将在全国范围内建设环境管理网络，将省级、城市级环境信息系统和国家环境信息中心连接成一个统一的整体。现已完成了省级环境信息中心和国家环境信息中心的联网工作，并将逐步实现全国环境信息系统的联网架构。随着全国环境信息网络的硬件设施建设完成，环境信息软件也将向标准化、网络化、服务化方向逐步演变，数据采集、传输、公开和共享等环节都将在全国一盘棋的整体布局下高度综合考虑，以使中国的环境信息系统通过网络形成一个有机的整体。

(二) 中国环境信息系统的类别

经过上述几个发展阶段，中国已成功开发出了一系列环境信息系统，大致分为以下4类。

1. 环境和资源信息系统

从“六五”到“八五”期间，中国已完成了以下系统的研究和建设：环境质量监测信息系统；国家有毒化学品信息管理系统；水环境质量管理信息系统；区域水环境管理模型系统；资源与环境信息系统的国家规范与标准化研究；全国性资源与环境信息系统研究；三北防护林资源与环境动态监测信息系统研究；洞庭湖荆江地区资源与环境信息系统研究。

但是，从总体看，这些系统基本属于研究范畴，侧重于现实世界向信息模型的转换和各项技术应用的探索，再加上时间和资金的限制，缺乏开发大型信息系统的经验，以及国家缺乏统一的规划、明确的需求，造成这些系统的实用性比较差。

2. 国家环保局各司、处的管理软件

随着中国环境管理制度的形成和逐步完善，国家环保局有关部门组织开发、审查、推行了一系列应用软件，包括：污染源调查数据库系统；全国乡镇污染源调查数据库；环境质量监测传输软件；环境统计系统；重点工业污染源动态数据库；排污收费系统。这些软件比较实用，为减少有关部门的数据处理工作量，提高管理水平起到积极作用。

但也存在不少问题，主要表现在：① 应用局限性大；② 信息源缺乏统一规划；③ 软件跟不上管理变化。应用软件也应该经常变化。总的来说，这些管理软件，大部分由于管理上的变化和系统设计考虑不足，没有达到预期效果。目前应用得比较好的是环境质量监测传输软件和环境统计软件。

3. 地方环境管理信息系统

各地环境保护部门为各自管理的需要，自行开发研制适合本地特点和管理需要的地方环境管理信息系统。中国的第一个省级环境信息系统是江苏环境信息系统(Jiangsu environment information system，JSEIS)，它于1991年7月至1994年10月，由江苏省环保局和清华大学环境工程系合作开发完成。

4. 环保局办公自动化系统

国家环保局在群件技术的基础上组织开发了公文管理系统，用于处理环保局所有的公文形式，如收文、发文、机要、签报、会议、督办以及接受新华社的内部通讯稿和当日信息摘要等，对公文的起草、接受、登记、批办、审核、办理、催办、办结、存档实现全过程管理。一些地方环保局也在其他平台(如数据库)上开发了办公管理系统。环保局办公自动化系统实用性很强。

(三) 中国环境信息系统的发展方向

1. 加强环境信息系统标准规范的建设

(1) 环境代码规范。包括国家统一制定的代码，如地区代码和行业代码等，以及环保领域必需的代码，如污染物代码和治理设施代码。

(2) 环境信息分类规范。按照环境信息的内容、性质和使用要求，合理地组织环境信息，使之成为一个有条理的系统，便于信息的管理和共享。

(3) 环境信息收集规范。在环境信息分类规范的基础上，对环境信息的收集过程、数据收集的范围、频度，数据收集报表的审核等一系列的工作要加以规范，以保障环境信息系统的正常运行。

(4) 环境信息存储规范。通过在各级环境保护部门合理地存放信息,保证信息的可用性、共享性和安全性,在满足环境管理需求的同时提高效率、降低成本。

(5) 环境信息传输规范。通过确定各级环保部门间信息传输的方式和内容,以及部门间环境信息交换的有关约定,使环境信息的流动畅通,实现信息共享。

(6) 环境信息处理规范。确定环境信息处理的类别,以及有关信息处理的文件编制符号及约定。

(7) 信息系统的开发规范。从系统开发的方法学出发,结合中国已有的软件工程规范,根据环境信息系统的特殊性,制定中国环境信息系统的开发标准,从质量保证环境信息系统的成功建设。

应该进一步公开这些数据库的数据和接口标准。对于将要建设的数据库,也应该首先考虑数据库和应用接口问题,并尽量在现有数据库基础上进一步开发应用系统,提高利用效率,避免重复开发。

2. 从数据管理向决策分析发展

现在的环境信息系统,很容易被人理解为报表系统,即将手工填报的报表计算机化,至多对原始数据进行汇总和统计,而很少在此基础上做进一步的工作,包括如何充分利用这些数据,开发决策支持系统等问题。决策支持可以分为日常决策分析和工程决策分析。前者实际上是管理工作的一部分,例如,帮助完成污染治理的环境管理工作,这种工作通常可以借助数据库和桌面 GIS 技术来实现;后者是针对某项具体工程,进行工程选址、环境规划评价等方面的工作,这主要依赖 GIS 的空间分析和计算能力,以及环境规划、分析、决策等模型和方法来完成系统模拟。

3. 提供宏观环境问题研究的手段

环境信息系统不仅可以辅助管理,而且可以支持决策分析,尤其有利于宏观环境问题的研究,如全球气候变化、污染物的扩散迁移、泥沙造成海岸线的变迁等。这些问题的研究离不开遥感、地理信息系统和全球定位系统的结合使用,其中的关键因素包括遥感识别污染物技术和全国地图库的建设等。全国地图库的建设主要取决于国家的重视与否,因为这项工作往往需要国家投资,并组织大批技术人员,或建立相应的市场激励机制。建立全国地图库,尤其是大比例尺地图库,有助于解决 GIS 应用的瓶颈问题——缺乏公用地图数据。

4. 发展信息种类,拓宽信息服务领域

环境数据一方面可以为环保部门使用,另一方面还要为其他部门和公众服务,因为环境问题关系到每个人的生活质量,每个人都有权利获取环境信息。Internet 和万维网为环境信息的发布提供了很好的条件;还可以通过其他形式向公众提供数据,如联机访问服务。这需要加强国家环境信息中心的建设,使其拥有巨大的存储量和计算能力,并且还依赖国家在信息高速公路基础设施上的投资。目前一些实际的做法是将环境数据

及其阅读器一并发布，根据用户的需要提供某一年或某地区的数据，而阅读器是通用的，只能读取数据。这种包装方法可以通过磁盘和光盘等脱机形式发布，拓宽环境信息服务涉及一个新的理念，即环境信息公开。

（四）环境信息系统新技术

结合实际、依靠科技，充分利用最新技术，将有望成功建立起数据采集准确、数据传输迅速、数据存储分布在不同结点、用户利用信息方便的环境信息系统。

1. 现代化环境监测技术

随着“全国环境信息卫星通信网络建设”和“环境自动监测网建设”项目的启动，以及大批高科技智能化环境监测仪器的研制和投入使用，环境监测将逐步实现自动化、智能化，并将监测数据通过 VSAT 卫星通信网传输到国家和省、市。环境监测自动化将极大地充实国家环境信息系统的数据库，为建立数据仓库、进行数据分析和数据挖掘打下坚实的基础。智能化环境信息监测新技术主要包括：

（1）智能化环境监测仪器与仪表技术；

（2）“3S”技术，即地理信息系统（GIS）、遥感（RS）和全球定位系统（GPS）技术及它们的综合应用技术。

2. 环境信息处理新技术

随着计算机技术的不断更新和发展，以下技术将对于处理数量庞大、种类繁多的环境信息起重要作用，它们是：

（1）数据仓库技术（data warehouse）；

（2）群件技术（groupware）。

（3）数据挖掘（data mining）技术；

（4）联机分析处理技术（OLAP）。

3. 环境信息传播新技术

经过处理的环境信息必须经过不同的途径向不同的信息使用者（上级主管或一般用户）传递，如何准确、快速地传递信息对于信息应用功能的实现起着很关键的作用。随着现代通信技术的不断发展，以下技术将在信息传播过程中发挥重要作用，包括：

（1）网络多媒体技术；

（2）计算机通信技术。

第2章 资源环境信息系统数据库

2.1 概 述

资源环境信息系统，是以遥感、地理信息系统和全球定位系统为技术为手段，进行资源环境空间信息的获取、分析处理、存储和表达，并为环境保护工作提供资源环境空间信息支持和管理决策依据的计算机系统。

所谓数据库（data base，DB），是在计算机存储设备上合理存放的相互关联的数据集，是数据管理的一种科学方法。具体而言，是指长期保存在计算机的存储设备上，并按照某种模型组织起来，可以被各种特定的用户或应用所共享的数据的集合。

资源环境信息系统数据库是对资源环境空间数据合理存放的一个集合。数据库技术是资源环境信息系统建设中的核心技术。数据库离不开以下几个基本概念：数据管理、数据库系统、数据库管理系统、数据库技术、数据库理论。

(1) 数据管理是指对数据有效的收集、编目、定位、存储、检索、维护、处理和应用的过程。它是数据处理的中心问题，也是数据库技术得以产生和发展的动力。

(2) 数据库系统（database system，DBS）是指在计算机中引入数据库后构成的系统。它由数据库、数据库管理系统以及开发工具、应用系统、管理员和用户构成。

(3) 数据库管理系统（database management system，DBMS）是指提供各种数据管理服务功能的计算机软件系统。这种服务功能包括：数据对象定义、数据存储与备份、数据访问与更新、数据统计与分析、数据安全保护、数据库运行管理、数据库建立和维护等。

(4) 数据库技术和理论是建立在数据库基础之上，研究如何科学地组织和存储数据，如何高效地检索和处理数据的一门学科。它是现代信息系统技术的基础。

一般来说数据库的集合存放应把握以下几个原则：① 最小冗余原则，数据尽可能不重复；② 应用程序对数据资源的共享原则，以最优的方式服务于一个或多个应用程序；③ 数据独立性原则，数据的存放尽可能地与使用它的应用程序相独立；④ 统一管理原则，能够用一个软件统一管理这些数据，例如，对数据的维护、更新、增删和检索等一系列操作。

2.2 数据库发展简史

2.2.1 数据库发展阶段

数据库技术产生于20世纪60年代，从诞生到现在，在不到半个世纪的时间里已发展成为一个数据模型丰富，新技术层出不穷，应用领域日益广泛的庞大体系。数据库技术和数据库系统已广泛地应用于企业、部门乃至个人日常工作、生产和生活之中。随着这一领域的不断扩展与深入，数据库的数量和规模越来越大。

1. 第一阶段

数据库系统诞生于20世纪60年代。当时计算机开始广泛应用于数据管理，对数据的共享提出了更高的要求。在数据库系统出现以前，各个应用领域拥有自己的专用数据，通常存放在专用文件中，这些数据与其他文件中的数据有大量的重复。数据库的重要贡献就是将应用系统中的所有数据独立于各个应用，而由数据库管理系统（DBMS）统一管理，实现数据资源的共享。数据模型是数据库系统的基础和核心，各种数据库管理系统软件都是以某种数据模型为基础。因此通常按照数据模型的特点将传统数据库系统分为层次数据库、网状数据库和关系数据库三类。

2. 第二阶段

60年代到70年代初，网状数据模型逐渐替代层次数据模型。网状模型（network model）是基于图来组织数据的，对数据的访问和操纵需要数据链来完成。这种有效的实现方式对系统使用者提出了很高的要求，在一定程度上阻碍了系统的推广应用。

该阶段的主要标志是美国数据库系统语言协会下属的数据库任务组对数据库的方法和技术进行了系统研究，并提出了著名的数据库任务组（database task group，DBTG）报告。DBTG报告确定并建立了数据库系统的许多基本概念、方法和技术，成为网状数据模型的典型技术代表。

3. 第三阶段

网状数据库和层次数据库已经很好地解决了数据的集中与共享问题，但在数据独立性以及抽象级别上仍存在很大欠缺。用户在对这两种数据库进行存取时，仍然需要明确数据的存储结构，指出存取路径。关系数据库的出现较好地解决了这些问题。

该阶段的主要标志是1970年IBM公司的Codd E F博士在*Communication of the ACM*刊物上发表了名为“大型共享数据库数据的关系模型”（A Relational Model of Data for Large Shared Data Banks）的基于关系模型（relational model）的数据库技术论文，并获得1981年“ACM图灵奖”，此论文奠定了关系模型的理论基础。由于关系模型的简单、易理解及其所具有的坚实理论基础，20世纪70年代和80年代的前半期，数据库界集中围绕关系数据库进行了大量的研究和开发工作，对关系数据库概念的实用化投入了大量的精力。关系模型提出后，由于其优点突出（见表2-1），迅速被商用数据库系统所采用，关系模型是最具有发展前途的数据模型。据统计，90年代以来新发展的DBMS产品中，近90%采用的是关系模型，其中涌现出了许多性能良好的商品化关系数据库管理信息系统，如Oracle、IBM公司的DB2、微软公司的MS SQL Server以及Informix、ADABASD等。

表 2-1　三种数据模型的优缺点比较

数据模型	优　点	缺　点
层次模型	存快速方便；结构清晰，容易理解；数据修改和数据库扩展易实现；检索关键属性方便	缺乏灵活性，结构呆板；同一属性数据要存储多次，数据冗余大；不适合于拓扑空间数据的组织
网状模型	数据冗余小，能明确而方便地表示数据间的复杂关系	结构复杂，用户查询和定位困难；需要存储数据间联系的指针，使得数据量增大；数据的修改不方便(指针必须修改)
关系模型	结构特别灵活，满足所有布尔逻辑运算和数学运算规则形成的查询要求；能搜索、组合和比较不同类型的数据；增加和删除数据非常方便	数据库大时，查找满足特定关系的数据费时；对空间关系无法满足

2.2.2　各阶段模型

1. 第一阶段

层次模型(hierarchical model)，又称树型模型，其结构呈树状(图 2-1)。层次模型描述了数据之间的层次关系，数据之间一对一或一对多的关系。其结构特点是：① 有且仅有一个结点无双亲(图 2-1 中的“国家环保部”)，这个结点称为根结点；② 其他结点有且仅有一个双亲结点。

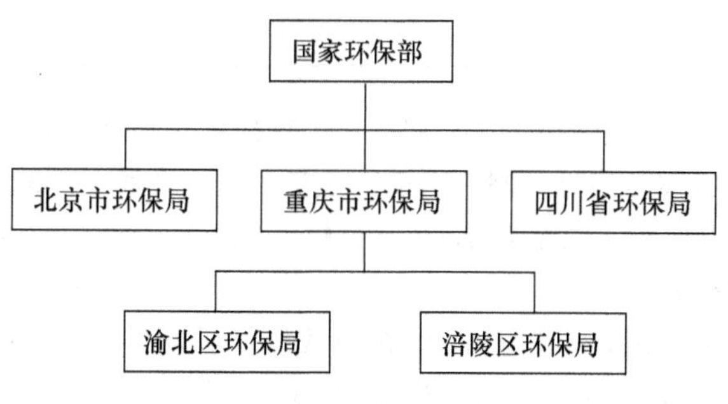

图 2-1　层次模型示意图

层次结构采用关键字来访问其中每一层次的每一部分。其优缺点如表 2-1 所示。

2. 第二阶段

网状模型(network model)用连接指令或指针来确定数据间的显式连接关系，是具有多对多类型的数据组织方式，其结构是以数据类型为结点的网状形式(图 2-2)。其具有如下特点：① 两层网状数据结构。数据集分为主集和细目集两类，主集和细目集之间是一对多的关系，一个细目集可以与多个主集建立联系，可以有一个以上的结点无双亲(如“A”、“B”等)；可以有多个双亲结点。② 一个数据集是同类记录的集合，记录是数据项值的集合。可以描述多对多的关系是它的最大特点，比关系模型查询路径短、效率高，系统易于实现，但操作语言过程化，用户需了解子模式的数据结构和当前记录值，使用不方便。其优缺点亦见表2-1。

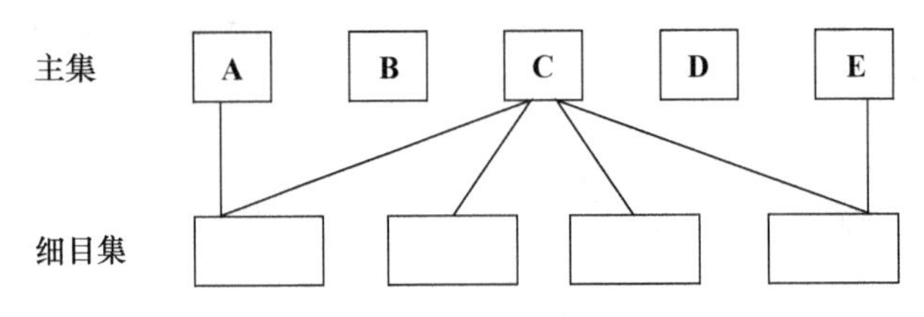

图2-2　网状模型示意图

3. 第三阶段

关系模型(relational model)是以数据表或记录组的形式组织数据，以便于利用各种地理实体与属性之间的关系进行存储和变换，不分层也无指针，是建立空间数据和属性数据之间关系的一种非常有效的数据组织方法。用数学方法处理数据库的组织结构，可以把关系模型理解为一张二维表，表格中的每一行代表一个实体，称为记录；每一列代表实体的一个属性，称为数据项(表2-2)。

表2-2　关系层次示意图

编　　号	姓　　名	性　　别	单　　位
X10005 …	李四 …	男 …	北京大学 …

记录的集合称为关系，它具有如下性质：① 数据项不可再分(不可表中套表)；② 关系中的列是同性质的，称为属性，属性之间不能重名；③ 关系中不能出现相同的记录，对记录的顺序无要求；④ 每个关系都有一个主键，它能唯一地标识关系中的一个记录；⑤ 关系中列的顺序不重要。

记录的特点是：① 不仅具有查询、更新等数据操纵功能，还具有数据定义和控制功能；② 控制语言非过程化：只要求系统做什么，而不要求怎么做；③ 面向集合的存取方式；④ 简明的数据模型和灵活的用户视图；⑤ 具备良好用户性能的关系数据语言；⑥ 较高的数据独立性；⑦ 具有严密的理论基础。

2.3　数据库发展趋势

随着信息技术和市场的发展，出现了丰富多样的数据模型(层次模型、网状模型、关系模型等)，新技术层出不穷，出现了将原有关系数据库与许多其他的功能相结合的趋势，数据采集的多样化，给数据库技术带来了很多的挑战。

2.3.1 面向对象数据库

面向对象数据库(object-oriented database)是数据库技术与面向对象技术相结合的产物。它同传统的关系数据库系统相比具有处理多媒体数据和复杂对象的能力,使得它更适用于涉及多媒体数据、时态数据、空间数据和复杂对象数据库等新的应用领域。关系数据库在传统数据库应用领域中仍占据主导地位,将二者结合,发展一种分布式对象关系数据库是未来的趋势。

2.3.2 智能数据库

人工智能和数据库技术相结合,是数据技术未来发展的方向。一个智能数据库(intelligent database)能将演绎数据库和主动数据库的基本特征集成在一个系统之中。它具有提供表达各种形式应用知识的手段;像专家系统一样为用户提供解释;恰当地为快速变化作出反应;更普遍,更灵活地实现完整性控制、安全性控制、导出数据处理和报警等特点。

2.3.3 数据仓库、数据挖掘及支持智能决策

数据库平台与Web平台的无缝对接,即对Web数据库技术的研究,已成为近期研究的热点。数据挖掘是目前发展极为迅速的一个研究领域,它综合了机器学习、统计分析和数据库技术,是为数据库中数据的决策型使用服务的。知识发现包括关联规则生成、分类、聚类、序列分析等。知识发现任务也可看做是数据库上的分析查询,涉及在大型数据库上运行归纳机器学习算法或者统计算法。如何扩充数据库系统的功能,使之包括数据挖掘能力,也是当前数据库界的一个热点,具体说来,就是研究简单的查询原语和新一代查询优化技术。

2.3.4 建立在Web平台之上的海量空间数据库的统一体——数字地球解决方案

随着计算机应用水平的不断提高和网络技术的发展,数据库中数据量的剧增,信息处理全球化趋势加强,要求有更高的数据分布和管理模式。与之相对应而发展起来的联邦数据库(FDBMS)方案将有望实现对已有的、分布的、异构的多个数据库系统的集成,其系统结构既支持节点内外的数据共享,又支持节点内的高度自治。“数字地球”是一种可以嵌入海海量空间数据的、多分辨率的、三维地球的表达方式,是对真实地球及其相关现象统一性的数字化重现和认识,包括构成体系数字形式的所有空间数据和与此相关的所有文本数据,及其涉及的把数据转换成可理解的信息并可方便地获得的一切相关的理论和技术。“数字地球”实际上是建立在Web平台之上的海量(1015字节)空间数据库的统一体。空间数据库数据的获取和更新成为实现该方案的首要问题。除此之外,还涉及科学计算、海量存储、卫星影像、宽带网络、互操作和元数据等关键技术。数字地球方案

的实施将最终实现人类把地球装进数据库的梦想。

通过对数据库发展的回顾与展望,可以肯定未来数据库应该具有以下四方面特点:高可靠性、高性能、高可伸缩性、高安全性。

2.4 数据库设计开发

数据库开发设计是一项复杂而系统的工程,数据库要实现高可靠性、高性能、高伸缩性和高安全性等特点,在开发设计过程中,应该遵循一定的指导原则,按照规范化的流程和方法来进行。

数据库设计的一般流程分6个阶段:① 需求和约束分析;② 概念模式设计;③ 逻辑模式设计;④ 物理数据库设计;⑤ 测试、加载和运行;⑥ 数据库维护。这是一个反复迭代直至达到设计目标的过程。为了更好体现数据库的优势,方便、美观和可操作性强的界面是开发数据库软件的必然要求,这就对数据库开发中的可视化技术提出了更高的挑战,目前有许多可用于数据库设计的软件,如C++Builder,Visual Basic,Microsoft Visual C++,Power Builder 等。

Microsoft Visual C++可以说是现在最为通用的可视化开发平台之一,它提供了相当齐备的类库和友好的编程界面。借助于 Visual C++,可以轻松地开发出功能强、速度快、应用广,并且占用资源少的应用程序。

2.5 数　　据

数据是记载下来的事实,是客观实体属性的值,是可以记录、通信和识别的符号。数据(包括资源环境信息数据)均具有以下三大基本特征:空间、时间和专题属性。

1. 空间特征

空间特征指空间物体的位置、大小与形状等几何特征,以及与相邻物体的拓扑关系。位置和拓扑特征是地理或空间信息系统所独有的,空间位置可以通过坐标来描述,如经纬度坐标、一些标准的地图投影坐标或是任意的直角坐标等。资源环境信息系统的作用之一就是进行各种不同坐标系统坐标间的相互转换。

2. 时间特征

空间数据总是在某一特定时间或时间段内采集得到或计算产生的。由于有些空间数据随时间变化相对较慢,因而有时被忽略。在很多场合,时间可以被看成一个专题特征。

3. 专题特征

专题特征指的是除了时间和空间特征以外的空间现象的其他特征(物理、化学、生物、地质地理等属性)。这类特征在其他类型的信息系统中均可存储和处理。

2.5.1 数据的测量尺度

对特定现象的测量就是根据一定的标准对其赋值，而量测是对任何事物都要鉴别、分类和命名，它们所使用的参考标准或尺度是不同的。量测的尺度大致可以分成 4 个层次。

1. 命名或类型

命名式(nominal)的测量尺度也称做类型测量尺度，只对特定现象进行标识，赋予一定的数值或符号而不定量描述。比如，我们可以用不同数值表示不同的土地利用类型、植被类型或岩石类型，但是这些数值之间无数量关系，对命名数据的逻辑运算只有“等于”或“不等于”两种形式，而其近似均值只能使用众数。很多专题地图中的数据都是命名数据或类型数据。

2. 次序

次序(ordinal)测量尺度是基于对现象进行排序来标识的。例如，我们把山峰按高度分级为极高山、高山、中山、低山和丘陵等，将坡度分为陡、中、缓等。不同次序之间的间隔大小可以不同。对次序数据的逻辑运算除了“等于”与“不等于”之外，还可以比较它们的大小，即“大于”或“小于”。近似均值可以使用中位数，但不能用算术平均。

3. 间隔

间隔(interval)测量尺度与比例测量尺度相似，但是间隔尺度的测量值无真的零值。例如温度是间隔尺度的数据而不是比例数据，因为它的“0” 测量值随着所使用的不同温度测量单位而不同。

4. 比例

比例(ratio)测量尺度的测量值指那些有真零值而且测量单位的间隔是相等的数据，如金属铝含量为“0”意味着无铝。比例测量尺度与使用的测量单位无关。比例数据和间隔数据可用于加、减、乘、除等运算，而且可以求算术平均。

比例数据或间隔数据可以比较容易地被转变成次序或命名数据。如在地图制作过程中经常将比例或间隔测量值进行分类，将其转化为次序或命名数据，对遥感影像数据进行土地利用/土地覆盖分类就是将比例数据转化成命名数据，即通过分类将一组数据综合或简化到不同的组别。分类是一个将数据综合或简化的处理过程。相反，命名数据则很难被转化成次序、间隔数据或比例数据。

由此可知，尽管命名数据或次序数据便于使用，易于理解，但有时不够精确，不能用于较高级的算术运算。而比例数据或间隔数据比较精确，便于计算机处理，但是在较复杂的 GIS 应用中，往往上述几种测量尺度的数据均需用到。

当同时使用上述各类数据时，一般的算术计算方法就不再适用了。由于不同测量尺度的数据多半来自不同的渠道，我们称这种算法为多源数据的综合算法。

2.5.2 数据源

数据源可以大致分为原始数据(第一手数据)或处理加工后的数据(第二手数据),又可将数据源分为非电子数据和电子数据两类(见表2-3)。

表2-3 数据源分类

项　目	第一手数据	第二手数据
非电子数据	野外测量;笔记;航空相片;人口普查;工程测量	地图统计图表
电子数据	全站仪、全球定位系统数据;地球物理、化学数据;遥感数据	数据库

2.5.3 数据质量

数据质量有如下基本特点:

1. 准确度

准确度(accuracy),即测量值与真值之间的接近程度,可用误差(error)来衡量。

2. 精度

精度(precision),即对现象描述的详细程度。

3. 不确定性

当真值不可测或无法知道时,我们就无法确定误差,因而用不确定性(uncertainty)取代误差。统计上,用多次测量的平均来计算真值,而用标准差来反映可能的误差大小。因此可以用标准差来表示测量值不确定性。然而欲知标准差,就需要对同一现象做多次测量。所以要知道某测量值的不确定程度,需要多次测量,而称一次测量的结果为不确定的。其实造成数据不确定性的原因不仅限于真值的不可测或测不准,也可能是由于测量对象的概念模糊所致。一般而言,从大比例尺地图上获得的数据,其不确定性较小比例尺图上的小,从高空间分辨率遥感图像上得到数据的不确定性较低分辨率数据的小。

4. 相容性

相容性(compatibility)指两个来源的数据在同一个应用中使用的难易程度。例如,两个相邻地区的土地利用图,当要将它们拼接到一起时,两图边缘处不仅边界线可良好地衔接,而且类型也一致,称两图相容性好。反之,若图上的土地利用边界无法接边,可见两个城市的统计指标不一致也可造成所得数据无法比较,致使数据不相容。这种不相容可以通过统一分类和统计标准来减轻。另一类不相容性可从使用不同比例尺的地图数据看到,一般土壤图比例尺小于1∶100000,而植被图则在(1∶15000)～(1∶50000)之间。当使用这两种数据进行生态分类时,可能出现两种情况:一是当某一土壤图的图斑大得使它代表的土壤类型在生态分类时可以被忽略;二是当土地界线与某植被图斑相交时,它实际应该与植被图斑的部分界线一致。这种状况使得本该属于同一生态类型的植被图斑被划分为两类,造成这种状况的原因可能是土壤图制图时边界不准确,或由于制图综合所致。显然,比例尺的不同能够造成数据的不相容。当用遥感图像更新林业图时,虽然原来的林业图可能是从航空相片判读得来的,如果遥感图像的几何准确度在林业图的几何准确度范围之内,而遥感图像上所得到的森林类型、郁闭度级别和树木大小级别与林业图一致而且准确度在可接受的范围内,则称从遥感图像上得到的林业图更新数据与原林业图相容。如果两种用不同方法制作的林业图中的一个图的分类体系可以转化成另一个图的分类体系,那么从使用后一个图的角度看,前一个图与后一个图是相容的。反之不然。

5. 一致性

一致性(consistency)指对同一现象或同类现象表达的一致程度。如同一条河流,在地形图上和在土壤图上形状不同;又如同一行政边界在人口图和土地利用图上不能重合,这些均表示数据的一致性差。又如,在同一地形图上,同类地形起伏和地貌状况,等高线的疏密和光滑程度有所不同,这或是由同一制图者对等高线的制图综合标准不一或是两个不同制图者的制图综合标准有出入造成的。再如水系图与森林图叠加后发现,森林与湖面重叠,这在逻辑上是不一致的,造成这一状况的原因要么是某图的数据坐标有偏差,要么是制图综合程度不一致。逻辑的一致性,指描述特征间的逻辑关系表达的可靠性。这种逻辑关系可能是特征的连续性、层次性或其他逻辑结构。如,水系或道路是不应该穿越一个房屋的;岛屿和海岸线应该是闭合的多边形,等高线不应该交叉等。有些数据的获取,由于人力所限,是分区完成的,这在时间上就不一致。

6. 完整性

完整性(completeness)指具有同一准确度和精度的数据在类型上和特定空间范围内是否完整的程度。一般来说,空间范围越大,数据的完整性可能就越差。数据不完整最简单的例子是缺少数据。如计算机接收从 GPS 传输的位置数据时,由于受到干扰,只记录下经度而丢失了纬度,以致造成数据不完整。另外,由于 GPS 接收机无法收到 4 颗或更多的卫星信号而无法计算高程数据也会造成数据不完整。再如,生态类型制图需要地形高程、坡度、坡向、植被覆盖类型、气温、降雨和土地等数据,缺少上述任一方面的数据对于生态分类都是不完整的。

7. 可得性

可得性(accessibility)指获取或使用数据的容易程度。保密的数据按其保密等级限制使用者的多少,有些单位或个人无权使用;公开的数据则按价决定可得性。太贵的数据可能导致潜在用户另行搜集,造成浪费。

8. 现势性

现势性(timeliness)指数据反映客观现象目前状况的程度。不同现象的变化频率是不同的,如地形、地质状况的变化一般来说比人类建设要缓慢,地形可能会由于山崩、雪崩、滑坡、泥石流、人工挖掘及填海等原因而在局部区域改变。但由于地图制作周期较长,局部的快速变化往往不能及时地反映在地形图上,对那些变化较快的地区,地形图就失去了现势性。开发数据库时,应该记录数据的采集时间及其处理方法和过程,这便可作为数据的档案(lineage)。谈到现势性差的数据,我们或许会想到可将它们作为历史资料与新采集的数据进行比较,以确定一定时间间隔内发生的变化,这就应注意历史数据的时间一致性问题。

数据质量的好坏与上述种种数据的特征有关。这些特征代表着数据的不同方面,它们间有联系,如数据现势性差,那么用于反映现在的客观现象就可能不准确。数据可得性差,就会影响数据的完整性。数据精度差,则会导致数据不确定性高。

2.5.4　数据误差(不确定性)的来源

数据库中,除原始数据本身存在误差外,在数据库中进行各种操作、转换和处理时也将引入误差。由一组测量结果通过转换处理产生另一种产品时,转换次数越多,则产品中引入新误差和不确定性也越多。在数据库的使用过程中,数据误差来源可按数据所处的不同阶段分为数据搜集、数据输入、数据存储、数据处理、数据输出和数据使用(见表2-4)。

表2-4　数据误差来源

数据处理过程	误差来源
数据搜集	野外测量误差：仪器误差、记录误差 遥感数据误差：辐射和几何纠正误差、信息提取误差 地图数据误差：原始数据误差、坐标转换与制图综合及印刷等误差
数据输入	数字化误差：仪器误差、操作误差 不同系统格式转换误差：栅格-矢量互换、三角网-等值线互换
数据存储	数值精度不够 空间精度不够：格网或图像太大、地图偏小或制图单元太大
数据处理	分类间隔不合理,多层数据综合引起的误差 多源数据叠加引起的误差传播：插值误差、多源数据综合分析误差
数据输出	输出设备不精确引起的误差 输出的媒介不稳定造成的误差
数据使用	对数据所包含的信息的误解 对数据信息使用不当

数据的误差类型有几何误差、属性误差、时间误差、辑误差。数据的不完整性是可以通过上述4类误差反映出来的。对逻辑误差的检查有助于发现不完整的数据和其他3类误差。对数据进行质量控制、质量保证或质量评价,一般先从数据的逻辑性检查入手。

对GIS的数据进行各种应用分析时的误差有：数据层叠加时的冗余多边形;数据应用时,由应用模型引起的误差。

将数据转换和处理时的误差有：数字化误差;格式转换误差;不同GIS系统间数据转换误差。

2.6 元 数 据

元数据(metadata)是有关数据的数据,是数据从形成到使用过程中数据空间属性和时间特征变化的描述与记录,它通过对地理空间数据的内容、质量、条件和其他特征进行描述与说明,以便人们有效地定位、比较、获取、评价和使用与地理相关的数据。元数据能提供关于空间数据的信息,因此它们通常是在数据生产过程中制备和输入的,GIS 数据不可或缺的一部分,地理空间数据的使用者只需了解元数据的信息就可完全掌握数据库中的数据情况,而不用去了解诸如数据结构和表模式等难以掌握的计算机专业概念。

2.6.1 元数据的特点

(1) 是用于描述信息资源的高度结构化数据;

(2) 可以管理和组织信息,还可以挖掘信息资源;

(3) 可以帮助人们准确地查询需要的信息;

(4) 可以通过对相同的元数据元素进行比较和对比,获取自己所需要的信息内容。

2.6.2 元数据的作用

(1) 用来组织和管理空间信息,建立数据文档并挖掘空间信息资源;

(2) 提供有关数据生产、单位数据存储、数据分类、数据内容、数据质量、数据交换网络及数据销售等方面的信息,便于数据使用者查询检索所需空间信息;

(3) 提供通过网络对数据进行查询检索的方法或途径,同时提供数据交换和传输方面的信息;

(4) 组织和维护一个机构对数据的投资;

(5) 用来建立空间信息的数据目录和数据交换中心,获取更多信息的联络方式,帮助用户了解数据,以便正确判断数据是否能满足其需求。

2.6.3 元数据的分类

根据元数据描述对象的差异,可将元数据分为以下 3 种类型。

(1) 高层元数据(数据库级元数据)。即描述整个数据集的元数据,包括数据库名称、数据库类型编号、数据库内容描述、数据库访问方法、数据库更新日期、数据集区域采样原则、数据库有效期、数据时间跨度、分辨率以及方法、数据库元数据存放物理地址、数据源描述等,是用户用于概括性查询数据集的主要内容。

(2) 中层元数据(数据集级元数据)。是描述整个数据集的元数据,包括数据集区域采样原则(指区域性数据库)、数据集标识、数据有效期、数据时间跨度、元数据形成时间、数据集存放的物理地址以及数据集的获取方法等。它既可以作为数据集系列元数据的组成部分,也可以作为后面数据集属性以及要素等内容的父元数据数据集系列。其全面反映数据集的内容。

(3) 底层元数据(数据要素级元数据)。指描述数据集中数据特征的元数据,包括时间标识(数据集内容表达的时间、数据收集时间、数据更新时间)、位置标识(指示实体的物理地址)、量纲、注释、误差标识、缩略标识、存在问题标识(如数据缺失原因)、数据处理过程等。它是面向每个数据项、每个数据记录的,是元数据体系中详细描述现实世界的重要部分。

2.6.4 元数据的内容

应对空间元数据所要描述的一般内容进行层次化和范式化,指定出可供参考与遵循的空间元数据标准的内容框架,如图 2-3 所示。

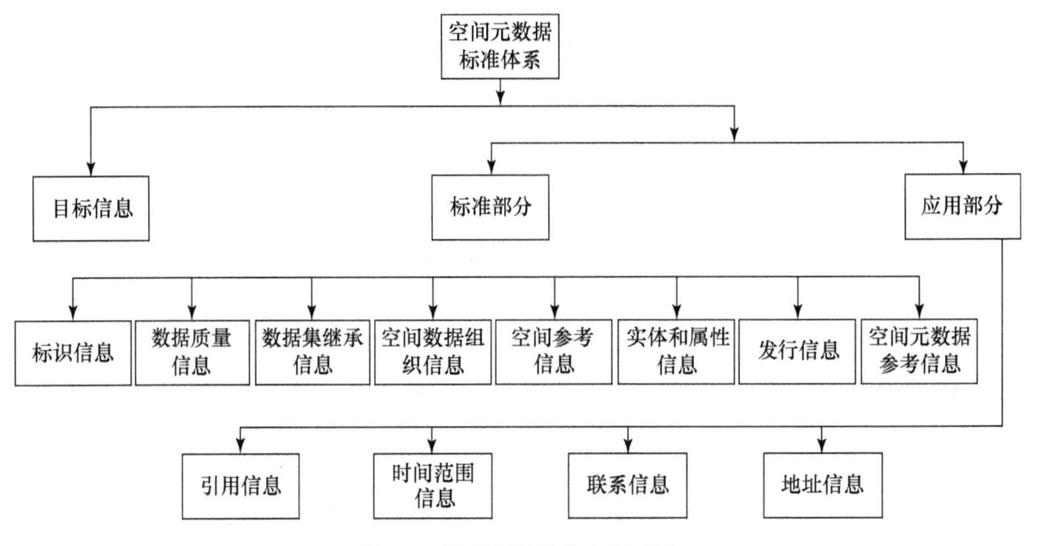

图 2-3　元数据标准的内容框架

第一层是目录层,主要用于对数据集信息进行宏观描述,适合在数字地球的国家级空间信息交换中心或区域以及全球范围内管理和查询空间信息时使用。

第二层是空间元数据标准的主体,由 8 个基本内容部分和 4 个引用部分组成。

2.6.5 元数据的内容标准

美国联邦地球数据空间数据委员会(FGDC)制定了元数据的内容标准,并在其网站(http://www. fgdc. gov/metadata/metadata. html/)提供了该标准的详细信息。这一标准已被美国联邦机构采用,并用于开发他们的公共数据。FGDC 的元数据标准描述了以下列各方面为基础的数据集:① 标识信息;② 数据质量信息;③ 空间数据组织信息;④ 空间参照信息;⑤ 实体和属性信息;⑥ 发行信息;⑦ 元数据参考信息。

2.6.6 元数据的获取

数据收集前后,元数据的获取方式有以下几种:

(1) 数据收集前,得到的是根据要建设的数据库的内容而设计的元数据,包括数据类型、数据覆盖范围、使用仪器说明、数据变量表示、数据收集方法、数据时间、数据潜在利用等。获取方法为键盘输入以及关联法。

(2) 数据收集中,得到的是随数据的形成同步产生的元数据,例如在测量海洋要素数据时,测点的水平和垂直位置、深度、温度等是同时得到的。获取方法为测量法。

(3) 数据收集后,得到的是根据需要产生的数据,包括数据处理过程描述、数据的利用情况、数据质量评估、数据集大小、数据存放路径等。获取方法为计算法和推理法。

2.7 数据字典

数据字典是对于整个空间数据库的总体和详细的小结,可把它视为一个 GIS 数据库的蓝图,可以帮助用户理解整个数据库的组织和内容以便更好地使用数据库。数据字典应该是一个动态的文件,随着数据库开发的不断增长和维护过程中的不断修正而时时进行不断地更新。为了使用方便,数据字典应该有在线(online)版本,这种在线版本可以一举两得,既方便用户的使用,也方便数据维护者的更新。一个好的数据字典也是一个数据标准规范,可以使数据库的开发者依此来实施数据库的建设、维护和更新,从而降低数据库的冗余度并增强整个数据库的完整性。从用户的角度,它可以告知用户什么数据已经存在,告知数据开发者在开发数据各层中的数据格式、定义及表格格局结构,并有助于开发和使用应用程序。

数据字典的内容包括:① 数据库的总体组织结构;② 数据库总体设计的框架;③ 各数据层的详细内容定义及结构;④ 数据命名的定义;⑤ 元数据内容等。其中数据库总体设计的框架部分主要包括:数据来源、整体命名方法、各特征的最大最小范围、有效值、地图投影、图幅匹配及精度、线与多边形的拓扑关系及连续性、封闭性、质量控制的过程和内容、数据的各种文件、表格等。

数据字典中各数据层的详细内容定义及结构部分主要包括以下几个方面:① 标题类信息,如名称、类型、数据质量等;② 各层的有关文件、表、各表的项及各项的定义、有效值范围等;③ 地理参考方面要求满足的情况;④ 其他便于说明和理解的文字或图表等;⑤ 各层空间及属性的质量控制规范;⑥ 各层编号系统与其他各标准编号系统的关系;⑦ 各层数据的使用与各应用类型的关系等。

第3章　地理坐标系统和全球定位系统

3.1　地图投影

空间数据库的一个重要内容是地图投影，只有确定了各类投影数据，才能将各种空间数据转换到统一的地理坐标系之中，以便综合应用。平面坐标是依据一定的投影而得到的。尽管在GIS数据库中，地理坐标的使用能用来描述客观现象的位置，但最终还是需要通过纸、胶片、屏幕等平面媒体来显示实现各类现象。为了免除在球面坐标和投影坐标之间相互转换，大多数GIS数据库均按投影坐标储存数据。

地图投影就是按照一定数学法则，将地球椭球面上的经纬网转换到平面上，使地面点位的地理坐标(φ,λ)与地图上相对应的点位的平面直角坐标(x,y)或平面极坐标(δ,ρ)间建立起一一对应的函数关系。要想从数学上定义地图投影，必须建立一个地球表面的几何模型。最简单的几何模型包括平面、球面及椭圆绕其外轴旋转所生成的椭球面。小面积区域的投影制图可用平面模型，而球面模型在大区域的传统制图中有着广泛的应用，椭球面模型因其投影变换，则需要更复杂的计算，故可用于精确的制图，特别是大比例尺制图。

地图投影因不同的应用目的，其投影的方式有多种类型。如按地图投影的构成方法分类，可将其分为几何投影和非几何投影；按地图投影的变形性质分类又可分为等角投影、等积投影和任意投影。

(一) 几何投影

几何投影是以集合透视特征为依据，将地球椭球面上的经纬网投影到平面上或投影到可以展成平面的圆柱表面和网锥表面等几何面上，从而构成方位投影、圆锥投影和圆柱投影(见图3-1)。各种表面又可与地球模型相切或相割，柱面和锥面均可展为平面。

1. 方位投影

用平面与地球模型相切或相割而将球面或椭球面上的点转换到平面上的投影叫方位投影，其能保持由投影中心到任意点的方位与实地一致的投影。

2. 圆锥投影

假想用圆锥包裹着地球模型且与地球面相切或相割，将球面或椭球面上的点置换到锥面上的投影叫圆锥投影。圆锥投影有等距离性质，兰伯特等角(双纬线)圆锥投影是常用的一种投影方式。

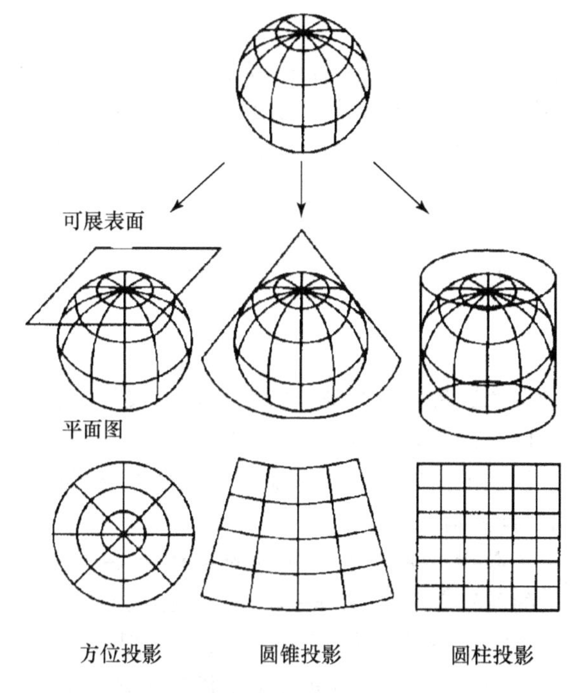

图 3-1 球体投影类型

3. **圆柱投影**

假想用圆柱包裹着地球模型且与地球面相切或相割,将球面或椭球面上的点转换到柱面上的投影。常见的墨卡托投影是圆柱投影。较常用的圆柱投影是国际大地测量和地球物理联合会于 1936 年制定的横轴墨卡托投影,又称高斯-克里格(Gauss-Kruger)投影。

以上投影又可根据球面与投影面的相对部位不同,分为正轴投影、横轴投影、斜轴投影。

(二) 非几何投影

非几何投影则是由于几何投影的局限性,通过一系列解析方法由几何投影演绎产生的,它们并不借助辅助投影面,而是根据制图的某些特定要求,如考虑制图区域形状等特点,选用合适的投影条件,用数学解析方法,求出投影公式。确定球面与平面之间点与点的函数关系。按经纬线形状,非几何投影可分为伪方位投影、伪圆柱投影、伪圆锥投影、多圆锥投影。

1. **伪方位投影**

在正轴投影中,伪方位投影的纬线仍投影为同心圆,除中央经线投影成直线外,其余经线均投影成对称于中央经线的曲线,且交于纬线的共同圆心(即极点),在横轴和斜轴投影中,经纬线为复杂的曲线,其能适应各种特殊要求,常用于编制小比例尺地图。

2. 伪圆柱投影

在正轴圆柱投影基础上，规定该投影的纬线是一组平行的直线，两极则表现为点或线的形式，其经线除中央经线投影成直线外，其余经线均投影成对称于中央经线的曲线，该投影又称“拟圆柱投影”，主要用于绘制世界图、大洋图和分洲图。

3. 伪圆锥投影

在圆锥投影基础上，规定纬线仍为同心圆弧，圆心位于中央经线上，其经线除中央经线仍为直线外，其余经线则投影成对称于中央经线的曲线，该投影主要用于编制小比例尺的大洲图。

4. 多圆锥投影

这是一种假想借助多个圆锥表面与球体相切设计而成的投影，纬线为一系列同轴圆锥切于地球各位线上的同轴圆弧，其圆心位于中央经线上，除中央经线为直线外，其余经线则投影成对称与中央经线的曲线。由于该投影的经纬线为弯曲的曲线，具有良好的球形感，所以它常用于编制世界地图。

地球自然表面是一个起伏不平、十分不规则的表面，有高山、丘陵和平原，又有江河湖海。地球表面约有71%的面积为海洋，海洋表面起伏不断，29%的面积是大陆与岛屿，陆地表面也是地形起伏、没有常态。这个高低不平的表面无法用数学公式表达，也无法进行计算。所以在量测与制图时，必须找一个规则的曲面来代替地球的自然表面。因此在地球表面定义坐标体系时，首先要定义参考标准，即有恒定高程坐标值的表面。在测量学中使用两种参考表面：一种是垂直的基准面，另一种是水平的基准面。常用地图投影如表3-1所示。

表3-1 常用地图投影

投影	类型	等形	等面积	等距离	等方向角	等罗盘方向
全球	球面	全部	全部	全部	全部	
墨卡托	柱状	全部			部分	全部
横轴墨卡托	柱状	全部				
倾斜式墨卡托	柱状	全部				
星际倾斜式墨卡托	柱状	全部				
米尔特柱状	柱状					
鲁宾孙	伪柱状					
正弦等面积	伪柱状		全部	部分		
正射	正射方位				部分	
球极平面	正射方位	全部			部分	
兰勃特方位等面积	正射方位	全部			部分	
阿尔勃斯等面积锥形	锥形			部分	部分	
兰勃特等形圆锥	锥形	全部	全部		部分	
等距离圆锥	锥形		全部			
多元圆锥	锥形					
双极倾斜等形圆锥	锥形	全部				

对于整个地图投影来说，有下列几个原则：

(1) 任何地图投影均要产生变形；

(2) 等形投影保持小区域内形状不变，但不能保证大范围内的形状不变；

(3) 同比例的情况下，等面积投影保持其面积不变；

(4) 任何一种投影均不可能保持一幅地图上任何两点的距离总是不变的，因此等距离投影只能保持某种距离上不变；

(5) 要保持地图上的方位角与真实方位角相同应采用等方向投影。

在测绘和地图使用时地图比例尺和投影均为必不可少的数学基础，它们影响着地图内容的详细程度和准确程度。两者的关系如表 3-2 所示。

表 3-2 地图比例尺与投影的关系

同等辐射的地图		比例尺	
		大(1∶20 万)	小(1∶100 万)
在地球上覆盖的面积		小	大
位置精度		高	低
坐标系统		平面	球面更为适合
比例尺(与地面的比较)		接近	相差很远
综合的程度		小	大
特征表达	面形(面)	面状	点状
	线形(面)	多边形街道	线形街道
	点形(面)	点	多边形

建立数据库时，投影和坐标系统选择的一般原则主要包括下面几个方面：

(1) 在经常需要投影变换而且覆盖面积较大的情况下，应该使用用经纬度表示地面点位球面坐标的地理坐标系统。对于地理坐标系统中的经纬度有三种提法：天文经纬度、大地经纬度和地心经纬度。

(2) 根据研究区的形状来选择变形最小的投影，如对于小面积和一个固定的坐标系最好采用笛卡儿坐标系统。

(3) 如果有地区标准的话，应该使用地区标准。如中国的基本比例尺地形图(1∶5000，1∶1 万，1∶2.5 万，1∶5 万，1∶10 万，1∶25 万，1∶50 万，1∶100 万)中，大于等于 50 万的均采用高斯-克里格投影，又叫横轴墨卡托投影(Transverse Mercator)；小于

50万的地形图采用正轴等角割圆锥投影，又叫兰勃特投影(Lambert Conformal Conic)；海上小于50万的地形图多用正轴等角圆柱投影，又叫墨卡托投影(Mercator)。

(4) 如果研究区的面积很重要时(如对面积精度要求较高的自然地图和社会经济地图)，可以考虑使用一种等面积的投影进行面积计算，而数据在存储时可以使用另外的一种投影。

3.2 地　　图

地图是现实世界的模型，是人类直观认识自然的一种较好的表现形式，也是最有效、应用最广泛的地理信息可视化方式。它依据一定的数学法则，按照一定的比例、一定的投影原则，有选择地将复杂的三维现实世界的某些内容(主要指地球或其他天体上各种事物的空间分布、联系及时间中的发展变化状态)投影到二维平面媒介上，并通过制图综合用符号将这些内容表现出来。地图的三个基本元素是比例尺、图例和指向标，其构成要素还包括图形要素、数学要素、辅助要素和补充说明。

由于地图用符号、颜色、文字注记等在二维平面(纸张、透明薄膜、软盘、硬盘、计算机屏幕等均是常见的二维平面媒介)上表达缩小了的三维现实世界，故从三维球面空间投影到二维平面空间时地图的几何变形自然不可避免。另外，为了使重要的信息不被埋没于细节之中，地图必须是一个有选择而又不完整的现实世界模型，而在地图制图学中这种模型的实现主要通过地图综合来实现。GIS中的许多图层都是从某类地图上经数字化和编辑加工得到的。

3.2.1 地图种类

地图通常分为普通地图和专题地图。普通地图是一般性的参考图，能比较全面地反映出制图区域的地理特征，它主要用来表达居民地、交通网、行政边界、地形(地貌)及地表覆盖、水系、土质、植被及主要的社会经济要素等内容。其中地形图是按照一定的精度规范编制出来的，它是普通地图中最典型的一类。制图规范对投影、分幅、符号、比例尺系列、表达内容的精确度等均有严格规定。由于地形图几何精度比较高，所以常被用于其他专题地图制作的基础底图，也是国家各项建设的基础资料。

专题地图是专题信息(指空间数据所对应的各类属性信息)图形化的结果，用来反映自然、社会、经济分布特征，它是集中反映某一特定要素或概念的地图。专题地图种类繁多，而且每种图的制作需要一定的专业知识。土壤图、地质图、地势图、气候图、植被图、太阳能分布图、风能分布图、海岸图、潮汐图、洋流图等为常见的反映自然条件的专题地图，而交通图、旅游图、工业图、农业图、商业图、贸易图、电力图、水利图、林业图、渔业图、牧业图等则为常见的反映社会经济状况的专题图。

反映自然要素的专题图，原始资料大多是通过野外考察、测量、遥感资料和航空相片获得的。野外搜集的资料大多是小范围的布点采样资料，常常需要通过内插等方法扩展到整个制图区域。因此样点代表性和插值方法的可靠性对专题图制作非常重要。而反映人口、文化、社会经济、卫生等方面的专题图,原始资料通常来自统计数据,不论是有关人文现象还是自然现象的原始数据,都需要归并、分类、分级等处理,才可以在专题图上用点、线、面状符号表达出来。近年来,随着专题地图应用范围的不断扩大,品种的不断增加,地图的精度、详细性和现势性的不断提高,新的制图工艺不断出现,这不仅提高了生产效率,且满足了各种应用需求,但是用户在使用地图时应注意鉴别这些处理过程可能引入的误差与可能渗入的制图者偏见。

3.2.2 地图符号

地图符号是地图的语言,是构成地图的基本元素,它在地图上有确定的定位,表达着位置上面的某种与专题相关的性质或量值,它通过尺寸、形状和颜色来表示事物空间的位置、形状、质量和数量特征,是表达地理现象与发展的基本手段。高质量的地图符号丰富了地图的内容、增加了地图的可读性。

地图符号由形状不同、大小不一、色彩有别的图形和文字组成。根据符号的几何特征可将地图符号分为点状、线状和面状符号三类,它们都使用不同的视觉变量,如尺寸、形状、灰度、纹理、方向、颜色等(见表 3-3)。尽管每种符号都可以使用这 6 种视觉变量,但因为点状符号较小,使用其他视觉变量不易区分,而对于线状符号,由于其是通过赋予线的属性,包括线的颜色、灰度、宽度、线型、端点和拐角的类型、线端箭头、笔锋、轮廓线等来定制的,因此它使用粗度(尺寸)、纹理和颜色较佳,故最好用点状符号表示数量,用形状表示类别。对于面状符号,由于其是由一个封闭的曲线或折线勾绘出它的形状,然后对它填充而成的,因此其使用灰度、纹理和颜色较好。一般用尺寸和灰度表达数量,它们适用于次序、间隔和比例数据,用形状、纹理和颜色等表达命名数据,方向视觉变量与点或线状符号结合可表达风向、水流向(洋流)、人口流动和动物迁移路线等。

表 3-3 地图符号

视觉变量	点状符号	线状符号	面状符号
尺寸大小			
形　　状			

续表

视觉变量	点状符号	线状符号	面状符号
灰　度			
纹理，模式			
方　向			
颜　色		绿 红 蓝	黄 橙 青

有些种类和数量的表达需要点状符号将形状和尺寸结合起来。如矿产资源图，一般不同的矿物用不同的形状来表示，而数量的多少用符号的大小表达。又如在地势图上，用蓝色表示海洋，绿色代表陆地，高处用黄色和褐色代表，而水深和陆地高度则用颜色的深浅来表示。

等高线指的是地形图上高程相等的各点所连成的闭合曲线，即把地面上海拔高度相同的点连成的闭合曲线，将其垂直投影到一个标准面上，并按比例缩小画在图纸上就得到等高线(见图 3-2)。其用线状符号表达高度而用相邻等高线间的间隔表达坡地的陡缓，与等高线垂直的方向是局部坡面的方向。等高线密集表明在短的水平距离内高程变化大，因而代表该处坡度越大；反之，则坡度小。等高线上凹凸变化之处是山脊或山谷所在的位置。若在凹或凸的方向的相邻等高线高程降低则为山脊，反之为山谷(见图 3-2)。

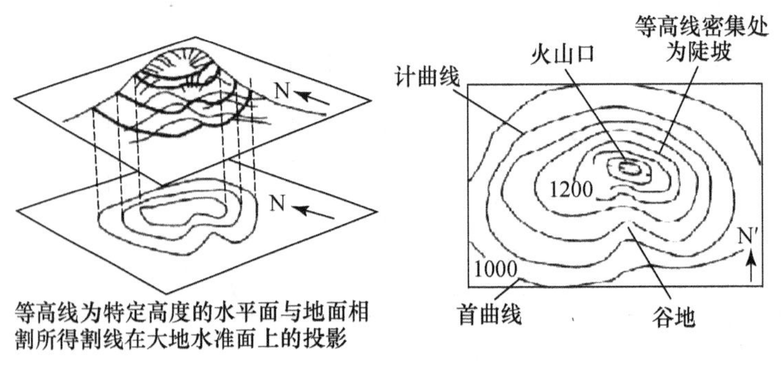

图 3-2　等高线

等高线是由与大地椭球面平行的平面在一定高度上与地面相割所得的割线再投影到大地椭球面上而得到的，顾名思义，等高线指在该线上的点高程（海拔高度）相同。不同等高线间的高程差对于同一比例尺的地图是恒定的，如 1∶50000 地形图上为 40 m，同一比例尺的图上等高线的高程由计曲线（又称加粗等高线，即从规定的高程起算面开始，每隔 4 个等高距将首曲线加粗为一条粗实现，以便在地图上判读和计算高程。）标出，相邻计曲线之间按相同高程间隔插入 4 条等高线（即首曲线，又称基本等高线，是按照规定的等高距测绘的细实线，用以显示地貌的基本形态）。首曲线代表的高程在地图上不标出，而是依据计曲线推算出来的。

地图中使用的其他等值线，如气象上的等压线、等雨量图、等温线等都与等高线的使用原理相似。

3.2.3 地图制作过程和地图综合

地图制作过程大致分为下列步骤：

(1) 调查分析地图用户的要求，首先要清楚地图产品所面向的对象、制作的目的和服务范围，只有明确了地图的用户需求才能进行有目的的规划和设计，才能更好地发挥地图产品的作用；

(2) 在明确了制图目标后开始对地图资料进行搜集、野外测量、选取、规划；

(3) 为把制图数据显示在地图上，应确定好投影方式、比例尺、数据范围与属性，设计符号，编制制图规范；

(4) 对数据进行鉴别、分析处理，即利用插值、分类等技术分析现有数据的适宜性、协调程度、完备程度和现实性等；

(5) 转绘数据到基础底图上，这一阶段数据选择和数据录入为关键步骤；

(6) 先选样区试验再对整个制图区域进行地图综合，地图综合是地图制图的一个重要环节，它影响着以地图作原始数据源的数据误差或不确定性；

(7) 进行地图清绘，使地图上的划线均匀光洁，符号精致美观，注记规则整齐；

(8) 检查质量，检验精度等；

(9) 编辑修改后制版印刷。

在地图编制过程中，收集数据在编图过程中极为重要，没有适时而详细精确的数据，地图制图的工作注定会失败，同时地图综合也决定着制图的成败。

地图综合是实现由地图制图者对现实世界的抽象模型转化为具体的地图模型的工具，可通俗地理解为地图缩编，即从地理数据库中获取有用信息，去除不必要空间和属性细节的操作，它包括选择、分类、简化和符号化。虽然每个步骤都减少地图某些细节，但最终提供用户足够的地理知识和信息。适当的地图综合能够给地图用户提供有效的信息，而过度的综合则可导致信息匮乏而缺少真实感。

1. 选择

选择(selection/elimination),又称取舍,即确定地理对象是保留还是删除,它贯穿于整个制图过程中。在某些应用过程中,对地图表达的分辨率要求不是很高,可以把一些不必要的细节删除。制图区域的选择、比例尺和地图投影的确定、适合于制图目的的变量选取、数据的收集和采样方法的选用都是选择取舍的内容。

2. 分类

为了使地图的复杂性减低,增加地图向读者传输信息的有效性,通常将制图对象按类进行排序、分级或分群。分类(classification)的结果是使数据集“典型化”。在制作专题地图时,分类可用于定性又可用于定量信息。土地利用活动一般是通过定性描述数据来记录的。如土地利用分类是依据人们对土地的开发使用活动来划分的,可将其划分为农业用地、居住用地、林业用地和工业用地等。而使用定量信息进行土地利用分类也是可能的,如利用数字遥感图像进行的土地分类。从遥感图像转变成土地利用类型定性数据时,尽管图像上原有的丰富数字信息丢失了,但简化了空间细节,使土地利用类型一目了然,这就是分类的功效。

3. 简化

实际上,取舍、分类和符号化都是为了简化(simplification)细节,其目的是确定地图中最为重要的信息,去除不必要的细节。简化形式很多,包括光滑、化曲为直、归并等。如经过两点的道路,在有些图上要标出其准确的地理位置,而对于铁路示意图来说只需用直线连接两点以表示该两点有铁路相通即可。

4. 符号化

由于不可能将所有制图对象的实际形状按比例缩小到地图上,所以地图上要根据地图的基本特征、相对重要性和相关的位置赋予各种标志,即地图符号化(symbolisation)。符号又分为两类:抽象符号或象形符号。象形符号如铁路、工厂等;抽象符号一般使用简单的几何符号。

由于计算机制图过程中数据存储与数据可视化相分离,因此利用计算机进行地图综合时首先是对空间模型的抽象与化简,其次才是对地图图形的化简综合,从而产生了目前地图综合研究领域被专家一致公认的两大过程:数字模型综合与地图图形化综合,也有专家称数据库综合和可视化综合。近年来,国内已有大量关于利用计算机自动综合技术的研究,并取得了一定成果,但是,利用计算机进行制图综合的结果仍比较机械,不能使综合完全自动化、智能化,需要将更多的专家经验计算机化,特别是用计算机同时对多种内容进行地图综合还不太成熟。由于计算机制图越来越容易,未受地图学训练的人也可以制作美观的地图“艺术品”。但是这种作品往往在选择比例尺、地图投影和对数据分类及设色等方面科学性差,难以有效地传输地理信息。

3.3 空间数据类型转换

地理信息系统空间数据类型主要有矢量数据和栅格数据。矢量数据一般通过记录坐标的方式来表示地图图形或地理实体的空间位置和形状，由于其包含有拓扑信息，经常应用于地理空间关系的分析；栅格数据是按网格单元的行与列排列、具有不同灰度或颜色的阵列数据，其易于表示面状要素，经常在图像数据处理过程中使用。

栅格数据直接记录属性的指针或属性本身，而其所在位置则根据行列号转换成相应的坐标给出，因此其具有"属性明显、位置隐含"的特点。栅格数据易于实现，且操作简单，易于扩充、修改，直观性强，有利于基于栅格的空间信息模型的运行分析；但它的数据表达精度与工作效率间存在矛盾，如要提高表达精度，就需要增多栅格单元数据，这就容易产生栅格数据的冗余问题，从而降低栅格数据的工作效率；而要提高工作效率，又必须减少数据冗余。因此，在使用栅格数据结构时，根据应用项目及其精度要求来恰当地平衡栅格数据的表达精度和工作效率两者之间的关系非常重要。

矢量数据将地物分为点、线、面，以点坐标的数据链表示地物的空间位置，以此其具有"位置明显、属性隐含"的特点。矢量数据虽然操作起来比较复杂，许多分析操作（如叠置分析等）应用难于实现，但它的数据表达精度较高，矢量图无论放大、缩小或旋转等都不会失真，且工作效率较高（见表 3-4）。

表 3-4 栅格数据与矢量数据结构的比较

比较内容	栅格数据	矢量数据
数据量	大	小
图形精度	低	高
图形运算	简单、低效	复杂、高效
遥感图像格式	一致或接近	不一致
输出表示	直观、便宜	抽象、昂贵
数据共享	容易实现	不易实现
拓扑和网络分析	不易实现	容易实现

地理信息系统设计的基本要求之一就是能够对矢量、栅格和专业数据进行共同管理和处理。而矢量数据与栅格数据之间的相互转换是这种共同管理和处理的主要内容。

1. 矢量数据向栅格数据转换

从矢量数据到栅格数据的转换称为矢量数据的栅格化，其主要出现于图件在喷墨绘图仪等栅格型设备上的输出、矢量数据与栅格数据的综合图像处理等场合。矢量数据的栅格化过程通常包括以下三个基本步骤：

(1) 首先选择好单元的大小（体现分辨率）和外形，并将点和线实体的角点的笛卡儿坐标转换到预定单元和已知位置值的矩阵中；

(2) 然后利用单根扫描线(沿行或沿列)或一组相连接的扫描线去测试线性要素与单元边界的交叉点,并记录有多少个栅格单元穿过交叉点,同时记录存在或空缺以及其他属性,最终生成一个二维阵列;

(3) 至于多边形的栅格化,则是测试过角点后,只剩下线段处理,然后利用二次扫描得出到达多边形的边界的时间,并记录其位置与属性值。

2. 栅格数据向矢量数据转换

从栅格数据转换到矢量数据的过程,通常称为栅格数据的矢量化,其主要用于地图或专题图件的扫描输入、图像分类或分割结果的存储和绘图等方面。拓扑转换(即保持栅格表示出的连通性与邻接性)和转换物体正确的外形是栅格数据的矢量化需要保证的两点。

矢量化过程中,通过以下处理,即可完成点、线、面的矢量化:某个单元的值与周围均不同时可用一个点代表该单元;如果是连续且共同具有某一属性值的单元则可将它们整理出来细化处理,并用取中间单元连成的一条线来代表这些连续单元。如果是面状图形,首先是将所有单元编码,并将具有同一属性值的单元归为一类,然后检测两类不同属性值的边界作为多边形的一条边,并用八邻域算子顺序搜索出一条完整边界,最后标注内点。

栅格数据的矢量化过程通常包括以下5个基本步骤:

(1) 栅格数据的二值化。栅格数据常以不同灰度级或色彩来表示,其实现矢量化转换时需要先采用高通滤波将栅格图像二值化。二值化的关键是在灰度级的范围内取一个阈值,小于阈值的灰度级取值为0,大于阈值的则取值为1。

(2) 多边形边界提取和细化。多边形边界提取和细化需通过高通滤波、边缘跟踪等方法来实现。细化实质是消除线段横截面栅格数的不一致,将图像中的线条沿中心细化,使其具有一个像素宽度的线条,细化后要求保持图像的连续性不变,并保留原图像的关键部分(如图的突出部分、线段的端点等)。

(3) 边界线追踪。对每个边界弧段由一个节点向另一个节点搜索,通常对每个已知边界点需沿途进入方向的其他7个方向搜索下一个边界点,直到连成边界弧段。其目的是将细化处理后的栅格数据转换成矢量图形坐标系列。

(4) 去除多余点及曲线圆滑。由于矢量化过程是沿逐个栅格进行的搜索,因此为了减少数据冗余,由此造成的多余点记录必须去除;同时由于栅格精度的限制,搜索结果所得曲线可能不够圆滑,需采用一定的插补算法进行光滑处理,常用的算法有:① 线性迭代法;② 分段三次多项式插值法;③ 样条函数插值法等。

(5) 拓扑关系生成。对于矢量表示的结点、线段等边界弧段数据,首先判断其与原图上各多边形的空间关系,以形成完整的拓扑结构并建立与属性数据的联系。

3.4 全球定位系统

全球定位系统(global positioning system,GPS)是美国海军和空军从20世纪60年代开始筹划,1973年开始实施的新一代空间卫星导航定位系统,其主要目的是为陆、海、空三大领域提供实时、全天候和全球性的导航服务,并用于情报收集、核爆检测和应急通信等一些军事目的。经过20多年的研究实验,到1994年,全球覆盖率高达98%的24颗NAVSTAR(Navigation satellite time and ranging)GPS卫星星座已布设完成。

全球定位系统是一种采用距离交会法的卫星导航定位系统。通过测定测距信号的传播时间来间接测定距离。将无线电信号发射机从地面站搬到卫星上,组成一个卫星导航定位系统,较好地解决覆盖面与定位精度之间的矛盾。

GPS有三个组成部分:卫星、控制系统和用户,24颗卫星(21颗工作卫星,3颗备用卫星)在距离地面大约20 183 km轨道高度上以每日绕地两周的周期运行着。6条轨道按轨道面夹角60°间距分开。每条轨道与赤道面的交角为55°。每条轨道上有4颗卫星。

每颗卫星发射两种频率的无线电波用于定位。第一频率为L1,位于1575.42 MHz;第二频率为L2,位于1227.6 MHz,两种频率均调制PRN电码,传送其导航讯息。电码中又分两种:一种为P电码(precise code,10.23 MHz),另一种为C/A电码(coarse/acquisition code,1.023 MHz)。P电码因频率较高,不易被干扰,定位精度高,但受美国军方管制,民间多使用C/A电码。随着使用时间的推移,GPS卫星因为存在大气摩擦等问题,其导航精度会逐渐下降。

GPS地面控制系统由监测站、主控制站、地面天线所组成。地面控制站负责收集由卫星传回的信息,并计算卫星星历、大气校正、相对距离等数据。5个监测站分别设在印度洋的Diego Garcia、大西洋的Ascencion、太平洋的Kwajalein和夏威夷以及美国科罗拉多州的Colorado Springs,其中Colorado Springs站为监测总站。卫星监测站的功能是监测卫星运行状况,确定其轨道和星上原子钟的工作状态,传送需要传播的信息到各卫星上。

GPS用户使用适当的接收机下载卫星信号码及载波相位并提取传播的消息。将下载接收到的卫星信息码与接收机产生的复制码匹配比较,便可计算出用户所在地理位置的经纬度、高度、速度、时间等信息。如果计算出4颗或更多卫星到接收机的距离,再与卫星位置相结合,便可确定GPS接收机天线所在的三维地心坐标(以WGS84为标准的椭球面坐标)。若用于高精度的大地测量,则需记录并处理载波或信息波的相位数据。GPS通过与卫星同步产生的防伪码(PRN)比较,计算其位置。但是由于接收机时钟不如卫星上的原子钟精确,所以接收机与卫星在发射伪码时可能不同步,这时需要进行时间校准。

GPS接收机的一些误差很难消除,最严重的误差则可高达100 m,但是它可以经过微分纠正来消除。

微分纠正是通过使用两个或更多GPS接收机完成的。不经过微分纠正，只要在观测点按一定频率（每秒或每5 s）接收较长时间的信号（如3 min以上），则一般可以得到20 m以内精度。若使用双频率（L1和L2）大地测量用GPS接收机经微分纠正，定点精度可达毫米级。

一般GPS接收机输出经纬度和高度，也可以输出横轴墨卡托投影坐标。除了NAVSTAR GPS之外，还有一系列的其他卫星定位系统，如美国军用的Transit和俄国的GLONASS，欧洲空间局发展了NAVSAT，美国也开发了商用GEOSTAR等。

北斗卫星导航系统（BeiDou Navigation satellite system，COMPASS），是中国研发的卫星导航系统，包括北斗一号和北斗二号的2代系统。其中“北斗一号”导航系统由3颗地球同步卫星（其中一颗为备份星）、位于北京的地面中心站、分布于全国的20多个标校站和大量用户机组成；各部分之间由出站链路（地面控制中心、卫星、用户机）与入站链路（用户机-卫星，地面控制中心）相连接。“北斗一号”系统具有导航定位、监控功能、指挥调度功能、求助报警等功能。自2007年北斗系统发射第一颗卫星开始，北斗卫星导航系统将于2012年前具备亚太地区区域服务能力，2020年左右，将建成由30余颗卫星、地面段和各类用户终端构成的、覆盖全球的大型航天系统。

第 4 章 资源环境遥感

4.1 资源环境遥感概述

4.1.1 遥感概述

遥感(remote sensing,RS)一词源自美国,是借助一定的仪器设备,在不直接接触目标的情况下,对地表事物进行远距离探测的技术,泛指一切无接触的远距离的探测。遥感技术可以追溯到 20 世纪 30 年代,但是直到 60 年代人造卫星上天以后,遥感才成为一个独立的技术领域,它是当代最重要的科技成果之一。

相对于传统的地面调查遥感技术可以获取大面积同步观测数据,因此具有无可比拟的优势。遥感观测可以根据不同空间尺度的环境特征选择不同空间分辨率的遥感影像;可以在短时间内对同一地区进行重复探测,并且保持数据获取方式的一致性;获得的地物电磁波特性数据综合反映了多种信息,可以基于信息的相关性进行信息的提取和挖掘。

现代资源环境遥感是 20 世纪 60 年代发展起来的对地观测综合技术,主要是指应用搭载在遥感平台上的探测仪器(传感器),在远离目标和非接触目标物体条件下接收目标地物反射的电磁波以获取反射、辐射或散射的电磁波信息,通过数据的传输、处理、解译和分析,以揭示物体的特征、性质及其变化。资源环境遥感以探测地球表层系统及其动态变化为目的,对资源环境、大气环境、水环境(包括海洋环境)、土地环境、生态环境等要素实施全方位、多尺度、多层次、多角度的探测和研究。随着全球变化的加剧和环境污染问题的日益突出,遥感技术在资源环境科学领域中得到越来越广泛的应用。利用遥感技术监测大范围的环境变化成为获取资源环境信息的强有力手段。资源环境遥感逐渐发展成为遥感应用学科的一个重要组成部分。

4.1.2 遥感系统的构成

概括来说,现代遥感技术系统可以分为遥感信息获取、处理和应用三大部分,由传感器、遥感平台、地面控制系统、数据接收系统和遥感应用系统等构成。

遥感技术系统的中心即信息的获取,其是在遥感试验研究的基础上,通过搭载在遥感平台上的传感器接收、记录目标物的电磁波信息(主要是利用从目标物反射和辐射来的电磁波),获取不同特征的遥感影像,并将之传输回地面。

(1) 传感器(sensor)。传感器是接收从目标物反射和辐射来的电磁波遥感信息的装置。遥感传感器可以在可见光波段、红外波段、微波等波段工作,记录有关地物在特定波段上电磁波信号的强弱、反射、吸收、极化等变化及在空间上的分布情况。典型的传感器有：进行多波段成像的多光谱相机；用于航空摄影测量的航摄像机；光学—机械—电子扫描成像的多波段扫描成像仪；用于获取DEM(digital elevation model，数字高程模型)图像数据的测高仪；固体成像器件；CCD(charge-coupled device，电荷耦合元件)成像仪；SAR(synthetic aperture radar，合成孔径雷达)；星载或机载雷达遥感成像系统等。

(2) 遥感平台(RS platform)。遥感平台是搭载遥感传感器的载体，常见类型有遥感车、飞机、气球、飞艇或无人驾驶飞机、卫星或航摄飞机等。

(3) 地面控制系统。是指通过无线电信号系统来控制遥感平台的姿态和工作方式等。数据接收系统则指遥感卫星地面站接收遥感卫星传输下来的数字信号，对这些数据进行处理，并按一定的数据格式制作成数字图像磁带、光盘或光学影像胶片以供用户使用。

信息处理技术包括对遥感影像的预处理技术和解译技术：前者的目的是消除各种畸变，使图像恢复或接近目标物的真实情况，突出景物的某些特征，提高影像的信息量；后者则是根据需要，进一步分析解释和识别处理后的图像，以获得更多的有用信息。

信息获取的最终目的是应用。遥感应用系统用户根据各种不同的应用目标，用计算机软件或光学处理装置，对数字图像或光学影像进行几何校正、影像增强和解译识别工作，提取有关信息。随着遥感信息获取技术的不断发展和信息处理技术的不断改进，遥感技术几乎已经渗透到环境科学研究中的各个领域。例如，利用遥感成像观测技术可以进行城市绿地植被的变化监测。可以制作全国范围的影像地图，可以掌握全球范围内的沙漠化等自然环境变化的情况。在海洋研究中，利用遥感成像观测技术可以收集到海面水位、混浊状况、海面温度等信息，在大气研究中，利用遥感成像观测技术可以调查大气中二氧化碳和臭氧等微量元素的组成，分析气象现象等。特别是在环境变化监测等区域性和全球性的问题研究中。只有遥感技术才能从宏观上把握研究对象的变化规律.对其发展状况和发展趋势作出科学的判断。

4.1.3 遥感的分类

遥感的分类主要有下列几种方式：

(1) 按平台距地面的高度，分为地面平台、航空平台和航天平台三类。

(2) 按传感器的探测波段，分为紫外遥感(0.05～0.38 μm)、可见光遥感(0.38～0.76 μm)、红外遥感(0.76～1 000 μm)、微波遥感(1 mm～10 m)。在可见光波段和红外波段范围内，再分成若干窄波段来探测目标，称为多波段遥感。

(3) 按是否形成图像，分为成像遥感与非成像遥感。前者传感器接收的目标电磁辐射信号可转换成(数字或模拟)图像；后者传感器接收的目标电磁辐射信号不能形成图像。

(4) 按工作方式，分为主动遥感和被动遥感。主动遥感由探测器主动发射一定电磁波能量并接收目标的后向散射信号；被动遥感的传感器不向目标发射电磁波，仅被动接收目标物自身发射和对自然辐射源反射的能量。

(5) 按遥感技术的应用领域,分为大气层遥感、外层空间遥感、海洋遥感、陆地遥感等;按遥感技术的具体应用领域,分为资源遥感、环境遥感、农业遥感、林业遥感、渔业遥感、地质遥感、气象遥感、水文遥感、城市遥感、灾害遥感及军事遥感等。

根据应用目的,选择适当的遥感系统、适当的系统工作参数以及适用的遥感图像资料,是遥感应用的关键问题之一。

4.2 遥感的物理基础

4.2.1 电磁波谱

电磁波是伴随电场与磁场在空间传播的横波,即电磁波的传播方向与电场和磁场的振动方向相垂直(见图 4-1)。电磁波在真空中以光速 $c(2.998\times10^8\ \mathrm{m/s})$传播,通常用波长(或频率)、传播方向、振幅和偏振方向来描述电磁波。

波长指电磁波完成一个振动周期在空间内传播的长度(用 μm、nm、mm、cm 等表示)。频率是 1 秒(s)内电磁波振动的次数,单位为赫兹(Hz)。振幅表示电磁波振动的强度,振幅的平方与电磁波能量大小成正比。电场方向所在的面为一定时称为线性偏振波或线性偏振光。

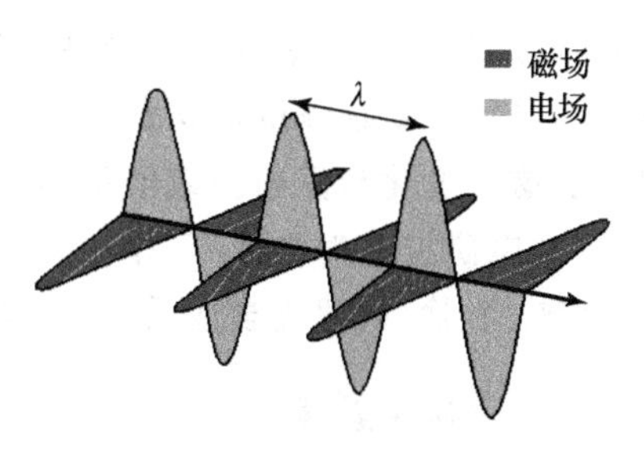

图 4-1 电磁波

电磁波通常不是单频率的波,每种频率下的电磁波振幅各不相同,这就构成了频率—振幅的谱带,称做光谱。宇宙射线、γ 射线、X 射线、紫外线、可见光、红外线、无线电波等都属于电磁辐射。这些电磁波按照波长(或频率)大小依次排列所形成的图表叫电磁波谱(见图 4-2)。目前,遥感使用的电磁波主要为可见光、红外线和微波。

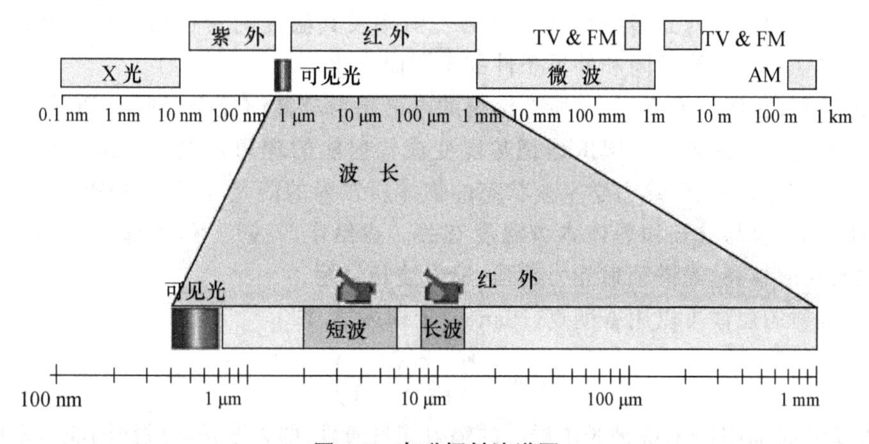

图 4-2 电磁辐射波谱图

在可见光波段范围内光谱与视觉色彩相对应，因此光谱的变化会引起人视觉色彩的变化。通常人的眼睛能够感受到的电磁波在很窄的 0.4～0.7 μm 波长范围内，分别对应紫、蓝、青、绿、黄、橙、红等不同色彩的光。红外波段的电磁辐射无法为人的眼睛感知，但人的皮肤可以感受到温度的变化。微波的波长范围为 1 mm～1 m。

自然界中由不同的原子和分子构成的各种物质，虽然它们的结构特征千差万别，但却表现为近似或截然不同的性质，因而它们对电磁波的反射、吸收、散射、透射或再发射等作用也表现为近似或不同。这是由于构成物质的原子、分子的电磁特性影响着其对电磁波的吸收或反射；另外，分子的振动、晶格的振动、分子的旋转、电子的自旋等都会发射或吸收不同波段的电磁波。因此，不同的物质具有不同的电磁波响应特性。物体对太阳辐射能量中相应波长光谱的反射吸收特性也各不相同。

电磁波辐射源与传感器之间的相对运动造成的多普勒效应表现为电磁波频率或相位发生变化。电磁波的直线传播特性使获取地物的空间位置和形状的信息成为可能，因为物体反射的电磁波的强度(振幅)受其形状和物理性质影响，所以根据回波信号强度的变化，可以推断物体的形状及性质。当电磁波发生反射或散射时，其偏振特性也会发生变化，这种变化与反射面或散射体的几何形状结构以及化学性质相关。

由电磁波传播中频率(相位)、振幅、偏振及传播方向的变化，可以获得有关地物的运动状态、形状、物理化学性质、空间位置、几何结构等性质的信息。

4.2.2　遥感辐射源

遥感的辐射源分为人工和天然两大类。主动遥感方式接收的是人工辐射源(如雷达)发出的电磁辐射的回波；被动遥感方式接收的是天然辐射源的电磁辐射。自然界中的天然辐射源主要是太阳和地球，它们也是遥感信息的主要提供者。

任何物体当温度高于热力学零度时，都会向外发射电磁辐射，可以被看做是一种辐射源。发射出的能量与光谱特征随物体的发射率及其温度的变化而变化。物体的发射率则随构成物体的物质不同和外界条件的不同而变化。

黑体辐射(在任何温度下，对所有波长的电磁辐射都能够完全吸收，同时能够在热力学定律所允许的范围内最大限度地把热能变成辐射能的理想辐射体)，满足普朗克定律和维恩位移定律，即处于热力学平衡状态的物体所发射的能量与吸收的能量之比同物质本身性质无关，仅与波长和黑体本身温度有关。在给定的温度下，光谱辐射率随波长增加而减少；温度越高，光谱辐射能力越强，辐射波长越短。

黑体辐射的规律可以用普朗克(Planck)定律表达，即

$$P_\lambda \mathrm{d}\lambda = \left(\frac{c_1 \lambda^{-5}}{\mathrm{e}^{c_2/\lambda T} - 1}\right)\mathrm{d}\lambda$$

式中，P_λ 为单位面积(cm^2)λ 波长电磁波的辐射能量通量，即 λ 波长电磁波的能量密度；λ 为波长，单位为 μm；T 为绝对温标，单位为 K；光速常数 $c=2.98\times10^{10}$ cm/s；$c_1=2\pi hc^2=$

3.74183×10^{-16} W·m^2；$c_2=hc/k=1.4388\times10^{-2}$ m·K；普朗克常数 $h=6.62556\times10^{-34}$ J/s；波尔兹曼常数 $k=1.38\times10^{-23}$ J/K。

波长为 λ 时的辐射能量通量 P_λ 是波长与黑体自身温度 T 的函数。黑体温度越高，辐射总能量越大。

如果普朗克方程计算极值，则可以得到维恩位移定理(Wien's Displacement Law)。维恩位移定理是针对黑体来说的，其是热辐射的基本定律之一。在一定温度下，绝对黑体的与辐射本领最大值相对应的波长 λ 和绝对温度 T 的乘积为一常数，即

$$\lambda T = b$$

上述结论称为维恩位移定律，式中，$b=0.002898$ m·K$=0.29$ cm·K$=2898$ μm·K，称为维恩常量。它表明，当绝对黑体的温度升高时，辐射本领的最大值向短波方向移动。维恩位移定律仅与黑体辐射的实验曲线的短波部分相符合。

黑体辐射的能量—波长函数曲线的峰值(极大值)对应的波长与此曲线对应的温度的乘积是一个常数，也就是说物体温度越低，辐射曲线峰值波长就越长，向红外移动，反之物体温度越高，辐射峰值的波长就越短，向紫外移动(见图 4-3)。

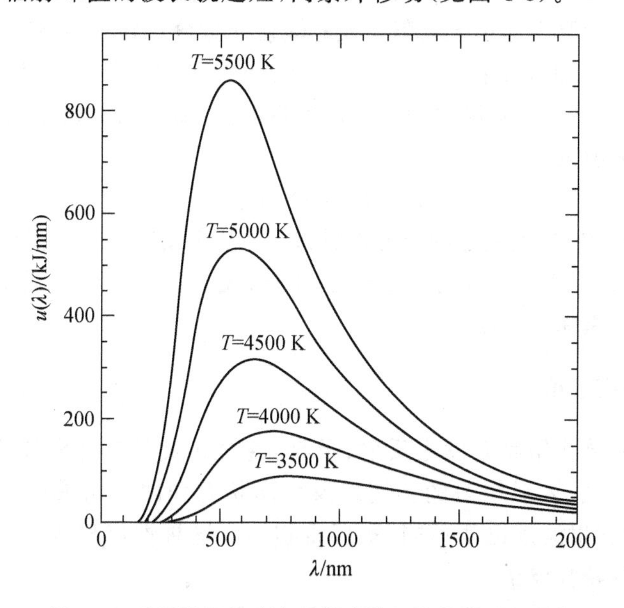

图 4-3 利用维恩位移定理做出的黑体辐射实验曲线

若已知物体温度，就可以计算辐射峰值波长，由峰值波长就可选择最佳遥感波段。若已知辐射光谱，测出峰值波长，则可知物体温度。天文学中就是用维恩位移定理分析计算从天文望远镜接收的星体光辐射峰值波长而后得到星体温度的。

举例：当测量 50℃或 323.16 K 时，

$$\lambda = b/T = 0.002897\ \text{m}\cdot\text{K}/323.16\ \text{K} = 9\ \mu\text{m}$$

则计算出的红外波长中点位置为 9 μm。

1. 太阳辐射

太阳作为遥感的主要能源，由于其表面温度太阳约为 6000 K，被近似看做黑体辐射，其辐射能量随波长的分布符合普朗克定律。太阳辐射的光谱组成成分非常复杂，辐射波谱从 X 射线到无线电波，但主要能量集中在 0.2～3 μm，其中，可见光范围 0.38～0.76 μm 全部包含在该区域，约占总能量的一半。太阳辐射的峰值在 0.49 μm 附近，相当于可见光中的青光接近绿色光波段。地球大气层顶层的太阳辐射强度为 135.3 mW/cm^2，地球接受太阳辐射的能量功率为 18×1016 J/s。大气顶层太阳辐射主要集中在可见光到近红外波段范围内。其中可见光部分约占太阳总辐射的 46%。

2. 地球辐射

地球辐射由两部分构成：一部分是入射到地球表面后的太阳辐射被吸收并转变为热能，进而向外发射的长波辐射；另一部分是被地面反射，向外发射以近紫外、可见光和近红外为主的短波辐射。

大地的温度远远小于太阳（地球表面温度约 300 K，可近似于该温度下的黑体辐射），因此大地的辐射能量要远远小于太阳。大地辐射能量分布在很宽的范围（从近红外到微波）内，但近 50%的能量集中在 4～14 μm 这个被称为热红外波长的范围。

在对地遥感观测中，被观测物通常不是理想黑体，需要用发射率来进行修正。例如，就某一波长的电磁波来说：

$$R_e = P_o / P_b$$

式中，R_e 为发射率；P_o 为观测物的辐射能量；P_b 为与观测物同温的黑体辐射能量。R_e 随物质的介电常数、物体表面的粗糙度、温度、波长、观测方向等因素而变化。绝大多数物体可近似地看做是黑体 $R_e \approx 1$。

4.2.3 地物的特征波谱

电磁辐射与物体作用后会发生反射、吸收、透射和发射等物理现象。不同物体由于所处环境条件的不同、入射辐射的不同以及表面状态和内部组成的不同，它们反射、透射、吸收和发射的辐射波谱也就不同，我们将物体的这种性质称为波谱特性。不同物体的波谱称为它们的特征波谱。

受太阳辐射的地球表面，不管是绿色植被，还是沙漠、岩石、土壤等地物，除了物体本身发射的电磁波辐射外，还会对作用在其上的太阳辐射有吸收、透射、反射等作用。遥感传感器正是接收、记录这些来自地物的电磁波辐射进而形成不同的波谱影像，这就是所说的遥感信息。它们成为我们识别物体的依据。

（一）电磁辐射的反射

电磁辐射的反射指电磁辐射与物体作用，产生的次级波（又称反射波（辐射））返回原来介质的现象。物体表面可分为光滑表面和粗糙表面两类。

镜面反射要求反射面相对于入射光波长要光滑平整(即发生在光滑表面上),其是一种光线按入射角等于反射角的规律在一个方向上的反射现象,辐射光能集中在一个方向上。对于波长在 10 μm 以内的可见光或红外光,这时反射面的凹凸程度必须在波长的 1/10 数量级范围,否则不能视为镜面。漫反射是指反射光的能量在各个方向上均匀分布,其发生在粗糙表面上。

对于可见光或红外波段,由于物质组成成分、物理性质、几何结构的不同,实际上自然地物的表面既非完全光滑,也不是完全粗糙,因此自然界地物不存在镜面反射,也不存在理论上的漫反射。实际上电磁辐射在自然界地物的各个方向上都有反射,其反射是介于镜面反射和漫反射两者之间的方向反射。当在某一方向反射波要强一些时,称为方向反射。方向反射的能量在空间的分布与光源的方向和地物表面物理性质有关。

物体的反射率(系数)随入射波长变化,常用曲线来表示该物体的反射波谱,该曲线被称为反射波谱曲线。地物对不同波长的电磁波的反射率是不同的,因此不同地物具有不同的波谱反射率曲线;另外同一地物在不同的条件下也具有不同的波谱反射率曲线。如图 4-4 的地物光谱特征曲线可以看出,绿色植被在波长为 0.5 μm 的可见绿光波段附近有一反射峰,在波长 0.65 μm 左右的红光波段有一强烈的光谱吸收带,而在 0.8～1.0 μm 波长的红外波段有强烈的反射。潮湿的土地在全波段范围内对太阳辐射的反射均很微弱。水体由于泥沙、悬浮物的含量不同,具有不同的光谱反射率,差异主要表现在绿光到红外这一波长范围内。

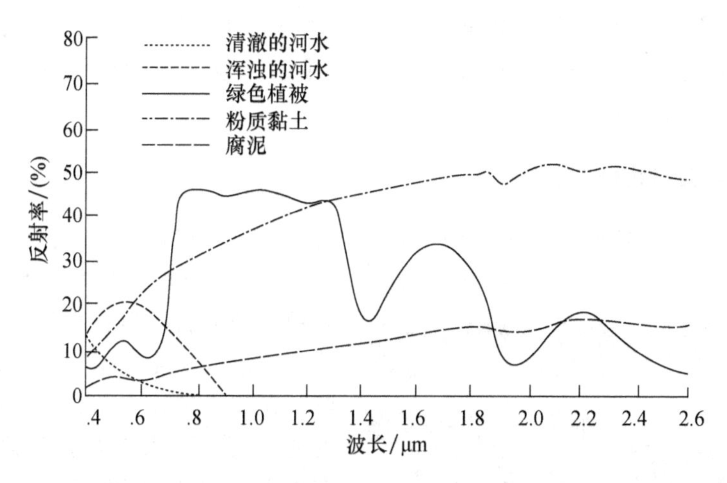

图 4-4 植被、土壤和水的反射光谱特性曲线

实际测量工作中测得的是:在一定光照和观测条件下,地物的反射光功率与同样条件下标准参考板的反射光功率之比,称为定向反射率因子。这里的标准参考板实际上是人工制作的标准反射板。

地物光谱仪是测量以太阳为辐射源的地物反射光谱的仪器。这种仪器在野外对地物进行测量，为遥感图像处理和解译提供依据。地物光谱仪中探测器的作用是将不同强度的光子流转换成相应的电压或电流强度。光谱仪的性能参数：光谱响应，即光谱仪的工作波段。一般光谱仪的工作波长范围在0.4～2.4 μm之间。光谱波段是在工作波长范围内的波段数量，即光谱分辨率。常用的有4波段、7波段等。较好的地物光谱仪在工作波长范围内可细分到1000个波段以上，每个波段的带宽仅2 nm。除了以上两个基本参数外，还有两个参数是响应速度、最小可测功率。

用地物光谱仪测量得到的是一组能够表示相应于不同波长的该地物对太阳辐射的反射率的数值。将这些数值标注在以波长λ为横坐标、反射率(%)为纵坐标的坐标系中，并用光滑的曲线将相邻的点相连接，得到的即为被测地物的光谱特征曲线。如果所用的地物光谱仪的光谱分辨率足够高，则获得的数据就足以反映被测物对于不同波长太阳辐射的反射特性，也就能得到足够平滑的光谱特征曲线。

(二) 电磁辐射的发射

物体的辐射通量密度(单位时间内通过单位面积的辐射能量)和相同温度的黑体辐射通量密度之比称为物体的光谱发射率。它反映物体将热能转变成辐射能的转变效率。物体光谱发射率随波长变化，形成物体的发射波谱。自然界中的物体对任何波长的光谱发射率，总是小于相同温度下黑体的光谱发射率。

物体的光谱发射率发射取决于它的表面性质(颜色和光洁度)和内部热学性质。一般地说，在相同温度条件下，表面较粗糙和颜色较深的物体，发射率较高；表面较光滑和颜色较浅的物体，发射率较低。如金属比热小，热惯量小，具有很高的热导率和扩散率，发射率很低，且随温度的升高而增加。非金属的发射率较高，一般大于0.8，且在地面常温下，随温度的增高而减小。

4.2.4 大气对辐射传输的影响

电磁辐射与大气的相互作用对遥感影响很大。这是因为太阳辐射在向地球表面传输过程中，首先要经过厚达100 km以上的大气层，然后达到地表的太阳辐射与地物相互作用后经地面散射再次穿透大气层，最后达到遥感传感器并作为遥感信息而被接收。在这个过程中，太阳辐射与大气层中的离子、分子、水汽及各种悬浮颗粒等相互作用，会发生透射、反射、散射、吸收、折射、再发射等现象(见图4-5)。它们的作用强度则取决于大气的物质成分、结构和通过大气时的路程长短。

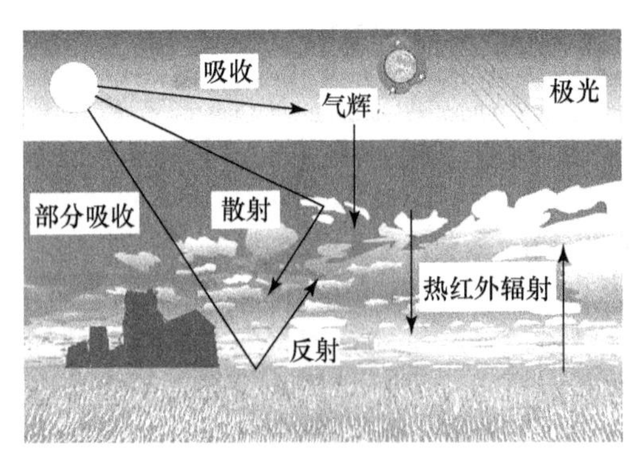

图4-5 大气对太阳辐射的影响

遥感传感器从高空对地进行观测，它所接收到的是各种来源的辐射能量的总和。主要包括：地球表面的辐射；地球表面对于太阳辐射的反射；大气层的辐射；大气层对太阳辐射的反射；地表对大气层向下辐射或散射太阳光(天空光)的反射。这些辐射能量又受到太阳的光谱特性；太阳的高度角(太阳光入射角的余角)；大气的发射、反射、散射、吸收和透射特性；地物的反射和辐射特性；传感器的位置与高度；传感器的性能指标等因素的影响。

大气中的物质主要通过散射、吸收与折射等作用来影响太阳辐射。这些物质有两类：一类是二氧化碳(CO_2)、臭氧(O_3)、氮(N_2)等分子；另一类是水汽、烟、尘埃等颗粒较大的悬浮物。

(一) 大气散射

电磁辐射与结构不均匀的物体相互作用，经过反射、折射和衍射的综合过程而产生的次级辐射向各个方向传播的现象即为散射。大气的散射是由大气中不同大小的颗粒(包括组成大气的气体分子、灰尘和大的水滴)反射或者折射所造成的。它主要发生在可见光波段，其性质和强度取决于大气中分子或微粒的半径 r 与被散射光的波长 λ。

根据大气中散射颗粒的尺寸大小与入射波长之间的关系可将散射过程简化为下面三类情况：瑞利散射(散射颗粒比辐射波长小)、米氏散射(散射颗粒与辐射波长相近似，也叫气溶胶散射)、无选择性散射(散射颗粒较辐射波长大)(见图 4-6)。

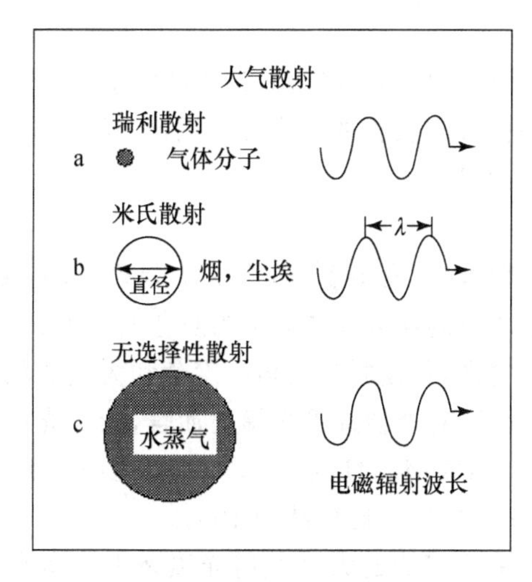

图 4-6 大气散射图

1. 瑞利散射

瑞利散射(rayleigh scattering)指大气的分子散射，其发生在散射粒子的尺度 r 比波长 λ 小得多时，它是由大气中原子、分子，如氮、二氧化碳、臭氧和氧分子等引起。瑞利散射的散射强度与波长的 4 次方成反比，波长越长，散射越弱。入射辐射的波长愈短，散射能力愈强(见图4-7)。因此,清洁大气的短波散射强度较大。这样,太阳照射到地球上的白色日光,经大气分子散射后,天空呈现浅蓝色。

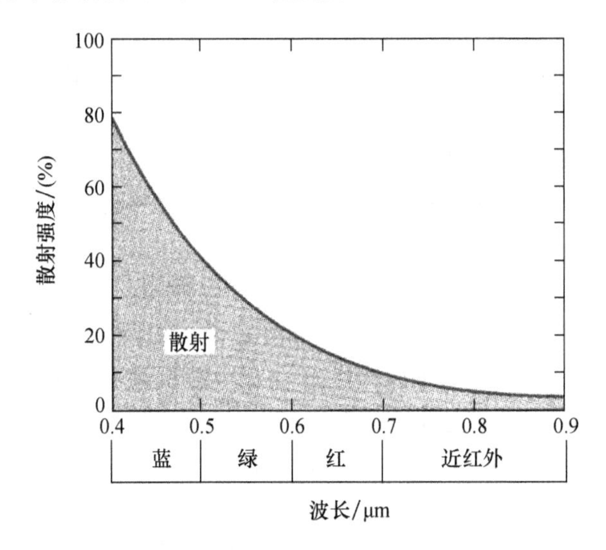

图4-7　瑞利散射强度与波长的关系

2. **米氏散射**

米氏散射即指大气中粗粒物质的散射,如尘埃、烟、云、雾对红外线的散射,其发生在$\lambda \approx r$时。米氏散射的散射强度与波长的2次方成反比,且散射光的向前方向比向后方向的散射强度更强,方向性较明显。

3. **无选择性散射**

无选择性散射又称粗粒散射,发生于当r较λ大得多时,其散射强度与波长无关。这就是为什么某些空气污染严重的地区天空显示为灰色的原因。

大气散射辐射称为天空光,其强弱与太阳高度角和大气的状况有关。若太阳高度角小,太阳光经过大气的路程长,对地物接受光辐射而言,天空光比例较大。随着太阳高度角增大,天空光辐射减小。当太阳高度为30°时,天空光在总辐射中所占的比例大约为20%;当太阳高度角大于50°时,这一比例减为10%。

遥感理论中将进入遥感传感器的大气散射光以及大气本身的辐射称为程辐射。程辐射光谱特性反映了大气的状况,如水汽含量、分子状况、悬浮颗粒的多少及粒径的大小等。

(二) 大气吸收

大气吸收是把电磁辐射转化为大气自身的热力学能,进而将其能量转换成大气的分子运动。可分为一般吸收和选择吸收两类:一般吸收指吸收率随波长的变化几乎不变的吸收;选择吸收则为吸收率随波长的变化有急剧变化的吸收。

大气中对辐射起吸收作用的物质主要是水蒸气，臭氧和二氧化碳。这些气体分子的吸收有波长选择性，即对某些波段具有强吸收性，使得这些波段成为遥感应用中的重要波段。

大气顶层太阳辐射的光谱是连续的。经过大气的吸收作用，发生很大变化。波长短于 0.29 μm 的紫外光大部分被大气中的臭氧层所吸收，红外部分主要被大气中的水汽吸收。在可见光到红外波段有许多大范围的吸收区，主要是由水汽和二氧化碳分子的吸收作用形成的，如图 4-8 所示。

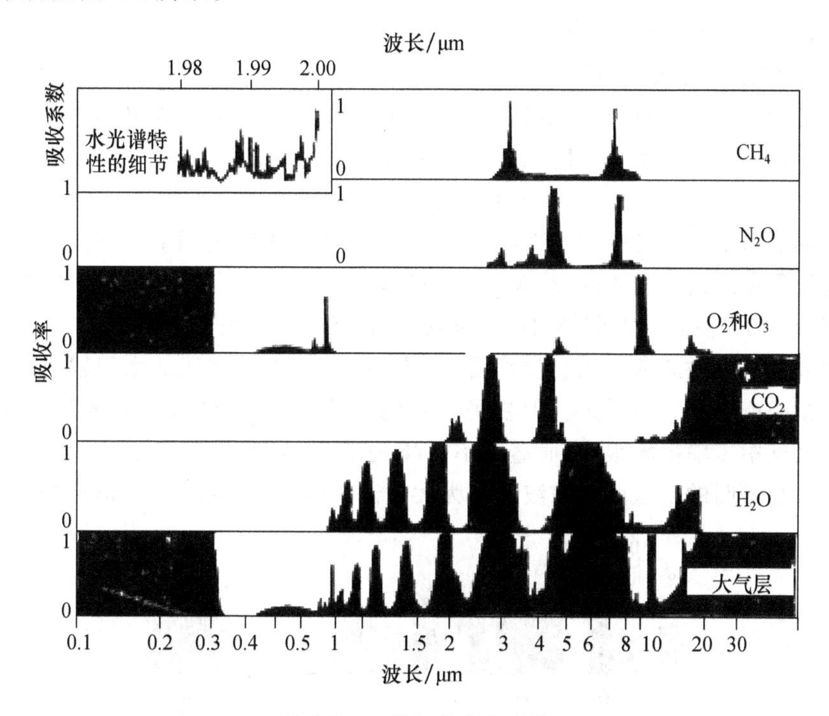

图 4-8 大气红外吸收光谱

1. 水

固态水中的水滴不包括在内。水汽(H_2O)一般出现在低空，它的含量随时间、地点的变化很大(约 0.1%～3%)，而且水汽的吸收辐射是所有其他大气组分的吸收辐射的几倍。最重要的吸收带在 2.5～3.0 μm，5.5～7.0 μm 和>27.0 μm(在这些区段，水汽的吸收可超 80%)。水汽在微波波段的 0.94 mm、1.63 mm 及 1.35 mm 处有三个吸收峰。

2. 臭氧

臭氧(O_3)是由高能的紫外辐射与大气中的氧分子(O_2)相互作用生成的，它主要集中于 20～30 km 高度的平流层。臭氧除了在紫外(0.22～0.32 μm)有个很强的吸收带外，在 0.6 mm 附近有一宽的弱吸收带，在远红外 9.6 mm 附近还有个强吸收带。虽然臭氧在大气中含量很低(只占0.01%～0.1%),但臭氧的吸收阻碍了低层大气的辐射传输,其对地球能量平衡起重要作用。

3. 二氧化碳

二氧化碳(CO_2)在大气中的含量仅占0.03%左右,随人类的活动含量有所增加,主要分布于低层大气。CO_2 在中—远红外区段(2.7、4.3、14.5 mm 附近)均有强吸收带。其中最强的吸收带出现在13～17.5 mm 的远红外段。

由于气象条件的不同,大气组成成分、悬浮颗粒浓度、水汽含量、太阳高度角的变化等,在地面测得的太阳光谱分布会有很大变化。

(三) 大气透射与大气窗口

透射是指电磁辐射与介质作用后,产生的次级辐射和部分原入射辐射可以穿过该介质到达另一种介质的现象。透射能力用透射率 τ 来表示,即

$$\tau = \text{透射能量} / \text{入射能量}$$

电磁辐射由于受大气散射和吸收的影响,经大气输送时其辐射能被强烈地损耗。太阳辐射的能量在到达地表之前,约有30%被反射回太空,20%被大气散射,17%被大气吸收,只有剩余40%左右的太阳辐射能够通过大气达到地球表面。

由于大气对电磁波散射和吸收等因素的影响,使一部分波段的太阳辐射在大气层中的透射率很小或根本无法通过。但在另一些电磁波段,大气的吸收和散射却很小,即电磁辐射在大气中传输损耗很小,而透射率很高,能透过大气传输。在这些波段,大气对于电磁波几乎是透明的。这些电磁波段称为大气窗口(atmospheric window)(见图4-9)。

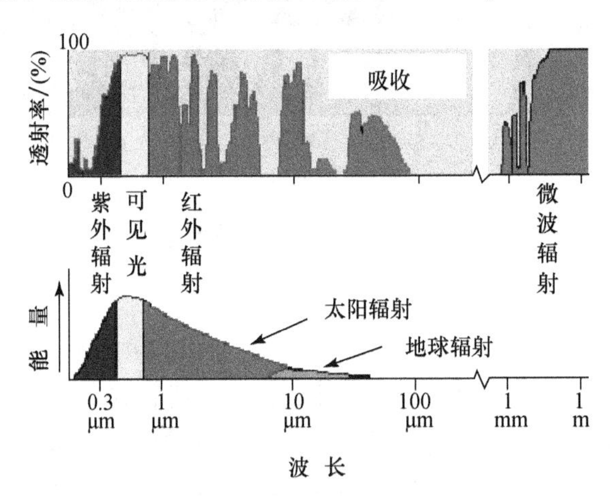

图4-9 大气窗口图

对大气遥感时应选择衰减系数大的波段,以收集到有关大气成分、气压分布和温度等方面的信息。而在对地面物体进行遥感时,为了利用地面目标反射或辐射的电磁波信息成像,遥感中对地物特性进行探测的电磁波“通道”应选择在大气窗口内,否则物体的

电磁波信息到达不了传感器。目前在遥感中使用的一些大气窗口为：

0.15～0.39 μm，由于臭氧的吸收作用，波长短于 0.29 μm 的紫外辐射实际上不能达到地表，整个紫外波段的太阳光的大气透射率都较小。但是在环境污染监测中，尤其对水面油污染的监测中，紫外光谱仪可以发挥很大作用。近年来，紫外光波段的遥感逐渐受到重视。

0.3～1.30 μm，以可见光为主，包括部分的紫外光波段和近红外波段。大气通透性很好，总体上大约在 90%以上，是目前对地遥感系统应用最广的波段。例如航空摄影测量相机，气象卫星 AVHRR 传感器，陆地卫星 Landsat 多波段扫描仪等等。

1.4～1.9 μm 近红外波段大气窗口，透射率在 60%～95%之间，其中 1.55～1.75 μm 波段常用于遥感仪器。

2.05～3.0 μm 近红外，透射率 80%。

3.50～5.50 μm 中红外，透射率 60%～70%，常用于火山喷发，森林火灾等温度异常地区的遥感监测。

8～14 μm 远红外窗口，透射率 80%，在陆地卫星 TM 第六波段传感器上得到广泛应用。主要来自物体热辐射的能量，适于夜间成像。

波长大于 1 mm 的电磁波辐射属于微波波段，其中波长大于 3 cm 的微波信号传输基本不受大气的影响。一般来说，微波遥感器是全天候工作的。其常用的波段为 0.8 cm，3 cm，5 cm，10 cm，等等，有时也可将该窗口扩展为 0.05～300 cm 波段。

需要注意的是：在可见光-红外窗口中，尽管太阳辐射的透射率达 95%以上，但大气的状况、云、雨、雾及大气中的悬浮颗粒，都会对太阳辐射的传输造成不同程度的影响，一方面是辐射量的差异，严重时甚至将地面信息全部淹没、掩盖；另一方面是位置的变形、畸变。而且大气状况每日每时都处在变动过程中。这些原因会造成遥感图像的变异。在遥感图像处理中，大气辐射校正是很困难但却是必须完成的工作之一。

4.3 遥感成像

4.3.1 遥感成像原理

地物电磁辐射(反射和发射)信息由传感器收集和记录，它是信息获取的核心部件。按数据记录方式，传感器可分为成像传感器和非成像传感器两大类。非成像传感器，如可见光-近红外辐射计、热红外辐射计、微波辐射计、微波高度计、微波散射计等，接收的电磁辐射信号不能形成图像，只能取得目标物的某些数据、曲线。成像传感器是目前最常见的传感器类型，它接收的电磁辐射信号可转换成(数字或模拟)图像。

成像传感器按成像原理又可分为摄影式传感器和扫描式传感器两类。

1. 摄影式传感器

摄影式传感器主要有框幅摄影机、缝隙摄影机、全景摄影机、多光谱摄影机等。其基本性质是在快门打开的一瞬间将目标上所有点射出的光同时全部收集进来，聚焦到焦平面上成为一幅影像，由感光胶片（传统摄影）或光敏元件经光/电转换（数字摄影）来记录物体影像。依据探测波长的不同，可分为近紫外摄影、可见光摄影、红外摄影和多光谱摄影。所得像片信息量大，分辨率高。

2. 扫描式传感器

扫描式传感器逐点逐行收集信息，让各点的信息按一定顺序先后进入传感器，经一段时间才收集到一幅图像所需的全部信息。它分为对目标面扫描和对影像面扫描的两类传感器。

(1) 对目标面扫描的传感器，如光学—机械扫描仪、成像雷达等。它们的收集系统直接对目标面（一般是地面）扫描。美国陆地卫星 Landsat 上的 MSS（多光谱扫描仪）和 TM（专题制图仪）就属于光学—机械扫描仪一类。

(2) 对影像面扫描的传感器，如电视摄影机和固体扫描仪 CCD 扫描仪等。它们的收集系统不直接对地面扫描，而是先用光学系统将目标的辐射信息聚焦在机内检测系统的一个靶面或光敏面上，形成一幅影像，然后利用摄像管中的电子束对靶面扫描来收集其信息，或依靠 CCD 扫描仪组成的阵列进行电子自扫描来获得信息。

CCD 的成像属于异步推扫成像，即按线阵（单线阵或多线阵）的顺序取样提供舷向扫描，而以平台的前进提供航向扫描，这样可以得到整个航带的二维图像，并结合已知的内、外方位元素得到图像与地表实际位置的对应关系，实现遥感影像的定位。现阶段包括中国的嫦娥一号，美国的 IKONOS 卫星，法国的 SPOT 卫星等用于目标定位和立体测图的高分辨率卫星遥感影像，大部分都是线阵 CCD 推扫式影像。

成像光谱仪是目前国际上正在迅速发展的一种新型传感器，它是在特定光谱域以高光谱分辨率同时获得连续的地物光谱图像。其构造与 CCD 线阵列推帚式扫描仪和多光谱扫描仪相同，基本上属于多光谱扫描仪，区别仅在于通道数多，各通道的波段宽度很窄。它将传统的空间成像技术与地物光谱技术有机地结合在一起，可以实现多路、连续、高光谱分辨率获取、对同一地区同时获取几十个到几百个波段的地物反射光谱图像，同时使得遥感应用可以在光谱维上进行空间展开，定量分析地球表层生物物理化学过程和参数。

4.3.2 遥感图像的特征

遥感图像的特征主要由空间分辨率、辐射分辨率、时间分辨率和光谱分辨率等来表征。

1. 空间分辨率

空间分辨率（几何分辨率）是图像像素所代表的地面范围的大小，即扫描仪的瞬时视场或能显示的最小地物的尺寸。严格地说，遥感图像上像元位置不同，其对应地面单元的大小尺度是不一样的：星下点（遥感传感器与地球球心连线与地球表面的交点）处遥感图像几何分辨率高，地面单元尺度小；而远离星下点处的图像几何分辨率低，地面单元尺度大。通常所说遥感图像几何分辨率是指星下点处图像像元对应地面单元的尺度。例如，Landsat TM 的 1～5 和 7 波段，一个像元代表地面 28.5 m×28.5 m，一般称其空间分辨率为 30 m。不同遥感目的所要求的空间分辨率不同，要根据需要选择合适的空间分辨率。

2. 辐射分辨率

辐射分辨率是传感器接收波谱信号时，能分辨的最小辐射度差，通常以遥感图像中表达像元灰度的二进制字位数(bit)来表征。某个波段遥感图像的总信息量由空间分辨率与辐射分辨率决定，在多波段遥感中，遥感图像总信息量还取决于波段数。因为遥感图像是传感器逐像元接受到的地物辐射或反射光能的记录，像元灰度值就是记录的数据，数据表示的字位数越多，则说明传感器将光能划分的等级就越多，即区分微小光能差别的能力越强。显然，如果放宽遥感图像的几何分辨率或光谱分辨率，这就意味着加大了传感器每个单元接收到的地物辐射或反射光能的能量，从而为传感器将光能划分更多等级创造条件：6-bit 的传感器可以记录 26 级(64)的亮度值；8-bit 的传感器可以记录 28 级(256)的亮度值；12-bit 的传感器可以记录 212 级(4096)的亮度值。

3. 时间分辨率

时间分辨率也叫采样的时间频率，是指传感器对同一地面目标进行重复探测的时间间隔。根据不同的遥感目的，选用不同时间分辨率的遥感数据。天气预报、灾害监测等需要短周期的时间分辨率，常以“小时”为单位；植物、作物长势监测、估产等用“旬”或“日”为单位；而城市扩展、河道变迁、土地利用变化等多以“年”为单位。地球同步气象卫星的时间分辨率为 1 次/(0.5 h)，太阳同步气象卫星的时间分辨率为 2 次/d，Landsat 为 1 次/(16 d)，而“中巴”(中国和巴西地球资源卫星)CBERS 为 1 次/(26 d)。

4. 光谱分辨率

光谱分辨率是传感器在接收目标辐射波谱时能分辨的最小波长间隔。它包括传感器总的探测波段的宽度、波段数、各波段的波长范围和间隔。探测波段的宽度越窄，探测地物的针对性越强；波段数越多，用于区分地物的指标就越多；波长范围越窄、间隔越小，则分辨率越高。光谱分辨率的提高有利于识别更多的目标，但会导致空间分辨率的降低。不同光谱分辨率的传感器对同一地物探测效果有很大区别。从应用角度，一般希望遥感图像波段宽度越窄越好，这是因为图像波段宽度越窄则越容易区分光谱反射特性接近的地物。但是，图像波段宽度越窄，则遥感传感器所接受的地物反射或辐射光能越小，遥感传感器区分地物反射或辐射光能接近的信号就越困难。在遥感传感器对微小光能同等敏感的条件下，为提高遥感光谱分辨率，常常以牺牲几何分辨率为代价；有时又以牺牲光谱分辨率为代价，赢得遥感图像的高几何分辨率。

遥感传感器工作波段的参数，极大地影响地物光谱的信息获取。早期航摄常用黑白全色波段。所用的黑白感光材料或传感器只有一个工作波段，例如可见光-近红外。在工作波段内不再区分不同波段的地物光谱特征反射率。所记录的虽然也是地物的光谱反射率，但就某一图斑来说，假如该图斑是同一种地物的话，光谱反射率是该种地物在工作波长范围内光谱反射率的平均值，或称为综合光谱。这种对地观测传感器无法探测记录地物在不同波段上的光谱反射率。尤其是一些地物尽管在某些波段上的反射率差别很大，但在全色波段上的综合光谱差别却很小。结果是：在全色波段的遥感图像上，综合光谱反射率近似的地物可能不是相同的地物，形成遥感图像图斑的混淆。

多光谱成像的方法可以克服上述遥感成像的缺点。最初的多光谱成像传感器——陆地卫星(landsat)MSS传感器，将地物在可见光—红外波段分成4个波段分别成像。这4个波段分别编号为MSS4，MSS5、MSS6、MSS7，其工作波段分别是0.5～0.6 μm，0.6～0.7 μm，0.7～0.8 μm，0.8～1.1 μm。这4个波段所记录的是绿色植被光谱特征曲线上的典型特征部分：反射峰、吸收谷及其他邻近波段的反射率的变化。用这样的传感器对地观测成像，可以同时获得地表的4幅图像，每幅图像记录的是相应波段上的地物光谱反射率。

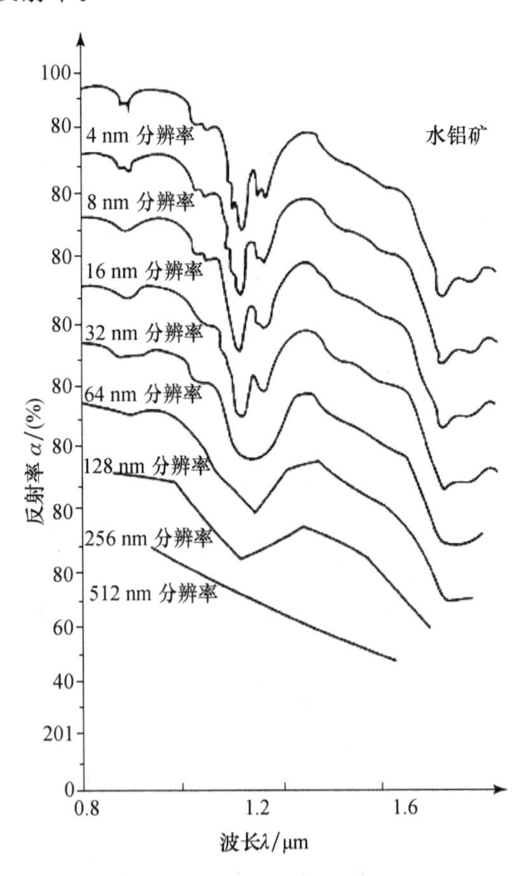

图 4-10 不同光谱分辨率下获取的水铝矿反射光谱

多光谱遥感成像的一个发展趋势是将波段范围划分更窄，波段数量更多。这种高光谱分辨率遥感传感器可提供地物更详细的光谱特征信息，可以识别更多地物以及地物的性状。

不同光谱分辨率的传感器对同一地物的探测效果有很大区别，如图4-10所示。

国际遥感界认为光谱分辨率在10^{-1} mm数量级范围内的为多光谱(multispectral)，这样的遥感器在可见光和近红外光谱区只有几个波段，如美陆地卫星TM和法国SPOT卫星等。

高光谱分辨率遥感(hyperspectral remote sensing)是指利用很多很窄的电磁波波段(光谱分辨率在10^{-2} mm的数量级范围)从感兴趣的物体获取有关数据，由于其光谱分辨率高达纳米(nm)数量级，往往具有波段多的特点，即在可见到近红外光谱区其光谱通道多达数十甚至超过100以上。高光谱遥感的出现是遥感界的一场革命，它使本来在宽波段遥感中不可探测的物质，在高光谱遥感中能被探测。

4.3.3 卫星遥感观察机制

遥感卫星进入正常轨道以后，就依靠惯性进行无动力飞行，这种惯性能使遥感卫星保持一定速度围绕地球作近圆周运动。按照飞行轨道的不同特征，可将其分为太阳同步卫星和地球同步卫星。

(一) 太阳同步卫星

太阳同步卫星是指其飞行运动轨道与太阳的入射光线总保持一个固定角度的飞行模式。卫星的轨道设计应充分考虑卫星的运行、地球的自转、太阳与地球的关系。依靠角动量守恒的惯性和地球自转对卫星轨道的旋进作用，使卫星的轨道面在一恒星年中与地球公转同步，保持卫星的轨道平面与太阳的入射光线为一个固定的角度。

以陆地卫星(Landsat)1 号为例：卫星轨道高度 915 km，轨道平面与地球赤道平面夹角 99°。绕地球一圈时间 103 min，每天绕地球将近 14 圈。卫星每环绕地球一周总要穿越赤道平面两次，若自北向南穿越赤道平面，与赤道面的交点称做降交点，若自南向北穿越赤道平面，与赤道面交点称做升交点。通过赤道的降交点时间 9:42。全覆盖地球表面的时间 18 天。

选择太阳同步模式的目的是为了使卫星能够在白天飞过地球上绝大部分的陆地，且在绝大部分地区当卫星掠过天顶的时间每天总是在上午 9:00～10:30 的太阳入射角的最佳时间。

因为这个时间段既能保证太阳光到达地面有一定的强度，也可以形成适度的地物阴影。根据阴影，对于低几何分辨率遥感图像人们可以判别山体走向、地质结构等，而对于高几何分辨率图像，可以提取建筑物的高度等信息数据。

常规的对地观测卫星传感器工作波段在可见光—红外，卫星轨道的设计多为太阳同步轨道。TM 卫星、Spot 卫星、IKONOS 卫星、气象卫星、中国-巴西地球资源卫星等卫星轨道都是太阳同步轨道。

(二) 地球同步卫星

地球同步卫星运行的是完全不同于太阳同步卫星的轨道，其轨道平面与赤道平面相重合为同一平面，卫星轨道是地球赤道上空 36 000 km 处的一个大圆。在这个轨道上卫星运行的角速度与地球自转的角速度相同，即 24 h 运行一周，地球上观察卫星在天空中的相对位置不变，而卫星上的遥感传感器对地观测到的则是一个固定不变的地球大球面。这个地球的球面大约占地球总面积的 1/3。从理论上讲，在这一轨道上只要运行三颗卫星，且呈等边三角形均匀分布，就几乎可以监测地球全部表面。

地球同步卫星与地球相对空间位置不变，所以又称为“地球静止(轨道)卫星”。这种卫星多用于无线电通信。气象部门也在这种卫星上搭载气象遥感传感器，为人们对地球中纬度大部分地区进行高时间频率观测提供数据。

(三) 天底观察和临边观测

探测器观察到的大气信号强度是经过大气吸收和传输的光源辐射沿视线方向在整个视线区域的积分效应。理论上,光源辐射包括在[0,∞)范围内所有可能的波长,而每一波长的波在风场的影响下产生不同的多普勒频移,在大气中经受不同的吸收和传输,因此,观察到的大气信号强度也是所有可能波长的积分效应。

视线方向分为天底观察和临边观测(nadir and limb)。天底观察的视线沿着遥感传感器与地球球心连线。临边观测的视线,几何上,是从探测器(卫星)到球形大气的不同高度壳层的切线(见图 4-11)。

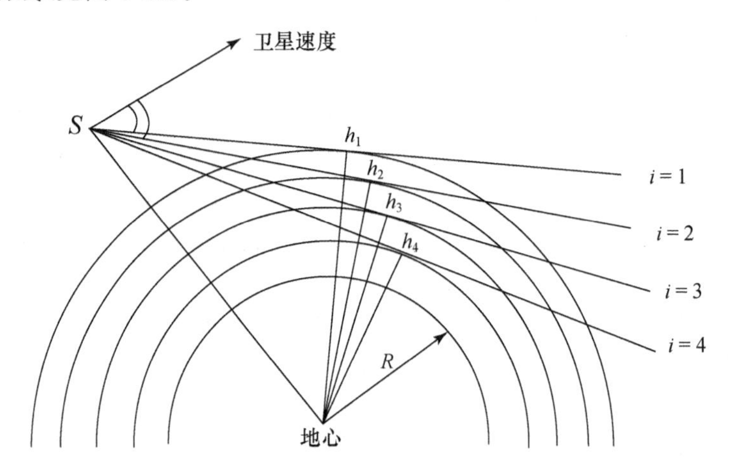

图 4-11 天底观察和临边观测示意图

但是,大气的折射效应导致了视线的非直线特性。大气折射率 n 的梯度变化导致了光线会沿 n 增加的方向折射。作为一个相当精确的近似,群折射率 $N=n-1$ 可以看成与空气密度成正比。在一个球对称的大气模型中,n 的方向是径向的,并且除某些特殊情况外,是朝下的(指向地心)。用射线追踪的方法可以由此确定光线的轨迹。

4.4 遥感数字图像处理

遥感数字图像用计算机可以识别的二进制代码来记录图像的灰度(将一幅遥感图像均匀分解成细密的网格,如果网格分得足够小,就认为网格内的灰度是均一的)或亮度值(亮度值由传感器所探测到的地面目标地物的电磁辐射强度决定,不同波段相同地点的亮度值不同)来记录遥感图像。这种二进制代码数据可以记录在磁带或软盘上。配备了相应遥感图像处理软件的计算机,可以将遥感图像显示在计算机屏幕上。每个像元的位置(行和列)是确定的,亮度也是确定的。目前的遥感系统对地观测成像时就是以数字的方式来记录、传输数据的。换言之,遥感数字图像是能够被计算机存储、处理和使用的图像,也即以数字形式表示的遥感影像。

由于遥感图像数据提取过程中存在本底信号较强(本底信号是指包含地物信息的电磁信号在穿透大气时,由于大气的辐射和散射作用,进入传感器而产生的“噪音”)、几何畸变严重(来自大气本身的折射、传感器本身成像机理,传感器平台姿态异常等)以及地物信息数据构成复杂等原因,造成遥感传感器直接记录的原始地面数字图像并不能直接被使用。因此为了解决遥感图像数据提取准确信息面临的诸多难题,遥感数字图像处理和遥感数字图像自动解译日益成为新的热门研究领域。

遥感数字图像处理已经成为遥感数据处理、分析、应用的最主要手段,其是以遥感数字图像为研究对象,综合运用地学分析、遥感图像处理、地理信息系统、模式识别与人工智能技术,实现地学专题信息的自动提取,要素分类与提取在图像处理过程中占有决定性的地位。它涉及的内容很多,最常用的有遥感图像校正、遥感图像增强和变换,以及多源数据融合三个方面。

4.4.1 遥感图像校正

图像校正处理,包括辐射校正、几何校正、数字图像镶嵌等,对辐射量失真及几何畸变等进行校正,也称图像恢复或图像复原。

(一) 辐射校正

利用传感器观测目标物辐射或反射的电磁能量时,由于传感器本身的光电系统灵敏度特性、热噪声、太阳高度角及方位角条件、地形以及大气条件等因素影响,引起光谱亮度的失真,进而导致图像模糊失真,造成图像的分辨率和对比度相对下降。地物辐射强度的差异在进入传感器后反映在图像上就是亮度值(灰度值)的差异。地物辐射度越大,其在图像中相应的亮度值(灰度值)也就越大。为了正确评价地物的反射特征及辐射特征,必须尽量消除这些失真。辐射校正的目的正是消除图像辐射亮度的各种失真。完整的辐射校正包括传感器校正、大气校正以及太阳高度和地形校正(又称照度校正)。

辐射校正方法有以下几种:

(1) 利用辐射传递方程计算法

对辐射传递方程给出适当的近似值求解,可消除各种因素对辐射测量的影响,其中大气的影响主要是由气溶胶引起的散射(可见光、近红外波段)以及大气中的水汽对热红外辐射的吸收。为了进行校正必须测定大气的气溶胶浓度及水汽浓度,仅从图像数据中测定这些量是不可能的,在利用辐射传递方程进行校正时,通常只能得到近似解。

(2) 利用地面实况数据的方法

在采集图像数据时,预先设置反射率已知的标志,或是用手持便携式地物光谱仪预先测出适当的地面目标物的光谱反射率,把由此得到的地面实况数据和同时获取的图像数据进行比较。用比较所得到的差值推演到每个图像的像元数据。并以此作为依据校正各像元数据的值。

(3) 其他方法

同一遥感平台上,除搭载获取目标图像的遥感器外,也搭载测量大气气溶胶和水蒸气浓度的专用遥感传感器,用这些数据可帮助进行大气辐射校正。

(二) 几何校正

几何畸变是指在遥感图像获取过程中,由于多种原因导致图像上各像元的位置坐标与地图坐标系中的目标地物坐标发生的差异。图像中所包含的几何畸变可以表述为图像上各像元的位置与地图坐标系中的目标地物坐标的差异。图像的几何畸变有以下特点:

(1) 非线性

总体来说,几何畸变和图像上网格像元的位置有一定的关系,但是并不是简单的线性关系,甚至相关性都不很明显。

(2) 随机性

同一个地区不同时间的遥感图像,几何畸变情况各不相同,这与当时的气候条件、遥感平台的工作状态有关。

(3) 和遥感传感器成像机制有密切的关系

成像机制不同,同一地区图像几何畸变不同,所采取的几何校正的方法也应当有所不同。

遥感图像几何位置的畸变一般分为系统性和非系统性两大类。系统性几何畸变有规律可循,可以应用模拟遥感平台和传感器内部变形的数学模型来预测;非系统性几何畸变是不规律的,随机产生的,通常由飞行器姿态、经纬度、速度和地球自转等因素造成的,表现为像元相对于地面目标实际位置发生挤压、扭曲、伸展和偏移等,一般很难预测。这类畸变多采用采集地面控制点的方法进行几何校正。几何校正的目的是纠正这些系统及非系统性因素引起的图像变形,实现与标准图像或地图的几何整合。

数字几何校正通常是针对几何畸变的不同成因,在计算机系统支持下建立相应的几何校正模型,使用该模型逐个对当前网格进行重新定位。重新定位通常采取以下多项式变换模型

$$\begin{cases} xy = a_0 + a_1x + a_2y + a_3xy \\ yy = b_0 + b_1x + b_2y + b_3xy \end{cases}$$

上式是一个非线性变换,(x,y)是图像网格中心点的原始坐标值,(xy,yy)是几何校正后的坐标值。8个系数a_0、a_1、a_2、a_3、b_0、b_1、b_2、b_3是待定系数,计算机软件系统为确定这些系数的值,采用解线性方程的方法,即在图像上选定4个点,将这些点精确定位。这样得到8个方程组成的联立方程组,依据方程组,可以解得8个待定系数。这4点既能够在图像上精确定位,又能够在实地用大地测量方法获取准确坐标数据,这种点称为同名地物点,简称同名点。这些点一般选在图像上有特征的部位,比如公路交叉点、河流交汇点、或者水工建筑物。在软件中还支持用户选择多于4个点作为同名地物点,软件系统

用多元回归方法确定最佳待定系数的值。

几何校正通常分为三个步骤：

(1) 选取地面控制点，在图像和地图(参考图像)上分别读出各个控制点在图像上的像元坐标及地图(参考图像)上的坐标；

(2) 选择合适的坐标变换函数式(即数学校正模型)，建立图像坐标与其参考坐标之间的关系式，通常又称为多项式校正模型，用所选定的控制点坐标，按最小二乘法回归求出多项式系数(又称换算参数)；

(3) 计算每个地面控制点的均方根误差，通常指定一个可以接受的最大总均方根误差，如果控制点的实际总均方根误差超过了这个值，则需要删除具有最大均方根误差的地面控制点，改选坐标变换函数式，重新计算多项式系数和均方根误差，重复以上过程，直至达到所要求的精度为止，最终建立多项式校正模型。

模型确定后，需要对全幅图像的各像元进行坐标变换，重新定位，以达到校正的目的。重新定位后的像元在原图像中分布是不均匀的，即输出图像像元点在输入图像中的行列号不是或不全是整数关系。因此，需要根据输出图像上的各像元在输入图像中的位置，对原始图像按一定规则重新采样，进行亮度值的插值计算，建立新的图像矩阵。

对变换后的像元要根据与该像元中心点最近的变换前的像元灰度值给予赋值；或者根据该像元四周的变换前的像元灰度值进行加权平均给予赋值，其权重为该像元中心到变换前的像元中心距离的倒数。重采样的具体算法有多种，这里不作介绍。

以上遥感图像几何校正的方法仅适用于可见光-多光谱中图像几何变形不大的场合，如果几何变形较大，特别是雷达遥感的山区图像几何变形复杂，存在叠掩、顶点位移等复杂情况，需要分区并结合地形图地物高程数据做多次几何校正处理来处理图像数据。

(三) 数字图像镶嵌

图像镶嵌是将两幅或多幅图像拼接起来形成一幅或一系列较大的图像，以便于对研究区域进行更好地统一处理、解释、分析和研究。

图像镶嵌的一般步骤如下：

1. 准备工作

进行图像镶嵌时，首先指定一幅参照图像作为镶嵌过程中对比度匹配以及镶嵌后输出图像的地理投影、像元大小、数据类型的参照。为便于图像镶嵌，应尽可能选择成像时间和成像条件接近的遥感图像，以便使镶嵌后输出图像的亮度值和对比度均衡化，并减轻后续的色调调整工作，同时需要检查图像的质量，确定下一步处理的对象和内容。

2. 遥感数字图像的恢复处理

此阶段主要工作包括：辐射校正、几何校正、去条带和斑点等。其中条带是指扫面图像中出现的与辐射信息无关的线条噪声，其表现为图像上的部分扫描行或线段的亮度值不反映地物的辐射，且与上下行的亮度截然不同。条带的消除方法通常将条带上的各像元点的上、下相邻两扫描行对应像元亮度值取平均值来代替。斑点是由传感器的噪声或磁带等部件的误码率造成的，往往和周围的亮度值有明显差别，且彼此不相关。斑点可以通过将图像像元亮度值同它的邻近像元值进行比较来判定。

3. 确定实施方案

在进行多幅图像的镶嵌时，镶嵌方案的确定极为重要，方案确定得好，可以节省时间和工作量，否则可能会增加不必要的工作量。为此，首先应确定标准像幅，标准像幅往往选择处于研究区中央的图像，以后的镶嵌工作都以此图像作为基准进行，其次确定镶嵌的顺序，即以标准像幅为中心，由中央向四周逐步进行。

4. 重叠区确定

遥感图像镶嵌工作中无论是色调调整，还是几何镶嵌，都是将重叠区作为基准进行的。重叠区确定得是否准确直接影响镶嵌的效果。两幅影像的拼接不可避免地涉及重复区，因此需要仔细地对重叠区加以确定以便使研究区的遥感影像制作取得最佳效果。在重复覆盖区，各图像之间应有较高的配准精度，必要时要在图像之间利用控制点进行配准，尽管其像元大小可以不一样，但应包含与参照图同样数量的层数。最常用的图像匹配方法有直方图匹配和彩色亮度匹配。

5. 色彩调整

镶嵌后重叠区图像色调不一致，从而影响应用的效果，因此必须进行色调调整。色调调整是遥感图像数字镶嵌技术中的一个关键环节。成像时间或成像条件存在差异的图像，由于要镶嵌的图像辐射水平不一样，图像的亮度差异较大。通常采用重叠区内两幅图像的亮度值作均值处理或作变系数加权和处理。

4.4.2 遥感图像增强

图像增强是遥感数字图像处理的基本内容之一。它是对图像像元灰度值进行某种变换处理以突出有用的信息和特征，同时削弱或去除弱相关信息，便于人眼识别和观察或有利于计算机分类，其目的是使处理后的图像对于某种特定的应用比原始图像更适用。遥感图像增强处理主要有彩色图像增强、光谱增强和空间域图像增强。为了达到图像增强效果，可以构造各种各样的变换函数。常用的变化函数包括指数函数、对数函数、线性扩展函数、分段线性扩展函数等。

（一）彩色图像增强

在自然界和日常生活中，我们接触的大多是彩色图像，与黑白图像相比，人眼对黑白图像灰度级别只能分辨20级左右，但对彩色差异的分辨能力却比较强，因此可以使用彩色图像含有的不同的彩色和色调的变化来代替图像黑白灰度级别的变化，达到突出图像信息空间分布的目的。遥感图像的彩色处理主要有假彩色密度分割、彩色增强和多波段假彩色合成等。

假彩色密度分割是指为了突出某一密度等级的色调（或相应地物），即将图像（或影像）的色调密度分划成若干个等级，并用不同的颜色分别表示这不同的密度等级，得到一幅彩色的等密度分割图像，该图像的色彩是人为加于的，一般并不代表地物的实际颜色。

彩色增强则是指将图像灰度通过某一种加色比例函数变换到彩色级，提高图像的分辨率，进而增强人眼对图像的识别效果的一种方法。

多波段假彩色合成是依据加色法或减色法，针对多波段遥感影像所采取的一种彩色图像增强方法，即选择遥感影像的某三个波段，分别赋予红、绿、蓝三种原色，从而合成彩色影像。由于原色的选择与原来遥感波段所代表的真实颜色不同，因此，所生成的合成色不是地物真实的颜色，这种合成叫做假彩色合成。波段的组合方案决定了彩色影像能否显示较丰富的地物信息或突出某一方面信息。以陆地卫星 Landsat 的 TM 影像为例，在 TM 的 7 个波段中，当 4、3、2 波段被分别赋予红、绿、蓝色时，其合成方案被称为标准假彩色合成，是一种最常用的合成方案。

（二）光谱增强

光谱增强是对诸如像元的对比度、波段间的亮度比等目标物的光谱特征进行增强和变换，以达到保留主要信息，增强和提取更具有目视解译效果的新波段数据为目的。它针对每个像元进行，与像元的空间排列和结构无关，所以又称点操作。它主要包括图像间运算和多光谱变换。

1. 图像间运算

图像间运算指在同一幅遥感图像的不同多光谱波段之间，或者是两幅以上的图像间，甚至不同数据源的图像间，对每个对应像元进行代数运算以求出几个波段或几个图像的和、差、积、商，生成新的图像数据，达到图像增强的目的。图像间运算的先决条件是参与运算的各图像必须精确配准，即各图像像元对应的地面单元必须完全一致。这一条件对于同一景的多光谱图像不存在问题，而对于不同时相的图像或不同数据源的图像必须使用上述几何校正的方法进行图像精确配准。

图像间运算可以分为算术运算和逻辑运算。

（1）算术运算

算术运算把加、减、乘、除组合起来进行图像间对应像元灰度的运算。例如，通过对多光谱图像进行波段间的运算，可以增强图像间的共同内容，或抵消共同的噪声成分；还可以提取地面土地覆盖变化的信息。运算之后，通常对像元灰度值作线性变换，使其值域在 0～255 之间，以便于进行图像的显示。

算术运算的典型实例是利用气象卫星遥感数据对植被指数 NDVI 的计算。植被指数是了解大范围植被分布状况的指标。其计算公式为

$$\mathrm{NDVI} = (\mathrm{CH2} - \mathrm{CH1})/(\mathrm{CH2} + \mathrm{CH1})$$

式中，CH2、CH1 分别为近红外通道、可见红光通道对应的像元灰度值。

（2）逻辑运算

逻辑运算把图像间的逻辑“或”、逻辑“与”等运算组合起来提取图像特征。例如，用 0、1 的整数数据表示行政区域面积的掩膜图像和遥感分析图像，通过逻辑“与”的运算可

以提取出作为目标的行政区域所对应的遥感图像数据。这种方法可以减少计算机数据处理工作量，突出运算结果数据表达的信息。

2. 多光谱变换

多光谱图像的各波段之间经常是高度相关的，它们的数值以及显示出来的视觉效果往往相似，除了存在数据冗余之外，还使得这些彼此相关的图像各自不能较好地描述地物特征，致使图像的意义混淆、提取图像信息发生困难，进而增大图像处理的工作量。多光谱变换方法通过函数变换，达到保留主要信息、降低数据量、增强或提取有用信息的目的。常用的方法包括主成分或主分量变换(K-L 变换)和缨帽或缨穗变换(K-T 变换)。

(1) 主成分变换

主成分变换(K-L 变换)是将原来多波段图像中的有用信息尽可能压缩到互不相关的较少的几个波段(主成分方向)上，它是在统计特征基础上的多维正交变换，另外在所生成的主成分图像中各个主成分包含的信息内容彼此不重叠。

主成分变换着眼于各波段相应像元(变量)之间的相互关系，以尽可能不丢失信息为原则，把图像中所包含的大部分信息仅用少数新的“波段”图像表示出来。在数学意义上对主成分变换可以这样理解：将参与变换的 N 个波段数据看做是 N 维空间数据，一个波段看做为一个坐标轴，主成分分析变换实际上是将这一 N 维空间的坐标系统进行一次“旋转”，将主要信息特征数据集中在一两个坐标轴上。这意味着整个变换过程信息数据几乎不丢失，但表达数据量可以大大减少。

主成分分析的手段是线形变换。一般的线形变换可用公式表示为

$$\boldsymbol{y} = \boldsymbol{C}\boldsymbol{x}$$

式中，$\boldsymbol{x}$ 为原图像 p 个波段的像元灰度值向量；$\boldsymbol{y}$ 为变换后产生的 g 个组分的像元值向量；$\boldsymbol{C}$ 为实现这种变换的变换系数矩阵。

由线性代数理论可知，主成分变换就是寻找能够将原始矩阵 $\boldsymbol{x}$ 对角化的特征矩阵 $\boldsymbol{C}$，而对角化之后的矩阵 $\boldsymbol{y}$ 中的特征值则分别代表了变化后的图像的某统计参量。在计算过程中，特征值和特征向量是用多波段图像的协方差矩阵或相关矩阵计算出来的。协方差矩阵中包含了每个波段的方差及每两个波段之间的协方差。在图像中，方差代表了一幅图像像元值的差别或离散的程度，而协方差则代表了两波段之间的相关程度。

(2) 缨帽变换

缨帽变换(Kauth-Thomas 变换，K-T 变换)是一种坐标空间发生旋转的变换，但旋转后的坐标轴不是指向主成分方向，而是指向与地面景物有密切关系的方法。这种变换是一种线性组合变换，其变换公式为

$$\boldsymbol{y} = \boldsymbol{B}\boldsymbol{x}$$

式中，$\boldsymbol{x}$、$\boldsymbol{y}$ 分别为变换前后多光谱空间的像元矢量；$\boldsymbol{B}$ 为变换矩阵。

K-T 变换主要应用于 TM 数据和曾经广泛使用的 MSS 数据。该变换抓住了地面景物，特别是植被和土壤在多光谱空间中的特征，这对于扩大陆地卫星 TM 影像数据分析

在农业方面的应用有重要意义。

（三）空间域图像增强

空间域图像增强主要针对图像的空间特征，通过改变每个像元及其周围像元亮度之间的关系，使图像的空间几何特征，如边缘，目标物的形状、大小、线性特征等突出或者弱化。它侧重于图像的空间特征或频率，空间频率主要是指图像的平滑或粗糙程度。一般来说，高空间频率区域称之为“粗糙”，即图像的亮度值在小范围内变化很大（比如道路和房屋的边界），而在“平滑”区，图像的亮度值变化相对较小，如平静的水体表面等。

空间域图像增强包括空间滤波、傅里叶变换，以及比例空间的各种变换，如小波变换等。

根据傅里叶分析的基本原理，可以用一系列正弦函数谐波的加权代数和来描述一幅遥感图像（其亮度分布于一个二维空间上）。图像中变化较快的地方，如边缘、线条，表现为较高频率的正弦函数在起作用；变化较缓慢的地方，如一个区域内亮度变化不大的部分，起作用的正弦函数频率就比较低。如果要突出某一频率成分的内容，可以通过滤波来实现，以去除不需要的成分，增大需要的成分，达到突出某些信息增强图像应用效果的目的。

对数字图像来说，空间滤波是通过数字滤波器与原始图像的局部性的空间卷积运算进行的，即

$$g(i,j)=\sum_{k=i-u}^{i+u}\sum_{i=j-v}^{j+v}f(k,i)\times h(i-k,j-i)$$

式中，f 为输入图像；h 为滤波函数，由式中表达可看出，h 实际上为$(2u+1)\times(2v+1)$的矩阵；g 为滤波后的输出图像位于 i 列 j 行像元灰度值。

矩阵算子 h（也叫卷积模板或数字滤波器）作为卷积函数。因而模板都有一个中心，该中心元素称为卷积核。

滤波函数有低通滤波、高通滤波、带通滤波等多种形式，体现在滤波器各元素值设置的不同。低通滤波器允许低频空间频率成分通过而消除高频成分。由于图像的噪声成分多包含在高频成分中，所以低通滤波可用于噪声的抑制。高通滤波与低通滤波正相反，仅让高频成分通过，可用于目标物边界、轮廓、线状地物等的增强。带通滤波则由于仅保留一定的频率成分，用于提取、消除每隔一定间隔出现的干涉条纹的噪声。

典型的模板设置如下：

平滑滤波模板（低通）：

$$\begin{pmatrix}1/9 & 1/9 & 1/9\\1/9 & 1/9 & 1/9\\1/9 & 1/9 & 1/9\end{pmatrix}$$

或距离加权低通

$$\begin{pmatrix} 1 & 2 & 1 \\ 2 & 4 & 2 \\ 1 & 2 & 1 \end{pmatrix}$$

边缘增强模板(高通):

$$\begin{pmatrix} 0 & -1 & 0 \\ -1 & 5 & -1 \\ 0 & -1 & 0 \end{pmatrix}$$

滤波的过程强调了空间结构上的联系,例如,距离加权低通滤波按离中心位置的远近分配了不同的权重,说明邻近像元对中心像元的影响程度依距离的增加而降低。

4.4.3 多源数据融合

随着遥感技术的发展,多传感器、多时相、多分辨率、多频段的遥感图像数据层出不穷,各具优势,但在应用方面也都存在一定局限。多源数据融合是将多源遥感数据在统一的地理坐标系中,采用一定的算法生成一组新的信息或合成图像的过程,也即是将多种遥感平台、多时相遥感数据之间,以及遥感数据与非遥感数据之间的信息组合匹配的技术。经复合后的图像数据既可发挥不同遥感数据源的优势,又弥补了单一遥感数据的不足,这样不仅大大提高了遥感影像分析的精度,而且扩大了各自信息的应用范围。

(一) 多源遥感影像融合层次和融合方法

影像融合可分为像元级融合、特征级融合和分类级(决策级)融合三个层次。

1. 像元级融合

像元级融合是最低级的融合,将影像进行空间配准,然后加权求和影像的物理量,求和值为新影像在该坐标上的像元值。它主要是增加图像中有用的信息成分,具有较高的精度,但处理的信息量较大。

2. 特征级融合

特征级融合是提取影像特征,按各影像上相同类型的特征进行融合处理。融合之后可以从融合的影像中以较高的置信度提取需要的专题影像特征,融合后的影像可以在很大程度上提供决策分析所需要的特征信息,其缺点是融合精度较像元级融合精度差。

3. 分类级融合

分类级(决策级)融合是最高水平的融合。首先对传感器影像进行分类,确定各类别中的特征影像,然后分类判决,组合成决策树。该方法具有很强的容错性、开放性和处理时间短等特点,但融合精度较低。

融合方法通常与相应的数学理论结合在一起加以应用,如模糊数学、概率论、数学变换等。

(二) 多源遥感影像融合过程

多源遥感影像融合包括数据准备和预处理、影像数据融合两个过程。

1. **数据准备和预处理**

数据准备过程应尽量采用具有较高的地物几何分辨能力的高分辨率遥感数据，如为具有丰富光谱信息和多个光谱波段的多光谱数据，因为不同的波段影像对不同的地物有较好地反映，所以在影像融和前需要进行最佳波段的选择组合和彩色合成，以最大程度地利用各波段的信息量，辅助影像的判读与分析。对要融合的原始遥感影像进行预处理，包括：除去原始影像中有问题的扫描线和噪声，以提高影像质量，保证融合效果；根据影像融合范围进行裁剪，以减少融合像元数目，提高速度；对要进行融合的影像进行空间配准，高精度的配准是提高融合质量的关键因素。

2. **影像数据融合**

影像数据融和的方法有许多种，应根据实际需要和融合目来选择合适的融合方法。在融合过程中每一步变换都有一系列的参数要确定和选择，这些参数会影响最后的融合效果。因此，一种融合算法也需要进行多次试验，同时不同融合方法之间也需要进行对比，之后才可能确定最适当的融合方法以及选择的参数。对于各种算法所获得的融合遥感影像，可根据实际需要做进一步处理，如“匹配处理”和“类型变换”等，以便研究目标更加突出。

4.5 遥感图像解译

随着遥感技术的进步、传感器数目的增加以及空间分辨率的提高，遥感图像数据量猛增。为了更充分有效地分析和处理这些数据，进而从这些海量遥感数据中及时、准确获取所需信息加以利用，需要可靠的遥感图像解译系统。遥感图像解译(imagery interpretation)就是根据研究目的，综合运用遥感图像所提供的各种识别目标的特征信息进行分析、比较、推理和判断，并最终获取各种地物目标信息的过程。遥感图像的解译过程，可以说是遥感成像的逆过程。即从遥感对地面实况的模拟影像中提取遥感信息、反演地面原型的过程。遥感图像解译包括目视解译(目视判读)、计算机解译、人机交互解译、基于知识的遥感影像解译和影像智能解译(自动解译)等。其中最主要的为目视解译(目视判读)和计算机解译两种。

4.5.1 遥感图像目视解译

目视解译又称目视判读，是指专业人员通过直接观察或借助辅助判读仪器，运用各种判读标志，观察遥感图像的各种影像特征和差异，并经过综合分析最终提取出判读结论的过程。遥感图像的目视解译是遥感应用分析中最基本的工作和必不可少的研究手段。它是把解译者的专业知识、区域知识、遥感知识及经验介入到图像分析中，根据遥感图像中目标及周围的影像特征——色调、形状、大小、纹理、图形等以及影像上目标的空间组合规律等，并通过地物间的相互关系，经推理、分析来识别目标。它不仅仅限于对各种地物本身的识别，还能利用影像的综合性、宏观性，通过地物间的相互关系，对各自然要素进行综合分析。对于目视解译，解译者的知识和经验在识别解译中起主要作用，但难以实现对海量空间信息的定量化分析。

(一) 目视解译解译要素

遥感图像的目视解译要从遥感影像特征入手，通过建立具体的解译要素来完成。遥感图像解译要素又称“图像解译标志”，是指能帮助辨认某一目标物及其性质的影像特征。

影像特征是指经过影像处理以后用于影像解译的色、形两个方面的特征。前者指影像的色调、颜色、阴影等，其中色调与颜色反映了影像的物理性质，是地物电磁波能量的记录，如热红外图像反映的地物发射特征的差异是地物温度差的记录，而阴影则是地物三维空间特征在影像色调上的反映；后者指影像的图形结构特征，如大小、形状、纹理结构(纹理即图像的细部结构，指图像上色调变化的频率。对光谱特征相似的物体往往通过它们的纹理差异加以识别)、图案(图形)结构、位置、组合等。形是色调、颜色的空间排列，反映了影像的几何性质和空间关系。

解译要素又可分为直接解译要素和间接解译要素。凡根据地物或自然现象本身所反映的影像特征可以直接判断目标物及其性质的标志称为直接解译要素，如形状、大小、色调及色彩、阴影等。凡通过与某地物有内在关系的一些现象在影像上反映出来的特征，间接推断某一地物属性及自然现象的标志称为间接解译要素，如地貌、水系、植物、人类活动痕迹等。

解译要素随着地区的差异和自然景观的变化而变化，具有可变性、地区性和局限性。在遥感图像解译过程中应随时总结工作区的解译要素，归纳出一些具有普遍意义和相对稳定的解译要素。

(二) 目视解译方法

遥感图像的目视解译是解译者运用已有的知识和经验，进行综合推理、分析、比较，最终做出判断的过程，其解译的方法大体可分为直接解译法、对比解译法和多种信息辅助解译法三类。

1. 直接解译法

直接解译法是通过色调、形态、组合特征等直接判读要素确定目标地物属性与范围，进而判定和识别地物。该方法适用于边界清晰、特征明显的地物识别。

2. 对比解译法

对比解译法是采用不同波段、不同时相的图像，各种地物的波谱测试数据以及其他有关的地面调查资料进行对比分析，将原来不易区分的地物区别开来。

3. 多种信息辅助解译法

多种信息辅助解译法是指综合运用多种信息进行辅助解译，是通过推理、分析，找出能够确定目标地物属性和范围的特征和信息。该方法比较灵活，可以有多种途径。如可利用专题图或者地形图与遥感图像重合，根据专题图或者地形图提供的多种辅助信息，识别遥感图像上目标地物的方法；可借助各种地物或自然现象之间的内在联系所表现的现象，用逻辑推理的方法间接做出判断；还可根据地理环境中各种地理要素之间的相互依存、相互制约的关系，借助专业知识，分析推断某种地理要素性质、类型、状况与分布等。

（三）目视解译的步骤

目视解译的一般步骤包括资料准备（如选择合适波段和恰当时相的遥感影像、分类表标准的制定等）、初步解译与判读区的野外调查、室内详细解译、野外验证（检验专题解译中图斑的内容和解译要素是否正确）与补判（对市内解译中遗留的疑难问题再次解译）以及成果制图（包括手工转绘成图或在精确几何基础的地理地图上采用转绘仪进行转绘成图）。

4.5.2 遥感数字图像计算机分类

遥感数字图像计算机分类是以遥感数字图像为研究对象，在计算机系统支持下，综合运用地学分析、遥感图像处理、地理信息系统、模式识别与人工智能技术，实现地学专题信息的智能化获取。换言之，其是统计模式识别技术在遥感领域中的具体应用，统计模式识别的关键是提取待识别模式的一组统计特征值，然后按照一定准则做出决策，从而对数字图像予以识别。其主要依据是地物的光谱特征，即地物电磁波辐射的多波段测量值，这些测量值可以用作遥感图像的原始特征值。

分类是遥感图像处理中非常重要的一部分，它是指将遥感数字图像中的像元归类到几种地物类型中，从而提取出有用的专题信息为最终用户所使用。遥感图像处理系统的终极目标之一即实现计算机对遥感图像的自动分类，在分类中所注重的是各像元的灰度及纹理（纹理是地面物体客观存在的自然结构或群体结构特征在图像上的表现）等特征。

伴随着“数字地球”概念的提出，遥感图像越来越多地应用于在民用场合，而利用目的不同，对遥感图像处理则提出了不同的要求，所以图像分类也就显得尤为重要。最常用的遥感图像分类方法主要是监督分类和非监督分类两种。

（一）监督分类

监督分类（supervised classification）又称训练分类，即是用被确认类别的样本像元去识别其他未知类别像元的过程，它是一种常用的精度较高的统计判决分类。由用户操纵鼠标在计算机屏幕上划定典型类别代表区域，如耕地、林地、水地等，每类代表样区可以给出多个，代表样区又称做训练区（见图 4-12）。计算机根据光谱分析模型与纹理分析模型，在已知类别的训练场地上提取各类训练样本，对每一地类从训练区中分别提取特征数据，构成特征空间（即用多个特征所定义的空间），确定判别函数或判别规则并以此数据去判别图像上每一像元的分类归属，从而把图像中的各个像元点划归到各个给定类。它的基本思想是：首先根据类别的先验知识确定判别函数和相应的判别准则，利用一定数量的已知类别样本的观测值确定判别函数中的待定参数，然后将未知类别的样本的观测值代入判别函数，再根据判别准则对该样本的所属类别做出判定。常用的监督分类方法有最大似然法（又称贝叶斯分类法）、最小距离分类、模糊分类、K 邻近法和决策树法等。

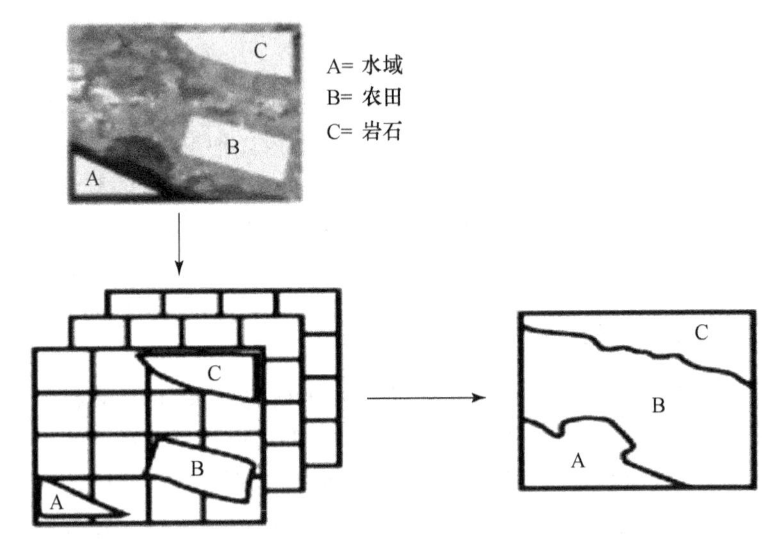

图 4-12 监督分类

1. 监督分类一般操作步骤

(1) 首先考虑应用目的，并选取有代表性的训练区为样本（见图 4-12）。

(2) 通过计算，将每个像元和训练样本作比较（也即计算机在训练区的图像上训练），取得统计特征参数，作为识别分类的统计度量（见图 4-13），同时生成特征向量（见图 4-14）。

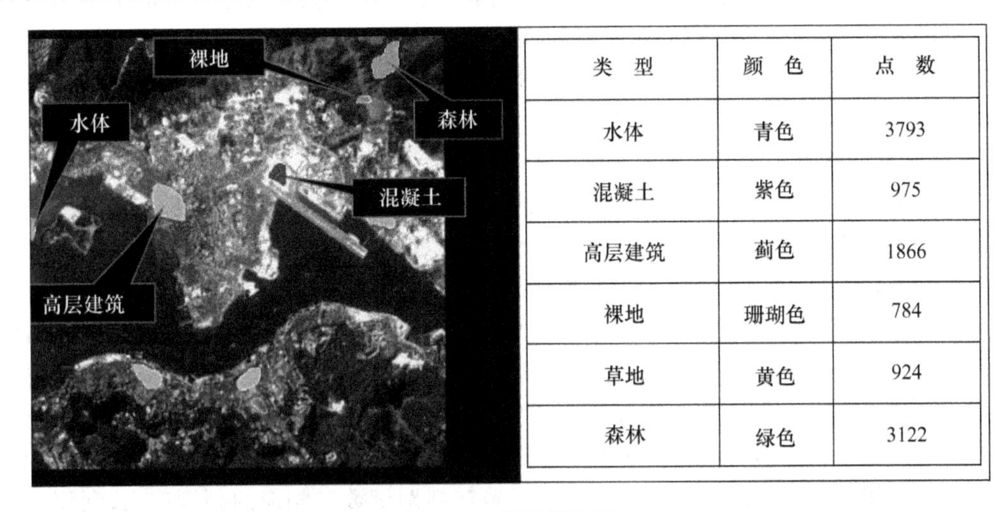

类 型	颜 色	点 数
水体	青色	3793
混凝土	紫色	975
高层建筑	蓟色	1866
裸地	珊瑚色	784
草地	黄色	924
森林	绿色	3122

图 4-13 选取训练区

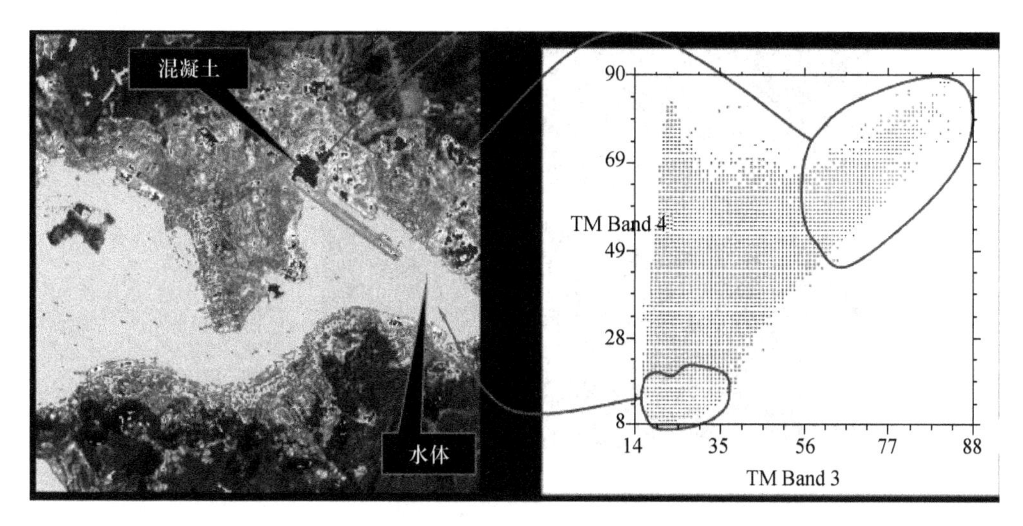

图 4-14 训练区生成特征向量

(3) 利用来自训练区的统计标准，按选定的统计判别规则，将图像像元或像元组合进行分类，包括对每个像元进行分类和对每个预先分割的均匀区域进行分类，并最终使每个像元都纳入一定的类型之中(见图 4-12)。常用的分类方法有以下几种：多级切割分类方法、决策树分类方法、最小距离分类法、最大似然分类法、模糊理论方法、专家系统方法等。

(4) 生成类型分布图，并把一致的训练数据及分类类别与分类结果进行比较，确认分类的精度及可靠性。

2. 监督分类的主要方法

从训练数据中测定总体的统计量多采用最小距离法和最大似然分类法。

(1) 最小距离分类法

最小距离分类法(minimum distance classification)是最简单的判别分析方法，偏重于几何位置，该法的原则是各像元点划归到距离它最近距离的类别中心所在的类，其包括最小距离判别法(见图 4-15，彩图 1)和最近邻域分类法(见图 4-16，彩图 2)。对于已知的训练样区，在图像上求出该区的统计参数(均值、方差、信息熵等)，构造距离函数，并计算每个像元点与各不同训练样区统计判别特征参数间的距离(对每一个不同的地物类别，给出不同的距离)，当然这里的距离是多维空间的距离。如果当前像元与某类特征参数的距离小于给定的判据时，则判定该像元点属于该类别。

在距离判别中，距离用下式表示，即

$$\overline{d}(x_i, x_k) = \left(\sum_{j}^{n}[x_{i,j} - x_{k,j}]^2\right)^{1/2} \qquad (n \text{ 为波段})$$

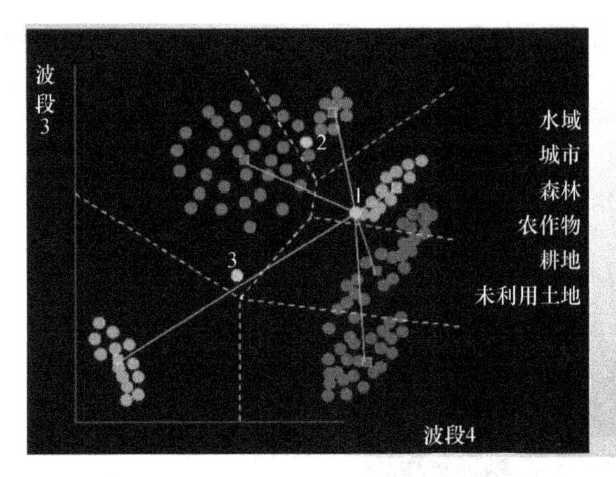

图 4-15 最小距离判别法

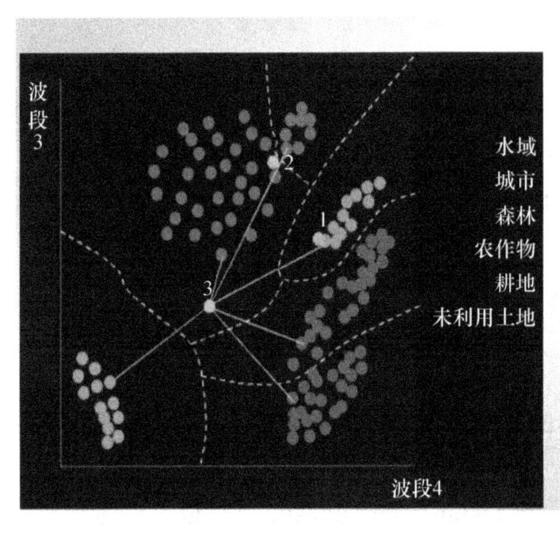

图 4-16 最近邻域分类法

式中，$\overline{d}(x_i,x_k)$为待判别像元点 x_i 与某判别中心 x_k 的距离，$x_{i,j}$为像元点 x_i 的 j 波段灰度值；而 $x_{k,j}$为判别中心 x_k 的 j 波段灰度值。判别函数为

$$x_i\begin{cases} h\text{类} & \text{当}\left|d(x_i,x_k)\right| \leqslant ck \\ \text{其他} & \text{当}\left|d(x_i,x_k)\right| \geqslant ck \end{cases}$$

式中，ck 为对 h 类地物给出的判别阈值。

进行距离判别实际上就是要在一个图像空间中区分一些互不重叠的区域，使得每一类地物落入其中的一个区域。反过来，一个区域也只代表了一个地物类型。

(2) 最大似然分类法

最大似然法(maximum likelihood classification),又称贝叶斯(Bayes)分类,是基于图像统计的监督分类法,是最普遍使用并认为是效果最好的一种分类方法(见图4-17,彩图3)。它假定训练区地物的光谱特征和自然界大部分随机现象一样,近似服从正态分布,利用训练区可求出均值、方差以及协方差等特征参数,从而可求出总体的先验概率密度函数。这种方法解决这样的问题:当我们要判别像元 x 或像元的集合 $\sum x$ 属于哪一类,就把 x 或 $\sum x$ 代入各类别的判别函数。若 x 或 $\sum x$ 同时都在两个判别函数之内,做如何的判别?当然要选最大可能的那一类,这就是最大似然的由来。数学上,用贝叶斯准则来做判别。贝叶斯(Bayes)准则可表述为

$$P(B_i/A)=\frac{P(B_i)\cdot P(A/B_j)}{\sum_{i=1}^{n}P(B_i)\cdot P(A/B_i)}$$

这里 B_i 为在研究的对象中,发生第 i 种事件,$i=1,2,\cdots,n$,即可能也只能有 n 种事件中的一种事件发生。在图像处理中,一幅图像有 n 种分类,任意一个像元只能归属于其中一类。

$P(B_i/A)$为事件 B_i 在事件 A 已发生的条件下发生的概率,称为条件概率,又称为后验概率。在这里为在当前像元灰度向量(注意像元在各个波段中有不同值,构成1个灰度向量)发生情况,归属为第 i 类的概率。

$P(B_i)$为当前研究对象中,B_i 事件发生的概率,这是前验概率,在这里,它是指某一种分类在全幅图像中发生的概率。由于对于每一类计算机在该训练区"学习"中,已经得知其各种灰度特征值,比如平均值、最大最小灰度值、均方差值等,又得知全幅图相应的灰度统计值,因而 $P(B_i)$是可以计算出来的。

而 $P(A/B_i)$为事件 A 在事件 B_i 已发生的条件下发生的概率。在这里,它是指在由训练区"学习"得到的每种分类的灰度分布统计数据中,含有当前像元灰度向量这种形式的占多大比例,显然这也是可以计算的。

这样看来,对于当前像元可以按贝叶斯(Bayes)判别准则公式计算出 n 个概率,即 $P(B_i/A)$,$i=1,2,\cdots,n$。选择其中最大概率者作为当前像元的分类归属。

用最大似然法分类,具体分为三步:首先确定各类的训练样本;再根据训练样本计算各类的统计特征值,建立分类判别函数;最后逐点扫描影像各像元,将像元特征向量代入判别函数求出其属于各类的概率,将待判断像元归属于判别函数概率最大的一组。该分类法错误最小精度高,是较好的一种分类方法。不足之处是传统的人工采样方法工作量大,效率低,加上人为误差的干扰,使得分类结果的精度较差。为了提高分类的精度和减少错误的发生,贝叶斯分类的发展趋势应该是用GIS数据来辅助其分类,并通过建立知识库,以知识来指导分类的进行。

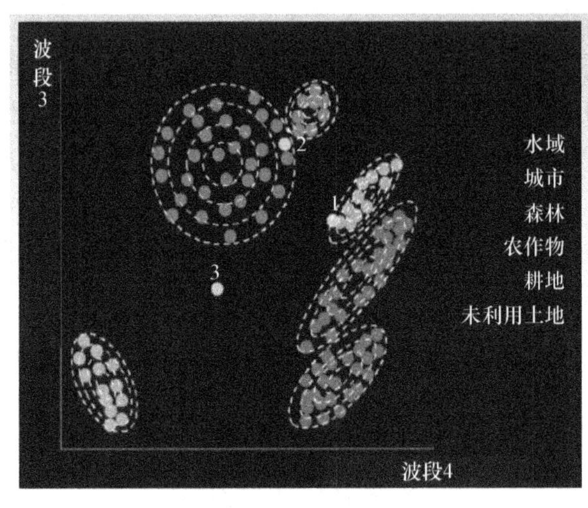

通过求出每个像元对于各类别归属概率（似然度），把待分像元分到归属概率（似然度）最大的类别中。

图 4-17 最大似然法

(3) 决策树分类法

决策树分类法(decision tree classification,DTC)是以各像元的特征值为设定的基准值,分层逐次进行比较的方法。比较中所采用的特征的种类及基准值是按照地面实况数据及与目标地物有关的知识组成的。它的原理是：决策树由一个根结点(root nodes),一系列内部结点(internal nodes)及终结点(terminal nodes)组成,每一结点只有一个父结点和两个或多个子结点。分类时常常以两类别的判定分析为基础,分层逐次进行比较,层层过滤,如此不断地细分,直到所有的叶节点被分类为止。

在决策树分类法中,通过一次比较能分成两个组的叫双决策树分类法。所谓两个组即"是"某类组与"非"某类组。对于计算机系统讲来,不断使用"IF-THEN-ELSE"进行判断,凡判断为"是"者,即告判断结束;若判断为"非"者,则进入下一层继续判断,重复以上"是"与"非"的判断。这种过程形成了一种"树"型结构,这棵"树"称作决策树。经这样的逐层判断分类,通常能够得到较理想的分类结果,准确率比较高。

准确率的高低依赖于判断"是"与"非"的决策函数,而决策函数经常采用以下特征数据作为决策变量,如：光谱值、通过光谱值计算出的指标(例如 NDVI 值)、光谱算术运算值(例如：和、差、比值等)、主成分灰度值等,取其一部分,或直接拿来、或经简单函数运算得到结果,用阈值不等式进行判断：在其内者为"是",否则为"非"。决策函数可以通过以上训练区的像元灰度光谱特征向量确定,也可以用经验参数(如 NDVI)来确定。当然如果采用训练区方法,这里要求用户只划定一个地物类型的训练区(可以多个训练区)即可。由于决策树分类是基于人为参与,因而这种方法还应属于监督分类。

决策树分类法中的运算几乎都是由比较大小而组成的,所以与采用复杂计算公式的最大似然分类法等相比,决策树分类算法具有灵活、直观、清晰、健壮、效率高等特点,在遥感分类问题上表现出巨大的优势。

(二) 非监督分类

非监督分类(unsupervised classification)也称为聚类分析或点群分析,是在没有先验类别知识的情况下,在多光谱图像中根据图像本身的统计特征及自然点群的分布情况来划分地物类别的分类处理。它的基本思想是:事先不知道类别的先验知识,仅根据地物的光谱特征的相关性或相似性来进行分类,再根据实地调查数据比较后确定其类别属性。非监督分类方法是以图像的统计特征为基础,它并不需要具体地物的已知知识。采用非监督分类还可以更好地获得目标数据内在的分布规律。非监督分类不需要人工选择训练样本,只需用户设定分出的类别数目,类别一般不宜太多,通常 4～5 类,计算机系统即可按照一定规则自动地根据像元光谱或空间等特征进行像元聚类。

目前有效的聚类(聚类技术基于相似度概念和算法,即将性质很相似的样本聚为一类。)方法有超空间分类算法、迭代自组织的数据分析法(ISODATA)算法、主成分分析算法、独立分量分析(ICA)方法、正交子空间投影(OSP)方法。由于这种分类效果常常不很理想,因而较少使用,这里不再叙述。

(三) 遥感图像计算机分类新技术介绍

近年来,遥感图像计算机分类技术获得了较快发展,在传统的监督分类和非监督分类的基础上,研究形成了许多新的分类方法和算法。遥感图像计算机分类大多使用模式识别的理论和方法。所谓模式识别即根据客体的属性信息实现对客体的认知。遥感图像计算机分类中的模式识别就是基于图像特征集(光谱模式、空间模式)的统计分类、结构分类或引入新的技术,如模糊分类、人工神经网络分类以及小波分析、专家系统等(见图 4-18)。

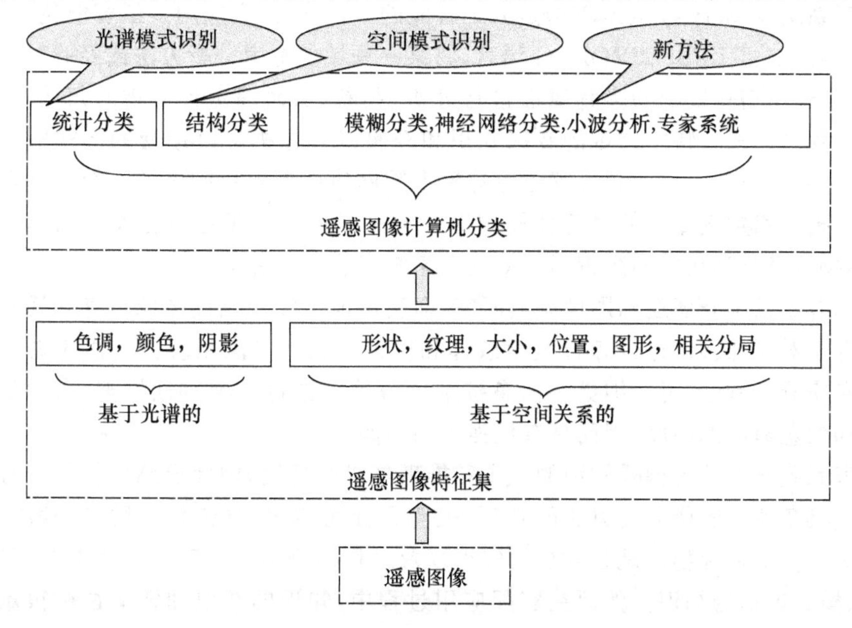

图 4-18　遥感图像计算机模式识别

1. 模糊分类法

模糊分类法的提出是由于现实世界中许多的自然或半自然现象很难明确划分种类，反映在遥感影像上，不仅存在一些混合像素问题，同时伴有大量的同谱异物或同物异谱的现象发生，进而使得像元的类别难以确定。模糊分类方法忽略了监督分类的训练过程所存在的模糊性，沿用传统的方法，假定训练样本由一组可明确定义、归类，并且具有代表性的目标(像素)构成.监督分类中的模糊分类可以利用神经元网络所具有的良好学习归纳机制、抗差能力和易于扩展成为动态系统等特点，设计一个基于神经元网络技术的模糊分类法来实现。

2. 人工神经网络分类法

人工神经网络属于非参数分类器。它是由大量神经元相互连接构成网络结构，通过模拟人脑神经系统的结构和功能应用于影像分类，是一种具有人工智能的分类方法，具有一定的职能推理能力。该方法自1988年用于遥感分类以来，近年来获得广泛发展。目前主要应用BP(backpropagation)网、三维hopfield网、径向基函数神经网络、模糊神经网络和小波神经网络等对遥感图像进行监督分类。模糊技术和神经网络技术的融合克服了神经网络和模糊逻辑在知识处理方面的缺点。采用神经网络进行模糊信息处理，可以利用神经网络的学习能力来达到调整模糊规则的目的，从而使模糊系统具备了自适应的特性。为了更好地解决混合光谱的问题，近年来又将数学形态学应用于遥感图像处理中，并与地学知识集成，大大提高了分类效率和精度。

3. 专家系统分类法

专家系统(expert system，ES)是人工智能的一个分支，它应用人工智能技术，采用人工智能语言，如C、LESP、PROLOG语言，将某一领域的专家分析方法或经验转换成计算机语言，并运用它对地物的多种属性进行分析、判断，从而确定各地物的归属。简言之，专家系统就是把某一特定领域的专家知识和经验以计算机可以接受的形式输入到计算机中，通过对人类专家的问题求解能力建模来辅助使用者解决问题的系统。利用这样的系统可以把遥感判读专家的经验性知识综合起来对遥感图像进行分类。从这个意义上看，上述决策树分类法中的决策函数就是专家知识的一种表达形式。

借助专家系统开展遥感图像分类研究，即利用地学知识判读图像信息或用计算机模拟地学专家对遥感影像进行综合地学解译和决策分析。专家系统方法由于总结了某一领域内专家分析方法，可容纳更多信息按某种可信度进行不确定性推理，大大提高了影像分类和信息提取的精度，因而具有更强大的功能。

专家系统分类的关键是知识的发现和推理技术的运用，因此遥感图像处理分析专家系统必须具备关于图像分析方法的知识、关于目标物的知识(包括利用光谱特征及纹理特征等对图像上目标物的观察方法的知识以及对目标物特定的存在环境的知识)以及综合分析、模式识别的知识。然而在实际应用过程中，知识的获取和定义往往很难做到与实际情况相互对应。

4.6 定量遥感反演

定量遥感反演利用传感器获取的地表地物的电磁波信息，通过实验的、数学的或物理的模型将遥感信息与观测地表目标参量联系起来，在计算机系统支持下，将遥感信息定量地反演或推算为某些地学、生物学、环境科学及气象学等观测目标参量。简言之，定量遥感反演是在基于模型知识的基础上，依据可测参数值去反推目标的状态参数。

定量遥感反演以遥感过程的数学、化学、物理、生物、地质理论为基础，发展定量的数理模型和数值计算方法，是一种新的遥感信息获取与分析方法，强调定量方法的运用和处理结果的精确。以常规的计算机数据统计方法和目视解译为主的遥感影像数据信息提取方法，存在精度较低、效率不高等缺点，尤其在多时相、多传感器、多平台、多光谱波段遥感数据的研究方面，问题更为突出。因此由定性遥感走向定量遥感将是遥感技术发展的需要和必然结果。

传感器定标、大气校正和目标信息的定量反演是遥感信息定量化反演的三个关键问题。

4.6.1 传感器定标

传感器定标的目的是建立传感器输出信号的数值量化值(通常是遥感数据灰度值，即 DN 值)与对应的实际地物辐射亮度值之间的定量关系。传感器定标的作用体现在：保证探测器的输出能够反映被测量目标的真实变化，校正探测器性能的自然衰变对测量结果的影响；保证探测器的精度能够满足应用需求。它是遥感信息定量化的前提，遥感数据的可靠性在很大程度上取决于传感器的定标精度。

传感器定标可分为发射前(或飞行前)实验室定标、星上内定标和场地外定标三大类。

(1) 实验室定标。是指在遥感器发射之前对比分析传感器和地物光谱仪分别接收到的电磁波能量信号间的关系，以及电磁波能量信号与地物物理特性间的关系，以纠正获取的传感器信号。

(2) 星上内定标。主要是指基于星载定标器(如辐射定标源和定标光学系统)的卫星在成像时实时、连续地纠正由于探测器元件老化和工作温度变化而导致的传感器响应变化。

(3) 场地外定标。是指通过测定传感器飞越辐射定标场地(一般选择光谱响应稳定的沙漠地区)上空时相应波段地物的光谱反射率和大气光谱参量，利用遥感方程，构建图像与实际地物间的关系模型并求解定标系数，用以进行误差分析，完成精确的传感器定标。场地外定标的基本原理为：在遥感器飞越辐射定标场地上空时，在定标场地选择若干个像元区，测量传感器对应的地物各波段光谱反射率和大气环境参量(大气中水、臭氧含量，大气气溶胶光学厚度等)等参量，并利用大气辐射传输模型等手段来求解传感器入瞳处各光谱带的辐射亮度，最后确定它与传感器输出的数字量化值之间的数量关系，求解定标系数并估算定标不确定性。场地外定标是提高辐射定标精度的重要手段，已成为传感器定标的重要环节。

4.6.2 大气校正

由于受到大气分子、气溶胶和云粒子等的吸收与散射的影响，导致传感器获取的目标反射辐射能量衰减，空间分布特征改变。因此为了消除大气和光照等因素所引起的影像质量退化和畸变，必须对影像进行大气校正，这是遥感信息定量化过程中不可缺少的一个重要环节。

大气校正的方法有实验方法和理论方法两种。实验方法主要有直方图匹配（调整）法、黑暗像元（目标）法、固定目标法、对比减少法、查表法等，但由于实验方法依赖于某种假设和实测数据，适用性受到限制；理论方法是通过对大气-地表-传感器之间的辐射传输过程进行模拟，得到与卫星同步的大气参数和地表的真实反射率，常用的理论模型有MORTARN（moderate resolution transmission）模型和“6S”（second simulation of the satellite signal in the solar spectrum）模型。

4.6.3 目标信息的定量反演

定量反演的过程实质就是建立遥感信息模型的过程，即利用各种数学方法（如回归分析法）建立遥感数据（大多是从遥感数据中计算得来的各种参数）与实测的陆、海面参数（目标信息）之间相互关系的方程，并应用这些模型，利用遥感数据对大面积区域的陆、海面参数进行反演，计算对实际应用非常有价值的地球物理参量。

目前，目标信息的定量反演多指对地表物质的物理量（如反射率、温度、植被指数及一些结构参量等）和大气参量（如大气气溶胶、大气水含量等）的反演。已经发展了许多遥感信息模型，如绿度指数模型、作物估产模型、农田蒸散估算模型、土壤水分监测模型、干旱指数模型、归一化温度指数模型、矿物指数模型、雷达后向散射模型等，这些模型大体分为统计模型、物理模型和综合模型三种。但是，这些模型远远满足不了当前遥感应用的需要。发展新的遥感信息模型仍然是当前遥感辐射特性和遥感信息定量化研究的前沿。

4.7 遥感前沿技术

4.7.1 高光谱遥感

高光谱遥感的基础是成像光谱技术，成像光谱仪能获取许多波段狭窄且连续的影像，其光谱分辨率可达纳米级。随着光谱分辨率的提高，使地物目标的属性信息探测能力有所增强。

1. 高光谱遥感技术的优势

(1) 高光谱分辨率

多光谱扫描仪一般只有几个波段,光谱分辨率大于 100 nm,而成像光谱仪可以获取多至几十甚至几百个波段,光谱分辨率可达到 2.5 nm;

(2) 蕴含近似连续的地物光谱信息

高光谱影像经过光谱反射率重建,能获取地物近似连续的光谱反射率曲线,与地面实测值匹配,将实验室地物光谱分析模型应用到遥感过程中;

(3) 图谱合一

高光谱遥感在获取地表图像二维信息的基础上,增加了第三维光谱信息,其图像包含了丰富的地物空间、辐射和光谱三重信息,不仅可以得到多个狭窄光谱波段的图像,而且可以得到图像上每一个像元的光谱曲线信息;

(4) 更强识别能力

一些地表物质可被识别的光谱吸收带很窄,很难被普通的多光谱遥感探测到,而高光谱遥感由于其光谱分辨率高,能够探测具有诊断性光谱吸收特征的物质,进而实现对不同地物的精细探测,如准确区分地表植被覆盖类型、道路的铺面材料等。

2. 高光谱遥感技术的应用领域

高光谱遥感技术作为连接遥感数据处理、地面测量、光谱模型和应用的强有力工具,随着成像光谱技术的发展与成熟,遥感技术已经大大拓宽了其原来的应用领域,归纳起来主要包括以下几个方面:

(1) 在精准农业领域的应用(高光谱遥感定量反演可获取作物的叶绿素 a、叶绿素 b、木质素、氮、纤维素、水含量、磷、蛋白质、氨基酸等参数;另外,可对不同作物开展病虫害监测;可以对作物的精细分类,为作物遥感长势监测和遥感估产提供依据)。

(2) 在林业领域的应用(对森林生物物理、化学参数的反演可获取叶面积指数、叶绿素含量、氮含量等指标,可实现对森林长势的监测;另外,还可进行树种识别和森林健康检测等)。

(3) 在水质检测领域的应用(可获取的水质参数,包括叶绿素 a、悬浮物、有色溶解性有机物、水温等,提供大范围定量化、精细化的水质监测)。

(4) 在大气污染监测领域的应用(研究热点是对大气中气溶胶、臭氧、二氧化硫、二氧化氮等气体的监测)。此外,高光谱遥感在生物多样性、重金属污染识别、土壤有机质含量反演、城市绿地调查等方面的研究也在不断深入。

4.7.2 热红外遥感

热红外遥感的成像是通过热红外探测器(或红外敏感元件)搜集地物辐射出来的人眼看不的热红外辐射通量(通常指波长 3～14 μm 的电磁波辐射),经过能量转换而变成人眼能看到的表面热辐射分布图像。

任何物体温度在热力学零度(−273℃)以上均有发射辐射,也称热辐射。地球表面的温度在250～350 K范围内,地表物体发射的电磁能量大部分处于3～14 μm的远红外(也叫热红外)波段内,峰值大约在9.7 μm。由于大气对电磁辐射吸收的影响,使得热红外辐射在3～5 μm和8～14 μm波段范围内形成了两个"大气窗口",利用这两个窗口,可以对地表进行无接触的温度测量和热状态分析。同时由于被遥感的物体任何时间都在不断地向外辐射热红外线,因此热红外遥感可以在白天或黑夜无人造光源的条件下,实现全天候无接触温度测量和热况分析。

地表温度、组分温度、大气温度等热状态参数均可通过热红外遥感获取,进而模拟大区域的陆面蒸散。热红外与可见光、近红外遥感的多源数据融合可以较准确地估算农田的蒸散量。土壤水分含量是土壤热惯量的基本变量,而土壤热惯量的最基本参数就是地表最高温度和最低问题。地表温度又与土壤水分状况密切相关:水分充足,热惯量高,温度变化小,地表温度低;水分亏缺,热惯量低,温度变化大,地表温度高。利用热红外遥感可以观察地表温度,获得热通量,进而估测土壤湿度。土壤湿度是旱情指标之一,通过土壤含水量的估测可以评价旱情等级,在旱情遥感监测方面发挥了重要作用。另外,热红外遥感在城市热岛效应研究、城市热污染监测、森林火灾的监测和预报、地质岩性和构造填图、草地退化、煤田自燃和活火山监测、油气资源勘测、地热位置的判别等方面也得到了深入研究和广泛应用。

4.7.3　微波遥感

微波遥感利用波长1 mm～1 m的电磁波,通过微波传感器获取地表辐射信息,藉以识别、分析地物,提取所需信息。可见光—红外遥感采用的是光学技术,而微波遥感采用的则是无线电技术。

微波遥感按其工作原理可分为主动遥感(或有源微波遥感)和被动遥感(或无源微波遥感)两类。主动遥感是通过传感器(主要为雷达遥感)向探测目标发射微波信号并接收其与目标作用后的后向散射信号,形成遥感数字图像或模拟图像。可分为侧视雷达遥感和全景雷达遥感,前者的应用较为广泛,并根据向地面发射微波波束的天线特点,分为真实孔径雷达系统和合成孔径雷达系统。被动遥感则是利用微波辐射计或微波散射计等传感器接收自然状况下地面反射和发射的微波,通常不能形成影像。

微波遥感器不受或很少受云、雨、雾的影响,不需要光照条件(辐射源不是来自太阳光),可全天候、全天时地取得图像和数据。又因为电磁波对地表层的穿透力与波长成正比,因此,微波遥感不仅可以探测到地表层的信息,而且可以探测到一定深度的地下物质,对冰层的穿透力可达近百米。同时,雷达散射及雷达波束对地面的倾斜照射,产生的雷达阴影能增强图像的立体感,对地形及地质构造等信息有较强的表现力和探测效果。

微波遥感主要对以下三方面的信息具有独特的探测能力：

(1) 与水有关的信息识别，如土壤水分、地表湿度、物质含水量等；

(2) 对松散沉积物的表面结构反映明显，特别是在干旱、半干旱地区，对洪积扇带及松散沉积物等的分类、组成物质、颗粒大小、叠置关系等均反映清晰；

(3) 对居民点及线性地物的识别能力强，因此已广泛应用于海洋、冰雪、大气、测绘，农业，灾害监测等方面。

第5章　地理信息系统

5.1　地理信息系统概述

5.1.1　地理信息系统的基础知识

(一) 地理信息系统的概念

自1963年加拿大测量学家 Roger F. Tomlinson 首先提出地理信息系统这一术语以来，经过多年的发展和应用，已经逐渐走向成熟，并在工程设计、土地利用、资源管理、城市管理、环境监测、管理决策等重要领域得到了成功地应用，极大地推动了社会生产力的发展，同时也促进了地理信息系统技术的迅速发展。

地理信息是指描述地理圈或地理环境固有要素或物质的数量、质量、分布特征、联系和规律等数字、文字、图像和图形等的总称。地理信息属于空间信息，包含数据信息及其空间位置，这是地理信息的一个最显著的标志。

地理信息系统(geographic information system 或 geo-information system，GIS)作为集计算机科学、地理学、测绘遥感学、空间科学、环境科学、城市科学和管理科学及相关学科等为一体的新兴边缘学科，近30年迅速发展，但不同领域的学者对 GIS 的定义不尽相同。本书认为 GIS 是一种采集、处理、传输、存储、管理、查询、分析、表达和应用地理信息的计算机软件和硬件综合系统，是分析、处理和挖掘海量地理数据的通用技术。

GIS 的概念包括以下几层含义：

(1) GIS 的物理基础是计算机系统平台。它直接影响着 GIS 的硬件平台、功能、效率、数据处理的方式和产品输出的类型等。

(2) GIS 的操作对象是空间数据。空间数据指以地球表面空间位置为参照的自然、社会和人文经济景观数据，可以是图形、图像、文字、表格和数字等，它是地理信息系统程序作用的对象，是 GIS 所表达的现实世界经过模型抽象的实质性内容。空间数据的最根本特点是每一个数据都按统一的地理坐标进行编码，实现对其定位、定性和定量的描述，这是 GIS 区别于其他类型信息系统的根本标志。

(3) GIS 的技术优势在于它的数据综合、模拟与分析评价能力，可以实现地理空间过程演化的模拟和预测。

(4) GIS 与测绘学和地理学有着密切的关系。地理学是 GIS 的理论依托，为 GIS 提供有关空间分析的基本观点和方法。测绘学为 GIS 提供各种定位数据，其理论和算法可直接用于空间数据的变换和处理。

(5) GIS是一门科学,是描述、存储、分析和输出空间信息的理论和方法的一门新兴的交叉学科。

(二) 地理信息系统的类型

地理信息系统应用面广,技术潜力大,且发展极为迅速,因此很难用一个固定方法进行分类。但是,通常可从下面几种角度来分类。

1. 以研究对象性质和内容分类

(1) 综合性地理信息系统。指按国家统一标准,存储管理全国范围内的各种自然和社会经济数据的地理信息系统,或对全球气候、人口、资源进行存储管理的全球地理信息系统,如加拿大国家地理信息系统、中国自然环境综合信息系统等。

(2) 专题性地理信息系统。指以某一专业、任务或现象为目标建立的地理信息系统,其系统中数据项的内容及操作功能的设计都是为某一特定专业任务服务的,例如小流域综合治理GIS、城市规划GIS、灾害监测与防治GIS和工矿生产管理GIS等。

2. 以研究对象分布范围分类

(1) 全球性地理信息系统。指研究区域范围涉及全球领域的系统,如全球人口资源地理信息系统。

(2) 区域性地理信息系统。指以某种区域(如行政区)为对象进行研究管理、规划的信息系统,如中国黄土高原地理信息系统、重庆市三维地理信息系统、美国明尼苏达州土地管理信息系统等。

3. 以地理信息系统应用功能分类

(1) 工具型地理信息系统。地理信息系统是一个复杂庞大的空间管理信息系统,用地理信息技术解决实际问题时,有大量软件开发任务,如果重复开发势必造成人力财力的极大浪费。工具型地理信息系统使用户能借助地理信息系统工具中的功能直接完成应用任务,或者通过利用工具型地理信息系统和专题模型的辅助来完成应用任务,这就为地理信息系统的使用者提供了一种技术支持。目前国外已有很多商品化的工具型地理信息系统,如ARCGIS、GEOSERVER、MGE等。国内近几年正在迅速开发工具型地理信息系统,如MapGIS、SuperMap、GeoStar等已取得了很大的成绩。

(2) 应用型地理信息系统。应用型地理信息系统的按其开发方式分为两类:一类是借助工具型地理信息系统开发的;另一类是为某专业部门应用自行开发的,这种系统的针对性明确,专业性强,系统开销小,适于在本专业中推广使用。

4. 以地理信息系统使用的数据结构类型分类

(1) 矢量数据结构地理信息系统。它是通过记录坐标的方式来表示空间数据的点、线和面等图形的地理信息系统。

(2) 栅格数据结构地理信息系统。它指以二维数组来表示空间各像元特征的地理信息系统。

(3) 混合数据结构地理信息系统。由于矢量数据结构地理信息系统和栅格数据结构地理信息系统的特点不同，适用范围不同，相互之间不能互相替代，因此出现了矢量数据结构和栅格数据结构并存的地理信息系统。

矢量栅格数据的结合通常采用矢量和栅格数据相互间转换来实现。但两者之间转换一直是地理信息系统的技术难题之一。这除了转换时涉及较多复杂的数值运算、转换程序通常需要占用较大的内存和需花费大量时间外，主要弊端在于经过转换后，原始信息会受到不同程度的损失。因此，研究者一直在探索和寻找一体化的数据结构，即混合数据结构，虽然近年来在这方面获得了一些进展，但技术尚不完全成熟。

5.1.2 地理信息系统的结构与功能

(一) 地理信息系统的组成

从人机系统来看，地理信息系统主要由五部分组成，即系统硬件、系统软件、空间数据、应用人员(或用户)和应用模型。也有学者称地理信息系统是由计算机硬件系统、计算机软件系统、空间数据及系统的组织和用户所组成。不管何种说法，其核心是空间数据管理子系统，由空间数据处理和空间数据分析两部分组成，如图5-1所示。

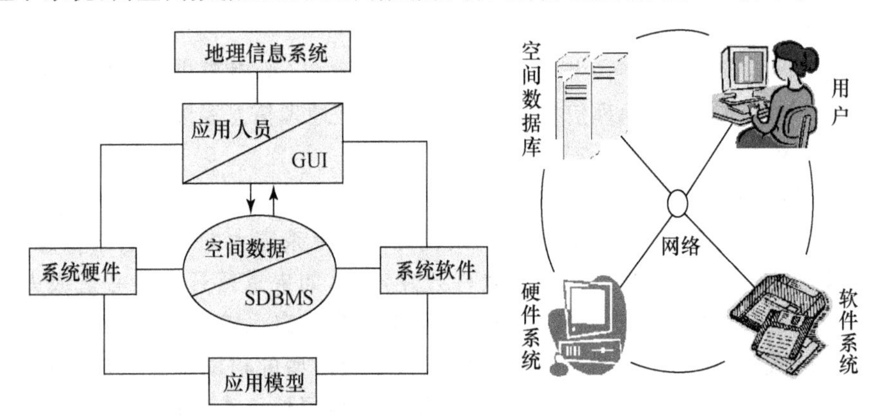

图5-1 GIS的组成关系

若只从计算机系统来看，地理信息系统则由输入系统、输出系统和处理系统三大部分构成。

1. 计算机硬件系统

计算机硬件系统是计算机系统中实际物理设备的总称，包括各种硬件设备，是系统功能实现的物质基础。主要包括计算机主机，输入设备，存储设备和输出设备。

2. 计算机软件系统

计算机软件系统是地理信息系统运行时所必需的各种程序，其支持数据采集、存储、加工、回答用户问题的计算机程序系统。软件系统包含计算机系统软件、地理信息系统软件和其他支持软件。

3. 空间数据

空间数据是地理信息系统的重要组成部分，是系统分析与处理的对象，是地理信息系统表达现实世界的经过抽象的实质性内容，是构成系统的应用基础。它一般包括三个方面的内容：空间位置坐标数据，地理实体之间空间拓扑关系以及相应于空间位置的属性数据。

4. 应用人员

地理信息系统是一个应用系统，因此有其服务的对象，即应用人员，分为一般用户和从事建立、维护、管理和更新的高级用户。其中高级应用人员需具有地理信息系统知识和相关专业知识。在计算机硬件和软件系统的支持下，用户可以进行系统的组织、管理、维护、数据更新、系统扩展、程序开发等多种操作。从某种意义上来说，用户是地理信息系统应用的关键，其决定了系统的工作方式。

5. 应用模型

应用模型是客观世界中相应系统经由观念世界到信息世界的映射，反映了人类对客观世界利用改造的能动作用，并且是 GIS 技术产生社会经济效益的关键所在，GIS 应用模型的构建和选择也是系统应用成败至关重要的因素，因此在 GIS 技术中占有十分重要的地位。为了解决某一专门应用目的，必须构建专门的应用模型，例如土地利用适宜性模型、选址模型、洪水预测模型、人口扩散模型、森林增长模型、水土流失模型和影响模型等。

(二) 地理信息系统的主要功能模块

地理信息系统软件是系统的核心，用于执行 GIS 功能的各种操作，包括空间数据输入管理、空间数据库管理、空间数据处理和分析、空间数据输出管理及图形用户界面等。它们之间的关系见图 5-2。

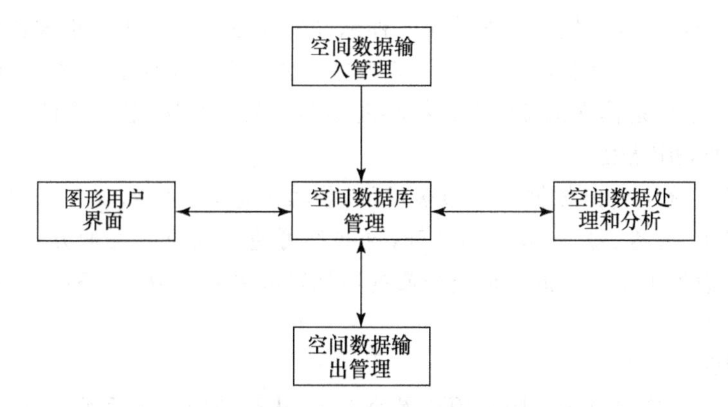

图 5-2 地理信息系统的主要功能模块

1. **空间数据输入管理**

空间数据输入管理模块是相对独立的功能模块。它的目的是将地理信息系统中各种数据源输入,并转换成计算机所要求的数据格式进行存储。如何使用户直观、方便、正确地输入数据,直接影响着整个系统的质量和效率。空间数据的来源多样导致多种不同的数据输入方式,但不管采用哪种输入方式,通常需要对输入数据进行编辑,即空间数据的输入与编辑是不可分割的。因此该功能模块支持数字化仪手扶跟踪数字化、图形扫描及矢量化以及对图形和属性数据提供修改和更新等编辑操作。

2. **空间数据库管理**

地理信息系统中数据库不仅要管理属性数据,还要管理大量能够描述空间位置分布及拓扑关系的图形数据,故数据量庞大,涉及内容多。因此地理信息系统的空间数据管理需能对大型的、分布式的、多用户数据库进行有效的存储检索和管理。由于地理信息系统数据库具有明显的空间性,所以亦称为空间数据库,其功能框图如图 5-3 所示。

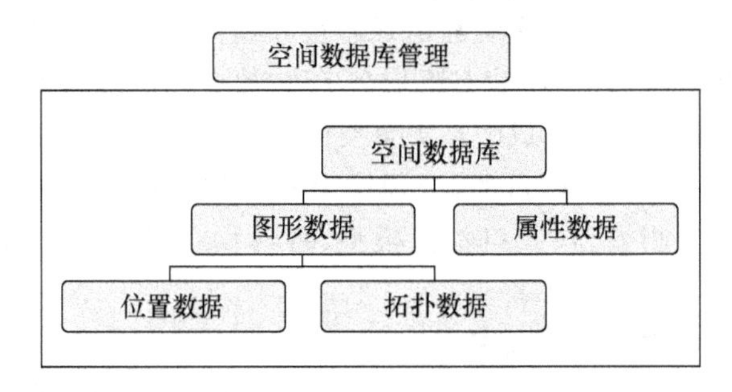

图 5-3 空间数据库管理功能框图

3. **空间数据处理和分析**

空间数据处理和分析模块需能转换各种标准的矢量格式和栅格格式数据,完成地图投影转换,并支持各类空间分析功能等,其功能的强弱直接影响到地理信息系统的应用范围。因此,这部分是体现地理信息系统功能强弱的关键部分,是 GIS 的核心。

4. **空间数据输出管理**

地理信息系统中输出数据种类很多,可以是输出地图、表格、文字、符号、图像等;输出介质可以是纸、光盘、磁盘、显示终端等,这些都可通过人机交互的方式来进行选择输出。随着输出数据类型的不同和输出介质的不同需配备不同软件,最终向用户报告分析结果。

5. **用户界面**

地理信息系统应提供生产图形用户界面工具,从而使用户不用编程就能制作友好和美观的图形用户界面。

5.1.3 地理信息系统的特征

与一般的管理信息系统相比，地理信息系统具有以下特征：

(1) 地理信息系统通过数据库管理系统将空间数据与属性数据联系在一起共同管理、分析和应用，从而提供了认识地理现象的一种新的思维方法；而数据库管理系统只是属性数据库的管理，不能进行空间数据的空间查询、检索、相邻分析等操作，更无法完成复杂的空间分析。

(2) 地理信息系统强调空间分析，利用空间解析式模型分析空间数据。要想成功应用地理信息系统，则必须依赖于空间分析模型的研究与设计。

(3) 地理信息系统的成功应用不仅取决于技术体系，而且依靠一定的组织体系，包括实施组织、系统管理员、系统开发设计者、技术操作员等。

5.1.4 地理信息系统与相关学科

GIS 是在地理学与数据库管理系统(DBMS)、计算机图形学(computer graphics)、计算机辅助制图(CAM)、计算机辅助设计(CAD)等与计算机技术相关学科相结合的基础上发展起来的产物，为各门涉及空间数据分析的学科提供了新的技术方法，而这些学科又都不同程度地提供了一些构成地理信息系统的技术与方法。因此，认识和理解地理信息系统与这些相关学科的关系，对准确地定义和深刻地理解地理信息系统有很大的帮助。

尽管 GIS 涉及众多的学科，但与之联系最为紧密的还是地理学、制图学、计算机、测绘与遥感等。与 GIS 相关的学科如图 5-4 所示。

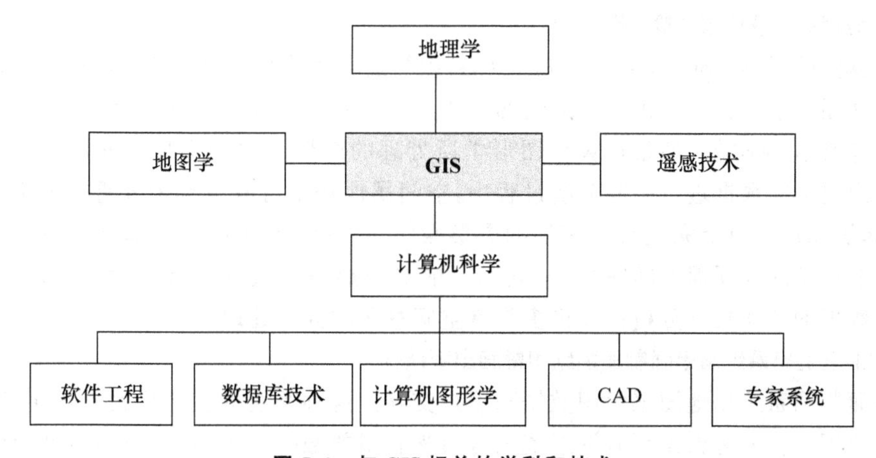

图 5-4 与 GIS 相关的学科和技术

(一) GIS与地理学及地学数据处理系统

地理学是研究地球及其特征、居民和现象的科学,其是介于自然科学和社会科学之间的一门学科,根据研究对象可分为自然地理学、人文地理学和地理技术学科。地理技术学科的发展为GIS奠定了坚实的理论基础:地理学系统的观点、区域的观点、发展的观点以及时空概念为GIS提供了丰富的空间分析方法和重要的基础理论;地学数据处理系统是以地学数据的收集、存储、加工、集成、再生成等数据处理为目标,为地理信息系统提供符合一定标准和数据格式的信息系统。GIS空间分析就是基于地理现象的空间布局的地理数据分析技术,目的在于提取和传输空间信息。

(二) GIS与地图学及电子地图

地理信息系统脱胎于地图,并成为地图信息的又一种新的载体形式,事实上就是地图的一个延续,就是用地理信息系统扩展地图工作的内容。地图是GIS的重要数据来源之一。地图学理论与方法对GIS有重要的影响,并成为地理信息系统发展的根源之一。但二者间存在着一定的区别:地图强调的是基于可视化理论对数据进行符号化表达,而GIS则注重于信息分析,通过地理数据的加工处理而获得空间分布规律。

传统地图集只能作为GIS的一个数据源,其不可能综合图形数据和属性数据以便进行深层次的空间分析并提供辅助决策的信息。与传统地图集相比,电子地图(electronical map system,EMS)有许多新的特征:声、图文、多媒体集成;查询检索和分析决策功能;图形动态变化功能;良好用户界面、读者可以介入地图生成;多级比例尺的相互转换。一个好的电子制图系统应具有地理信息系统的所有基础功能,且应拥有更强的空间信息表达与显示功能。

(三) 地理信息系统与计算机科学

1. 地理信息系统与计算机图形学

计算机图形学(computer graphics,CG)主要是利用计算机处理及显示可见图形信息以及借助图形信息进行人机通信处理的技术。计算机图形学的许多技术被应用于GIS,但两者有着本质不同。通常计算机图形学所处理的图形数据是不带空间属性的纯几何图形。而对空间数据进行空间分析过程中,空间属性是不可缺少且十分重要的因素。因此,计算机图形学只能完成GIS底层的图形操作,是GIS算法设计的基础。而GIS是随计算机图形学的发展而不断完善的,它除了能对图形信息数据进行显示和处理以外,还能完成数据的空间模型分析以及许多具有空间意义的数据处理。

2. 地理信息系统与桌面制图系统和桌面出版系统

桌面制图系统用地图来组织数据和用户交互。这种系统的主要目的是产生地图,构建地图数据库。大多数桌面制图系统只有极其有限的数据管理、空间分析以及个性化能力。桌面制图系统是在桌面计算机(即图形工作站及微型计算机的统称)上进行操作的,人们把运行于桌面计算机上的地理信息系统,称为桌面GIS。桌面出版系统是利用电子计算机技术结合色度数、色彩学、图像处理等相关技术而开发的印刷处理系统,是一个开放性的设计制版系统,在全电子环境下完成自动分色、色彩校正、彩色挂网、页间排版,需要高分辨率扫描仪、高保真显示器、高精度影像记录仪等硬件设备支持。GIS的桌面制图通过编辑器为用户提供交互式界面对图形进行操作,包括符号设计、图面整饰、图形综合、页面排版等,同时还可以将设计好的地图制版输出,供批量印刷。

3. 地理信息系统与CAD和CAM

计算机辅助设计(computer aided design,CAD)和计算机辅助制图(computer aided map,CAM)的使用使众多行业和部门中的设计人员从制图板上的手工劳动中解放出来,因而受到广大设计人员、制图人员的青睐。CAD是使用计算机技术来辅助设计人员进行设计,以提高设计的自动化程度、节省人力和时间的一种计算机系统。CAM是使用计算机技术进行几何图形的编辑和绘制的计算机系统。CAD系统促进了建筑物的产生和基本建设的设计和规划。近年来,随着计算机技术的发展,CAD系统已经扩展可以支持地图设计,但管理和分析大型的地理数据库的工具很有限。如CAD、CAM不能建立环境坐标系和完成环境坐标变换,它们只能处理规则的几何图形,属性库功能弱,更缺乏GIS具有空间查询和分析判断等功能。而由于GIS涉及的区域广泛、精度要求高、变化复杂和要素众多,其数据量要比CAD和CAM的数据量大得多,数据结构、数据类型更为复杂,数据间的联系也更为紧密。

4. 地理信息系统与数据库管理系统

从技术的角度看,对空间数据进行管理是GIS的基本任务之一,同时GIS还具有以某种选定的方式对空间数据进行解释和判断的能力。因此,GIS在数据管理上借鉴了数据库管理的理论和方法。数据库管理系统(DBMS)是操作和管理数据库的计算机系统,其是数据库系统的核心,能提供可以被多个应用程序和用户调用的软件系统,具有对数据库的建立、更新、查询和维护功能,这些功能使用户得到关于数据的知识。数据库中的一些基本技术,如数据模型、数据存储、空间查询、数据检索等都是GIS广泛使用的核心技术,能帮助GIS解决包括地理数据在内的所有类型数据的高效存储、分析、管理。因此DBMS使存储和查找数据最优化。然而,在对GIS空间数据的管理上,数据库管理系统尚存在以下不足:

(1) 缺乏空间实体定义能力。目前流行的数据库结构(如网状结构、层次结构和关系结构)都难以对环境空间数据结构进行全面、灵活、高效地描述。

(2) 存储、处理空间数据不够经济。空间数据模型的内部结构比较特殊,而一般的事物管理用DBMS大都是表状的关系型数据结构。

(3) 缺乏空间关系查询能力。目前通用的DBMS的查询主要是针对实体的查询,而GIS中则不仅要求对实体的查询,还要求对空间关系(如关于距离、方位、包容、相交、相邻和空间覆盖关系等)进行查询。如要查询某区域附近有哪些公共交通设施,这一区域在土地利用规划图上允许做什么,等等,一般DBMS很难做到。因此,通用DBMS尚难以实现对数据的空间查询和空间分析。

(4) 没有复杂的图形显示功能和某些特殊的管理功能。仅用文字报告空间查询、分析所得到的图形结果远远不能满足用户的需求，图形的显示更重要，而一般的DBMS不具备复杂的图形显示功能。另外，一般的DBMS很难实现某些特殊的管理功能，如连续地图管理。

5.1.5 地理信息系统的发展历程

从20世纪60年代至今，随着电子计算机科学的兴起和它在航空摄影测量学与地图制图学中的应用以及政府部门对土地利用规划与资源管理的要求，人们开始用电子计算机来收集、存储、处理各种与空间和地理分布有关的图形和有属性的数据，并通过计算机对数据的分析来直接为管理和决策服务，这才导致了现代意义上的地理信息系统的问世。近50年来，国内外GIS发展的速度、应用状况是不同的。发达国家(美国、加拿大、英国、德国等)比较早地掀起GIS热浪，目前在GIS技术和应用方面比较成熟。发展中国家(中国、印度等)虽起步晚，但发展势头大。

(一) 世界GIS的发展历程

GIS从产生到现在，经历了20世纪60年代的开拓发展阶段、70年代的发展巩固阶段、80年代的突破阶段，以及90年代的社会网络化阶段这四个主要过程。

1. 60年代中期的开拓发展阶段

20世纪60年代，主要探索GIS的思想和技术方法，注重于空间数据的地学处理。关注的是：什么是GIS? GIS能干什么？突破难点是“机助制图，量算分析”。这一时期的成果包括：1963年，加拿大测量学家Roger F. Tomlinson首先提出了地理信息这一术语，并于1971年建立了世界上第一个GIS——加拿大地理信息系统(CGIS)，用于自然资源的管理和规划；稍后，哈佛大学的计算机制图与空间分析实验室于1964年建立，两年后推出了机助制图软件包SYMAP，美国人口调查局的研究人员提出了关于空间数据组织的双重独立编码方案DIME；还有加拿大统计局用于资源普查数据的GRDSR。一批公司企业在20世纪60年代末相继诞生，包括ESRI、Intergraph、Laser-Scan等。

综合来看，初期地理信息系统发展的动力来自于诸多方面，如学术探讨、新技术的应用、大量空间数据处理的生产需求等。对于这个时期地理信息系统的发展来说，专家兴趣以及政府的推动起着积极的引导作用，并且大多地理信息系统工作限于政府及大学的范畴，国际交往甚少，因此此时期GIS技术的发展很缓慢。

2. 70年代的发展巩固阶段

20世纪70年代，是地理信息系统走向实用的发展期，注重于空间地理信息的管理。这一时期由于计算机硬件和软件技术的发展以及在政府部门在自然资源管理、规划和环境保护等方面对空间信息进行分析、处理的需求，促进了GIS的迅速发展。特别是硬盘的使用，为空间数据的录入、存储、检索和输出提供了强有力的手段。用户屏幕和图形、图像卡的发展增强了人机对话和高质量图形显示功能，促使GIS朝着实用方向发展，开始有效地解决全球性的难题，例如全球沙漠化、全球可居住区的评价、酸雨、厄尔尼诺现象、核扩散及核废料等问题。GIS 的普及和推广应用又使得其理论技术研究受到学者的重视，如在国际地理联合会 IGU 组织建立了 GIS 专业委员会，学术期刊 *Computer and Geosciences* 于 1974 年创刊，序列学术会议 AutoCarto 成为讨论机助制图的有影响的国际会议。

这一时期地图数字化输入技术有了一定的进展，采用人机对话交互方式，提高了工作效率，同时扫描输入技术系统也开始出现；但由于当时的 GIS 系统多数运行在小型机上，涉及的计算机软硬件、外部设备及 GIS 软件本身的价格都相当昂贵，限制了 GIS 的应用范围。同时系统的数据分析能力仍然很弱，图形功能扩展不大，数据管理能力也较差；在地理信息系统技术方面未有新的突破；系统的应用与开发多限于某个机构；专家个人的影响削弱，而政府影响增强。

3. 80 年代的突破阶段

20 世纪 80 年代是 GIS 的推广应用阶段，注重于空间决策支持分析。由于计算机技术的发展推动了图形工作站和个人计算机性价比的大幅度提升，计算机和空间信息系统在许多部门广泛应用，从资源管理、环境规划到应急反应，从商业服务区域划分到政治选举分区等，涉及了许多的学科与领域，如古人类学、景观生态规划、森林管理、土木工程以及计算机科学等。

在这一时期，由于 RS 和 GIS 等集成技术的发展，为解决全球性问题(如全球沙漠化、全球可居住地评估、核扩散问题等)提供了便利，同时在这一时期，许多国家制定了本国的地理信息发展规划，启动了若干科研项目，建立了一些政府性、学术性机构。如中国于 1985 年成立了资源与环境信息系统国家重点实验室，美国于 1987 年成立了国家地理信息与分析中心(NCGIA)，英国于 1987 年成立了地理信息协会。出现了一大批代表性的 GIS 软件，如 Arc/Info、GENAMAP、SPANS、MapInfo、ERDAS、MicroStation 等。这一时期 GIS 学术研究异常活跃，IGU 组织的关于空间数据处理的 SDH 学术会议于 1984 年在瑞士发起，以后每两年召开一次，一直持续至今，成为本领域有重要影响的 GIS 学术会议。关于 GIS 研究的重要学术期刊 *International Journal of Geographic Information System* 于 1987 年创刊，荷兰学者 Burrough 出版了第一本 GIS 教材 *Principles of Geographic Information Systems*。美国建立了 NCGIA 研究中心，英国成立了 GIS 协会。

4. 90 年代至今的社会网络化阶段

这个时期，随着地理信息产业的建立和数字化信息产品在全世界的普及，GIS 投入使用的 GIS 系统的数量，每 2～3 年就翻一番，GIS 已经发展成为一个产业，且市场需求很大，因此此阶段也被称为地理信息系统的用户时代。目前，GIS 的应用在走向区域化和全球化的同时，已涉及社会科学、自然科学的许多领域，并能满足人们生产、生活的各种需求，成为人们生产、生活、学习和工作中不可缺少的工具和助手。20 世纪 90 年代，在 GIS 领域还引发了一场关于 GIS 是一门技术还是一门科学的大讨论，有关学者开始从更高层次思考GIS的学科内涵与外延，一些相关的学术组织、期刊名称也将GISsystem改为GISscience。

21世纪是信息时代，尤其是1998年前美国副总统戈尔提出“数字地球”的概念以来，网络化WebGIS得到进一步发展。GIS进入信息化服务阶段，研究的问题不再局限于原理、方法、技术问题，还涉入到社会化应用中的管理、信息标准、产业政策等软科学研究，地理信息产业在网络技术推动下逐渐走向成熟。因此，可以预言，GIS必将发展成为集社会科学、自然科学于一体的全球性、综合性巨型软科学。

（二）中国GIS的发展历程

中国地理信息系统工作开始于20世纪80年代初，以1980年中国科学院遥感应用研究所成立全国第一个地理信息系统研究室为标志。纵观中国GIS发展历程，虽然其起步稍晚，但发展势头相当迅猛，大致可分为以下四个阶段。

1. 70年代初期的起步阶段

20世纪70年代初期，中国开始推广电子计算机在测量、制图和遥感领域中的应用。自1 976年召开了第一次遥感技术规划会议后，国家测绘局开展了一系列航空摄影测量和地形测图工作，为建立地理信息系统数据库奠定了坚实的基础。解析和数字测图、机助制图、数字高程模型的研究和使用也同步进行。所有这些为GIS的研制和应用作了技术上的准备。

2. 80年代的试验阶段

进入20世纪80年代之后，随着国民经济的快速发展，在大力开展遥感应用的同时，GIS也全面进入试验阶段。在该阶段，重点进行了数据规范和标准制定、空间数据库建设、数据处理和分析算法，以及应用软件的开发等。几年间，中国在GIS的理论探索、硬件配置、软件研制、规范制定、区域实验研究、局部系统建立、初步应用实验和技术队伍培养等方面都取得了较大进步，积累了丰富的经验。

3. 90年代的全面发展阶段

20世纪80年代末，GIS走上了全面发展阶段，全国建立了一批数据库；开发了一系列空间信息处理和制图软件；建立了一些具有分析和应用深度的地理模型和基础性的专家系统；在全国范围内出现了一批GIS的专业科研队伍，建立了不同层次、不同规模的研究中心和实验室；完成了一批综合性、区域性和专题性的GIS系统。同时出版了有关GIS理论、技术和应用等方面的著作，并积极开展国际合作，参与全球性GIS的讨论和实验。

进入90年代以来，沿海、沿江经济开发区的建立与发展，土地的有偿使用和外资的引进，急需GIS为之服务，有力促进了城市地理信息系统的建立与发展。以GIS为平台的城市规划、土地管理、交通、电力及各种基础设施管理的城市信息系统在许多城市相继建立。经过几年的努力，中国GIS基础软件与国外的差距迅速缩小，涌现出若干能参与市场竞争的地理信息系统软件，如GeoStar、MapGIS、CityStar、ViewGIS等。

4. 1996年以来的GIS产业化、网络化阶段

1996年以来，中国经济信息化的基础设施和重大信息工程已纳入国家计划(原国家科委将GIS作为独立课题列入“重中之重”科技攻关计划)，一批国家级和地方级的GIS相继建立并投入运行，一批专业遥感基地已建立，并进入了产业化运行，一批综合运用“3S”技术的重点项目已实施，并在自然灾害监测和国土资源调查中发挥作用。在高等院校开设了与GIS相关的新专业，培养了一大批从事GIS研究和开发的高层次人才，具有中国自主版权的GIS基础软件的研制逐步进入了产业化轨道，这些都标志着中国GIS产业已进入新的发展阶段。21世纪，中国信息产业、标准化等已重视与世界接轨，网络GIS、“3S”技术及应用将得到进一步发展。

至于遥感与全球定位，中国近五年来实施的五大航天工程，目的是建立长期稳定的对地观测系统体系、协调配套全国遥感应用体系，并分别建立满足应用的卫星导航系统及应用产业。启动实施高分辨率对地观测系统工程，开展立体测图卫星等关键技术研究，形成全天候、全天时、不同分辨率、稳定的地球观测系统(EOS)，实现对陆地、大气、海洋的立体观测和动态监测。统筹发展遥感地面系统和业务应用系统；整合地面系统和业务应用的实施，初步实现社会公益领域的数据共享；建立卫星辐射校正场等定量化应用的实施，初步实现社会公益领域的数据共享，建立卫星环境应用和减灾机构，形成若干重要业务应用系统，为构建数字地球及地学应用作贡献。

5.1.6 地理信息系统新进展

进入21世纪以后，地理信息系统的基础理论和技术研究热点有了新的变化，代表了地理信息系统研究的新进展，主要体现在3DGIS研发、GIS时空系统研发、GIS空间数据查询语言的研发、系统智能化和万维网地理信息系统研究等方面。

(一) 3D地理信息系统(3DGIS)的研发

所谓的3DGIS是在2DGIS的基础上对具有三维地理参考坐标的地理信息输入、存储、编辑、查询、空间分析和模拟操作的计算机系统。传统的2DGIS软件通过矢量或栅格的方法完成二维陆地表面的成图和分析。在传统的2DGIS中，通常是将垂直方向的信息抽象成一个属性值，然后进行空间操作和分析。如果在垂直方向上的采样点多于一个，2DGIS将难以处理这些三维空间的采样点。但在某些领域，人们需要分析具有三维坐标的地表面以下的状况，这种空间关系时常为确定和评价矿产资源、石油资源或污染状况等提供重要的信息，因此在这些情况下，具有真三维(3D)处理和分析功能的GIS系统是必需的。

目前3DGIS的研究重点集中在三维数据结构(如数字表面模型、柱状实体等)的设计、优化与实现以及可视化技术的运用、三维系统的功能和模块设计等方面。其中数据模型研究有两个方向：第一是利用三维几何和CAD的可视化构成3DGIS中交互式的模型和可视化功能；第二是开发3DGIS数据管理和空间分析模型，主要从数据库方面进行

考虑。这两个方面的结合以及迅速发展的虚拟现实技术将产生新的3DGIS数据模型。

(二) 时空系统研究

近年来,随着3DGIS的发展,还将会出现4DGIS,即在三维的基础上加上时间序列,将GIS中时态特性的研究作为研究重点,即所谓"时空系统"。时空系统(spatio-temporal system)主要研究时空模型,时空数据的表示、存储、操作、查询和时空分析方法。目前比较普遍的方法是在现有数据模型基础上扩充,在对象模型中引入时间属性。在诸如环境监测、地震救援、天气预报等应用领域中,空间对象是随时间变化的,这种动态变化的规律在求解过程中起着十分重要的作用。例如地质学研究领域,虽然大部分地质特征和条件的变化是缓慢的,但并不总是如此。如水灾、暴风雨、地震以及泥石流等都会使局部地质条件发生快速而巨大的变化。为充分满足需要,地质学家对4D(立体3D加上时间第4D)的空间—时间模型特别感兴趣,因此需要将时间数据的获取与3D模型相结合。但这些问题的彻底解决,则需要在3DGIS技术成熟之后,再发展成为4DGIS。

随着计算机与空间技术的进步与发展,GIS将有各自分开独立的系统走向兼容与集成,从二维走向三维和四维,从单机走向网络,并最终走向社会和家庭。

(三) 空间数据查询语言的研究

GIS数据描述的是空间信息,一般包括位置、属性和时间三个方面。在GIS应用中,使用最广泛的是空间数据的查询功能。目前许多GIS软件提供的是常用的关系数据库结构化查询语言(SQL),而SQL有其固有的缺陷。

当前主要的空间查询语言包括:

(1) 空间结构化查询语言(spatial SQL),它不仅能完成空间数据的查询,而且能表达查询结果。SQL以其非过程化的描述、简洁的语法对空间数据库查询语言有很大的影响。为了使查询语言能完成空间数据的查询,通常可在SQL上扩充谓词集,使之包含空间关系谓词,并增加一些空间操作。例如Egenhofer根据空间数据库的特点以及空间数据表示的要求,在关系型SQL上发展了一套空间结构化查询语言或空间SQL。这种Spatial SQL实质上是由基于SQL风格的空间数据库查询语言和图形表示语言(GPL)两部分组成。

(2) 可视化查询语言,即用直观的图形或表格将查询语言的操作对象和过程及其空间关系显示给用户,因为某些空间概念用二维图形表示比一维文字语言描述更清晰易理解。但以图形、图像或符号为语言元素的可视化查询,仅是对查询直观形象化的描述,在这个意义下,它仅是空间查询语言的一个子集。由于只有部分空间概念可用与人类空间观念一致或接近的图形或图像表示,某些查询很难用人类易理解的图形表示,而这种查询最终要落实在某一查询模型上,因此,目前意义上的可视化查询不可能表达所有的空间查询。

(3) 自然查询语言,即使查询语言的描述更接近自然语言,并用模糊数学方法将模糊概念量化为确定的范围。对GIS的应用来说,很多地理概念是模糊的,比如地理区域的划分实际上并不像境界那样有明确的界限，而查询语言往往设计用来表示精确的概念，Wang用模糊数学的方法先将模糊概念量化为确定的范围，实现具有理解某些模糊概念的查询。但其通常只适用于某个专业领域的数据库应用。

(四) 空间数据共享和数据标准研究

目前的GIS软件大多是基于具体的、相互独立和封闭的平台开发的，它们采用不同的数据格式和数据标准，不同GIS软件之间还不能直接读取和操纵其他GIS软件的数据，必须经过数据转换。所以，在GIS的建设和发展中，对空间数据共享和数据标准化问题迫切需要进行研究与开发。国家和行业部门一方面指定自己的外部交换数据标准，要求采用公共的数据格式，以解决不同GIS软件之间空间数据的转换问题；另一方面也指定空间数据相互操作协议(OGIS)，指定一套大家能够接受的空间数据操作函数(API)，软件开发商必须提供与API函数一致的驱动程序，这样不同的软件就可以操作对方的数据。

目前已有几个较为重要的空间数据转换标准：数字地理信息交换标准(digital geographic information exchange standard，DIGEST)，空间数据转换标准(spatial data transfer standard，SDTS)和开放地理数据互操作规范(open geodata interoperability specification，OGIS)等。

另外，不同的应用部门对地理现象有不同的理解，对地理信息有不同的数据定义，这就妨碍了应用系统之间的数据共享，限制了地理信息系统处理技术的发展。地理数据的继承与共享、GIS的社会化和大众化等客观需求，使得尽可能降低采集、处理地理数据的成本以及实现地理数据的共享和互操作成为共识。互操作地理信息系统的出现就是解决传统GIS开发方式带来的数据语义表达不可调和的矛盾，这是个新的GIS系统集成平台，它实现了多个地理信息系统之间的互相通信和协作。

(五) 地理计算

地理计算(geocomputation，GC)指 利用新的计算工具和方法在各种尺度下刻画不同的地理现象而产生的一系列活动(Longley，1998)，包括大量的基于计算机的科技，如专家系统、模糊集、遗传算法、元胞自动机、神经网络、分形模型、可视化和数据挖掘。这些方法多来自于人工智能以及最近界定的计算机智能领域(Couclelis，1998)。其所要做的工作就是如何在已有的庞大空间数据库基础上，进行大量更有意义的分析和计算，从而使数据的效益得以提升。

在建立起庞大的数据库及相互关系的基础上，推广和应用地理计算无疑是GIS的又一次革命。地理计算不仅仅是一个计算机在地理信息领域中的应用，关键在于可以辅助进行地理研究，从而获得基于数据驱动的地理信息管理和地理信息分析。

GC的发展主要依赖于4个方面的理论与技术：① GIS，为GC创建数据库。② 人工智能技术(artifical intelligence，AI)和智能计算技术(computational intelligence，CI)，为GC提供计算原理和计算工具。③ 高性能计算服务系统(highperformance computing，HPC)，为 GC 提供动力。④ 科学原理，为 GC 提供运行的理论机理。

GC 吸收了很多最新的计算新技术用于结合空间数据进行分析，其有效性与空间数据分析的模型关系密切，这些新技术包括元胞自动机技术(cellular automata technology)、模糊建模(fuzzy modeling)、遗传算法(genetic algorithm)、分形分析(fractal analysis)计算，等等。

(六) 构件式地理信息系统研究

COM(component object model)是构件式对象模型的英文缩写，构件式地理信息系统(ComGIS)是指基于组建对象平台的、一组具有某种标准通信接口的、允许跨语言应用的、由软件构件组成的 GIS。它具有很强的可配置性、可扩展性、开放性，及使用更灵活性和二次开发更方便等特征。COM GIS 的基本思想是把 GIS 的各大功能模块划分为几个控件，每个控件完成不同的功能。各个 GIS 一控件之间，以及 GIS 控件与其他非 GIS 控件之间，可以方便地通过可视化的软件开发工具集成起来，形成最终的 GIS 应用。COM GIS 是把 GIS 的各个功能模块分解为若干构件或控件，每个构件具有不同的功能，不同的构件可以来自不同时间和不同的开发商。利用构件的对象连接与嵌入(OLE)和 ActiveX(OCX)控件技术，用户可以在工业标准的可视化开发环境中，在设计阶段将 GIS 组件嵌入用户的应用程序中，实现绘制地图和 GIS 功能。

(七) 万维网地理信息系统研究

万维网地理信息系统(Web GIS)指基于 Internet 平台、客户端应用软件采用 www 协议、运行在万维网上的地理信息系统。它是地理信息系统技术和互联网技术相结合的产物。它的基本思想就是在互联网上提供地理信息，让用户通过浏览器浏览和获得一个地理信息系统中的数据和功能服务。Web GIS 是 Internet 技术应用于 GIS 开发的产物。从万维网的任意一个节点，Internet 用户可以浏览 Web GIS 站点中的空间数据、制作专题图以及进行各种空间检索和空间分析，从而使 GIS 进入千家万户。

WebG1S 系统可以分为 4 个部分：① 浏览器，用以显示空间数据信息并支持 Client 端的在线处理，如查询和分析等；② 信息代理，用以均衡网络负载，实现空间信息网络化；③ 服务器，用浏览器的数据请求，完成后台空间数据库的管理；④ 编辑器，提供导入空间数据库数据的功能，形成完整的 GIS 对象、模型和数据结构的编辑和表现环境。

Web GIS 具有全球化的 Client/Server 应用，给更多用户提供使用 GIS 的机会，具有很好的扩展性和跨平台特性等。Web GIS 可以应用于建立企业/部门内部的网络 GIS，它提供了一种易于维护的分布式 GIS 解决方案。尽管目前的 Web GIS 软件提供的空间分析功能很难满足专业应用的需要，但是随着技术的发展，Web GIS 终将取代传统的 GIS。

(八) 空间数据可视化与虚拟现实

研究可视化(visualization)和虚拟现实(VR)是 GIS 发展中涉及的一个重要技术问题。GIS 可视化是采用计算机图形图像技术，将复杂的自然景观，甚至十分抽象的地理概念图形化，以便了解自然现象、发现规律和传播知识。GIS支持空间数据的可视化，它可以描述精确的空间地理位置，空间数据的可视化也增强了GIS的功能。

VR技术特别是VRML(虚拟现实建模语言，一种描述Internet上交互3D多媒体的标准文件格式)的研究促进GIS与Internet、Web的集成，使用户在三维虚拟环境中，采用VR系统设备，在模拟的地理环境中实现观察、触摸、操作和检测。

5.2 地理空间与空间数据基础

5.2.1 地理空间及其表达

(一) 地理空间的概念

地理空间(geographic space)是指地球表面及近地表空间，是地球上大气圈、水圈、生物圈、岩石圈和土壤圈交互作用的区域，地球上最复杂的物理过程、化学过程、生物过程和生物地球化学过程就发生在该区域。GIS中的“地理空间”概念一般包括地理空间定位框架及其所连接的空间对象。地理空间定位框架即大地测量控制，由平面控制网和高程控制网组成。GIS的任何空间数据都必须纳入一个统一的空间参照系中，以实现不同来源数据的融合、连接与统一。而大地测量控制为建立所有的地理数据的坐标位置提供了一个通用参考系，利用该通用参考系可将全国范围使用的平面及高程坐标系与所有的地理要素相连接。目前，中国采用的大地坐标系为1980年中国国家大地坐标系，现在规定的高程起算基准面为1985国家高程基准。

(二) 地理空间实体

地理空间实体(geographical entity)是指依附于地理空间存在的各种事物或者现象，它们可能是物质的，也可能是非物质的，它们的一个典型特征是与一定的地理空间位置有关，都具有一定的几何形态。

(三) 空间实体的表达

如前所述，地理空间的特征实体包括点(point)、线(line)、面(polygon)、曲面(surface)和体(volume)等多种类型，如何以有效的形式表达它们，关系到计算识别、存储、处理的可能性和有效性。在计算机中，现实世界是以各种数字和字符形式来表达和记录的，为了能使计算机识别和处理这些以图形形式表达的特征实体，必须对它们进行数据表达。对现实世界的各类空间对象的表达有两种方法，分别称为矢量表示法(又称矢量数据模型，即采用一个没有大小的点(坐标)来表达基本点元素)和栅格表示法(又称栅格数据模型，即采用一个有固定大小的点(面元)来表达基本点元素)，如图5-5所示。

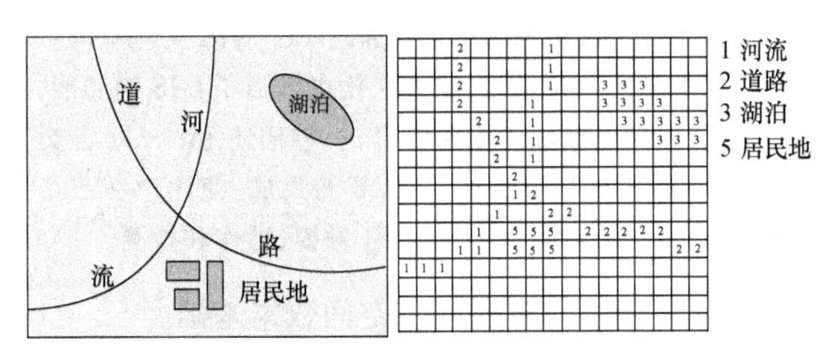

图 5-5 矢量表示法(矢量数据模型)和栅格表示法(栅格数据模型)

5.2.2 GIS 的空间数据

(一) 空间数据的概念与特征

空间数据是指与空间位置和空间关系相联系的数据,包括多维的点、线、矩形、多边形、立方体和其他几何对象。一个空间数据对象占据着空间的一个特定区域,称为空间范围,可以用其位置和边界来刻画。在 3S 技术广泛应用于环境领域的今天,几乎每个环境要素或者地理要素都具有空间属性,如果要对环境进行系统、全面的研究,离不开对研究对象所具有的空间属性的分析,如空间位置、空间分布和空间状态等。

空间数据可以按照数据项、空间对象和图形特征的不同分为各种不同的类型。空间数据除了具有一般数据的特征(如选择性、可靠性、时间性、完备性、详细性及综合性等)之外,还具有一些区别于其他数据的特征。空间、属性和时间特征是空间对象的三大基本特征。

1. 空间特征

空间特征是用以描述事物或现象的地理位置,主要指空间对象的位置及与相邻对象的空间关系或拓扑关系(如图 5-6 所示),其是空间数据区别于其他一般数据的重要标志。空间特征在 GIS 的数据处理、空间分析以及数据库的查询与检索中,具有重要的意义。空间特征包含的具体关系如下:

(1) 空间位置。空间位置表示地理空间实体在一定的坐标参考系中的空间位置,通常用地理坐标系、平面直角坐标系来表示。空间位置也称几何特征,包括空间实体的位置、大小、形状、分布状况等。

(2) 空间关系。在地理空间中,空间实体一般都不是独立存在的,而是相互之间存在着密切的联系,这种相互联系的特性就是空间关系。

(3) 拓扑关系(topological spatial relation)。拓扑关系是一种对空间关系进行明确定义的数学方法,即用结点、弧段和多边形所表示的实体之间的邻接、关联、包含和连通关系,如点与点的邻接关系、点与面的包含关系、线与面的相离关系、面与面的重合关系等(见图 5-6)。

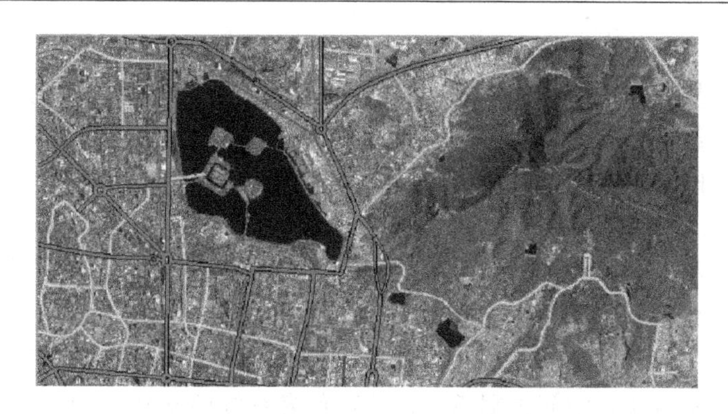

图 5-6　空间关系或拓扑关系图

（4）顺序（方位）关系（order spatial relation）。是指实体在地理空间中的某种顺序，如左右、东南西北等。

（5）度量关系（metric spatial relation）。是指用地理空间中的度量来描述的实体之间的关系，如实体之间的距离远近等关系。

2. 属性特征

属性特征是用来描述事物或现象的特征，主要指与地理空间实体相联系的、具有地理意义的数据或变量，其主要是对空间数据的说明。属性通常分定性和定量两种，定性属性包括名称、类型、特征等；定量属性包括数量、等级等（见图 5-7）。如一个城市点，它的属性数据有人口、GDP、绿化率、面积、周长等等描述性指标。

GeoData Mapper 2002 数字地图系统 - [中国.maj [包含1个图层: 中国行政区划]:2]

文件(F)　编辑(E)　查看(V)　插入(I)　地图(M)　数据库(D)　立体图(S)　工具(T)　窗口(W)　帮助(H)

(无可编辑图层)

	PrcName	Chinese_ch	Guobiao_Admin_Code	Pinyin_name	周长	
13	西藏自治区	西藏	540000	XIZANG	6.964171e+006	1.1
14	河南省	河南	410000	HENAN	2.935998e+006	1.6
15	安徽省	安徽	340000	ANHUI	2.846713e+006	1.3
16	四川省	四川	510000	SICHUAN	6.329159e+006	5.7
17	湖北省	湖北	420000	HUBEI	3.295287e+006	1.8
18	湖南省	湖南	430000	HUNAN	3.165063e+006	2.1
19	江西省	江西	360000	JIANGXI	2.618077e+006	1.6
20	云南省	云南	530000	YUNNAN	5.624029e+006	3.8
21	贵州省	贵州	520000	GUIZHOU	3.206353e+006	1.7
22	澳门特别行政区	澳门	MACAO	MACAO	1.457202e+004	7.7
23	福建省	福建	350000	FUJIAN	4.312550e+006	1.2
24	广东省	广东	440000	GUANGDONG	5.911948e+006	1.7
25	广西壮族自治区	广西	450000	GUANGXI ZHUANG	3.968567e+006	2.3
26	海南省	海南	460000	HAINAN	4.922098e+006	4.2
27	河北省	河北	130000	HEBEI	4.166121e+006	1.8
28	香港特别行政区	香港	HK	HONG KONG	5.971691e+005	1.0
29	江苏省	江苏	320000	JIANGSU	3.046506e+006	9.9
30	辽宁省	辽宁	210000	LIAONING	3.502793e+006	1.4
31	上海市	上海	310000	SHANGHAI	6.914963e+005	6.3
32	浙江省	浙江	330000	ZHEJIANG	4.379519e+006	1.0
33	台湾省	台湾	710000	TAIWAN	1.442029e+006	3.6

属性数据表

中国行政区划

数据统计图

统计报表

记录：29　记录总数：33　定位记录　更新记录

如需帮助，请按F1键　　选：点线面字

图 5-7　空间数据的空间特征和属性特征

3. 时间特征

时间特征是用以描述事物或现象虽时间的变化，主要指空间对象随着时间演变而引起的空间和属性特征的变化，例如人口、降水量等的逐年变化。地理空间实体的位置属性和属性相对于时间来说，常常呈现相互独立的变化。

(二) 空间数据的模型

数据(data)是描述事物的符号记录。模型(model)是现实世界的抽象。数据模型(data model)是数据特征的抽象，是数据库管理的数学形式框架。空间数据模型是关于现实世界中空间实体及其相互间联系的概念，它为描述空间数据的组织和设计空间数据库模式提供着基本方法。空间数据模型是地理信息系统的基础，它不仅决定了系统数据管理的有效性，而且控制着系统的灵活性。空间数据模型是在实体概念的基础上发展起来的，它包含两个基本内容，即实体组和它们之间的相关关系。实体和相关关系可以通过性质和属性来说明。

数据模型按不同的应用层次分成三种类型：分别是概念数据模型、逻辑数据模型、物理数据模型(如图 5-8 所示)。

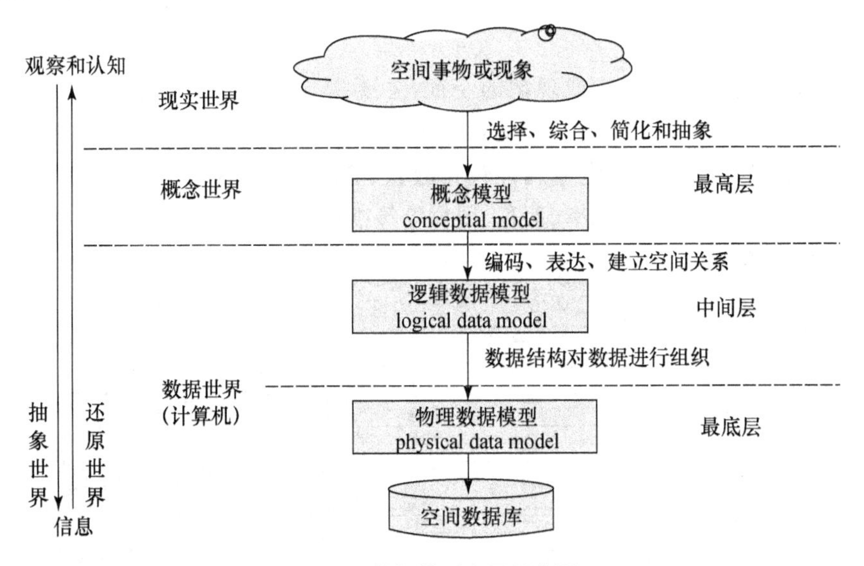

图 5-8　数据模型应用层次图

1. 概念数据模型

概念数据模型(conceptial data model)简称概念模型，是面向数据库用户的实现世界的模型，是最终用户对数据存储的看法，反映了最终用户综合性的信息需求，主要用来描述世界的概念化结构，它使数据库的设计人员在设计的初始阶段，摆脱计算机系统及DBMS的具体技术问题，集中精力分析数据以及数据之间的联系等，与具体的数据管理系统(database management system，DBMS)无关。概念数据模型必须换成逻辑数据模型,才能在 DBMS 中实现。

地理空间数据的概念模型一般包括对象模型、场模型和网络模型(如图 5-9 所示)。

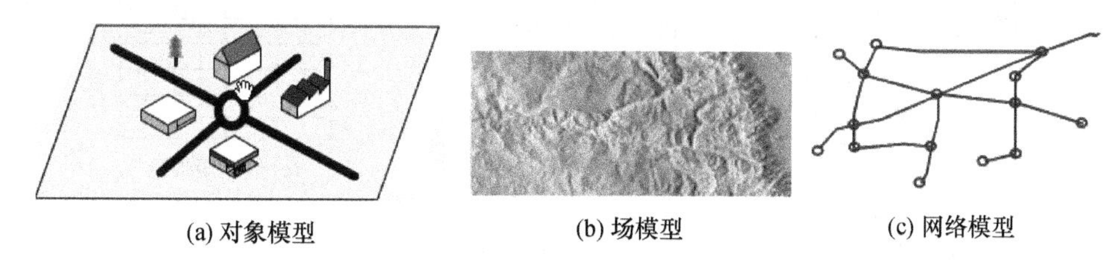

(a) 对象模型 (b) 场模型 (c) 网络模型

图 5-9 概念数据模型的三种形式

(1) 对象模型(要素模型)

对象模型又称要素模型或者实体模型,其将研究的整个地理空间看成一个空域,地理现象和空间实体作为独立的对象分布在该空域中,对象模型强调地理空间中的单个地理现象和每一个可以辨识的地理实体,如城市、河流、桥梁等。

对象模型按照其空间特征分为点、线、面、体 4 种基本类型;每个对象对应着一组相关的属性以区别各个不同的对象;对象也可能由其他对象构成复杂对象,并且与其他分离的对象保持特定的关系,如点、线、面、体之间的拓扑关系。

对象模型把地理现象当做空间要素(feature)或空间实体(entity),一个空间要素必须同时符合三个条件:可被标识、在观察中的重要程度以及有明确的特征且可被描述。传统的地图就是以对象模型进行地理空间抽象和建模的实例。

(2) 场模型

场模型把地理空间中的现象作为连续的变量或体来看待,如气温、大气污染程度、地表温度、土壤湿度、地形高度以及大面积空气和水域的流速和方向等。根据不同的应用,场可以表现为二维或三维。

一个二维场就是在二维空间 R^2 中任意给定的一个空间位置上,都有一个表现某现象的属性值,即

$$A = f(x, y)$$

一个三维场是在三维空间 R^3 中任意给定一个空间位置上,都对应一个属性值,即

$$A = f(x, y, z)$$

二维空间场一般采用 6 种具体的场模型来描述(如图 5-10 所示)。

(3) 网络模型

网络是由欧式空间 R^2 中的若干点及它们之间相互连接的线(段)构成,即由一系列节点和环链交织成网络形式的单元所组成的,在本质上,网络模型可看成对象模型的一个特例,即模拟现实世界中的各种网络,它是由点对象和线对象之间的拓扑空间关系构成的,例如某地区的铁路网络地图,其城镇可由节点来表示,铁路则有节点间连线表示,沿连线的数字表示距离。

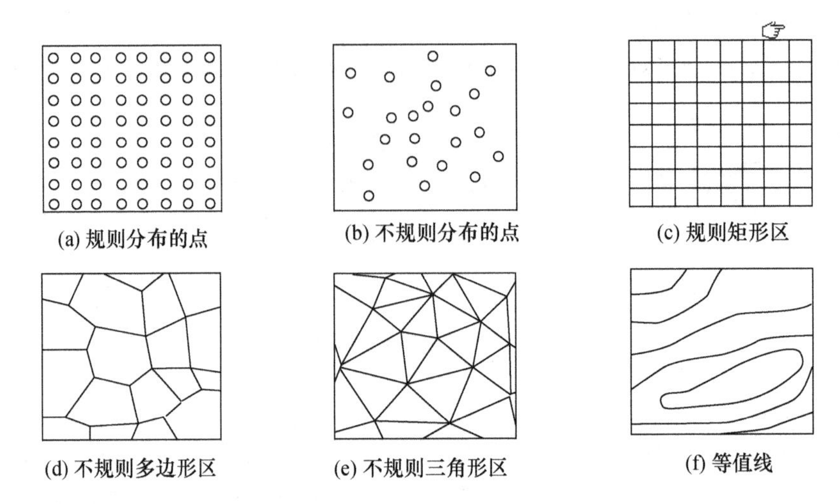

图 5-10　场模型的6种形式

2. **逻辑数据模型**

逻辑数据模型(logical data model)简称数据模型,它根据概念模型确定的空间信息内容,以计算机能理解和处理的形式具体地表达空间实体及其关系。逻辑数据模型反映的是系统分析设计人员对数据存储的观点,是对概念数据模型进一步的分解和细化。数据模型是概念模型向物理模型转换的桥梁。根据所采用的数据结构的不同,逻辑数据模型可分为矢量型、栅格型以及矢栅混合型。

(1) 矢量数据模型

矢量模型是利用边界或表面来表达空间目标对象的面或体要素,通过记录目标的边界,同时采用标识符(Identifier)表达它的属性来描述空间对象实体(见图 5-11)。矢量模型能够方便地进行比例尺变换、投影变换以及图形的输入和输出。矢量模型处理的空间图形实体是点(point)、线(line)、面(area)。矢量数据模型起源于"Spaghetti 模型"。在 Spaghetti 模型中,点用空间坐标对表示,线由一串坐标对表示,面是由线形成的闭合多边形。CAD 等绘图系统大多采用 Spaghetti 模型。

GIS 的矢量数据模型与 Spaghetti 模型的主要区别是,前者通过拓扑结构数据来描述空间目标之间的空间关系,而后者则没有。在矢量模型中,拓扑关系是进行空间分析的关键。

(2) 栅格数据模型

栅格数据模型中,点实体是一个栅格单元(cell)或像元,线实体由一串彼此相连的栅格构成,面实体则由一系列相邻的栅格构成;每个栅格对应于一个或一组表示该实体的类型、等级等特征。栅格单元的形状通常是正方形,有时也采用矩形。栅格的行列信息和原点的地理位置被记录在每一层中。栅格的空间分辨率确定了描述空间现象的精细

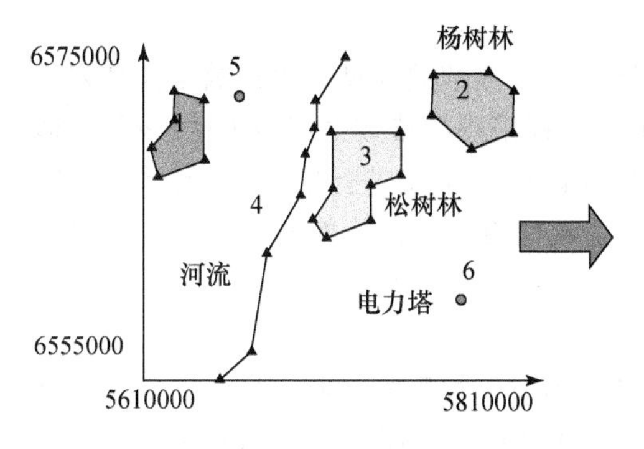

实体类型	实体ID	类 别	位 置
点	5	电力塔	x_1, y_1
点	6	电力塔	x_1, y_1
线	4	河流	$x_1, y_1; x_2, y_2; \ldots\ldots; x_n, y_n$
多边形	1	杨树林	$x_1, y_1; x_2, y_2; \ldots\ldots; x_n, y_n$ x_1, y_1
多边形	2	杨树林	$x_1, y_1; x_2, y_2; \ldots\ldots; x_n, y_n$ x_1, y_1
多边形	3	松树林	$x_1, y_1; x_2, y_2; \ldots\ldots; x_n, y_n$ x_1, y_1

图 5-11 矢量数据模型

程度。若需要描述统一地理空间的不同属性，则按不同的属性将数据分层，每层描述一种属性(见图 5-12，图 5-13)。

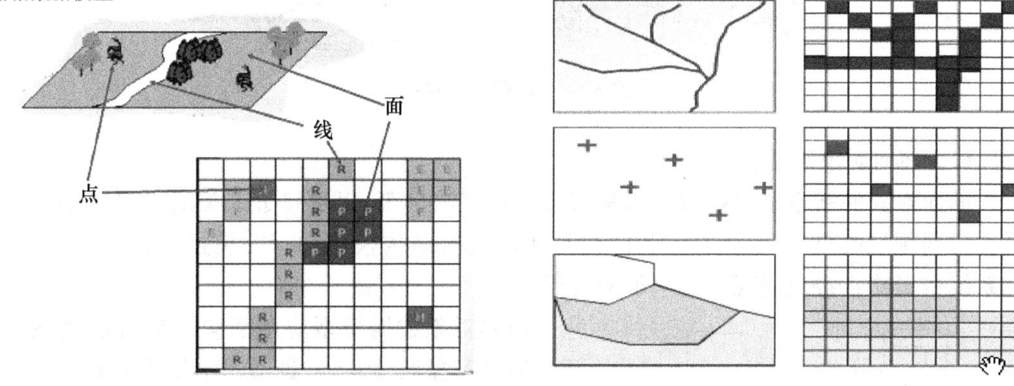

图 5-12 空间对象的栅格数据模型

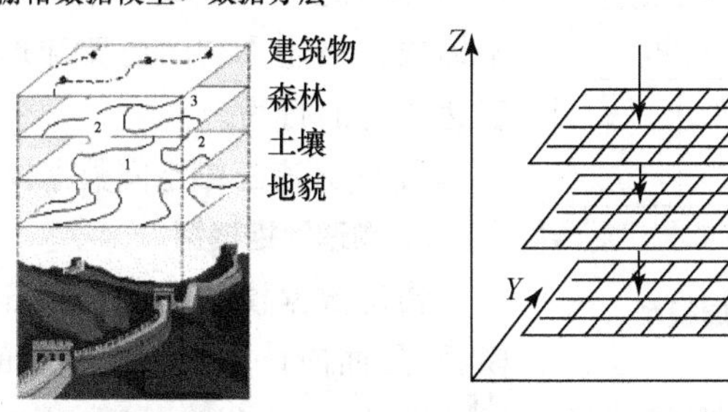

图 5-13 栅格数据模型的数据分层

(3) 矢量-栅格一体化数据模型

在矢量-栅格数据模型中，对地理空间实体同时按矢量数据模型和栅格数据模型来表达：面状实体的边界采用矢量数据模型描述，而其内部采用栅格数据模型表达；线状实体一般采用矢量数据模型表达，同时将线所经过位置以栅格单元进行填充；点实体则同时描述其空间坐标以及栅格单位位置，这样则将矢量数据模型和栅格数据模型的特点有机地结合在一起。

(4) 镶嵌数据模型

镶嵌(tessellation)数据模型采用相互关联的规则或不规则的小面块集合来逼近自然界不规则分布的地理单元，适合于用场模型抽象的地理现象。通过描述小面块的几何形态、相邻关系及面快内属性特征的变化来建立空间数据的逻辑模型。

根据面块的形状，镶嵌数据模型可分为：规则镶嵌数据模型和不规则镶嵌数据模型(见图5-14)。

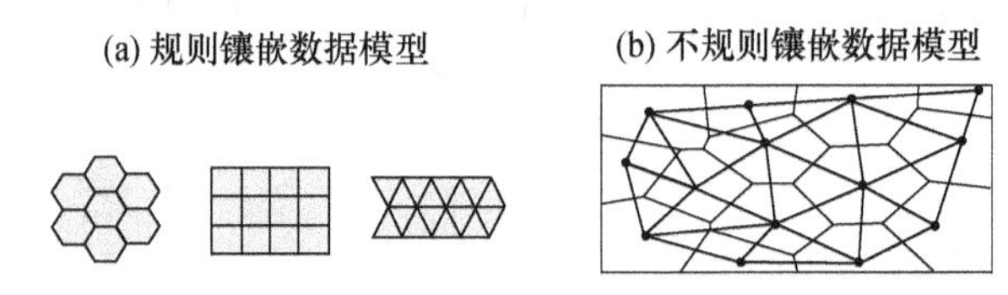

图5-14 镶嵌数据模型

(5) 面向对象数据模型

面向对象的基本思想是对问题领域进行自然的分割，以更接近人类通常思维的方式建立问题领域的模型，以便对客观的信息实体进行结构模拟和行为模拟，从而使没计出的系统尽可能直接地表现问题求解的过程。

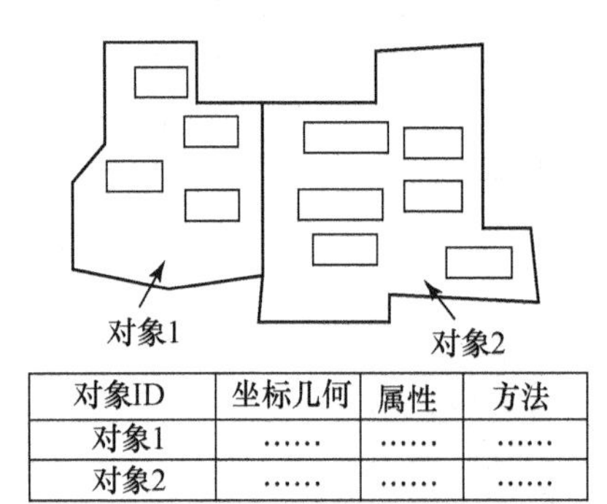

对象ID	坐标几何	属性	方法
对象1	……	……	……
对象2	……	……	……

面向对象数据模型

图5-15 面向对象数据模型

面向对象数据模型应用面向对象方法描述空间实体及其相互关系，特别适用于采用对象模型抽象和建模的空间实体的表达。一个对象是由描述该对象状态的一组数据和表达它的行为的一组操作(方法)组成的(如图5-15所示)。例如，河流的坐标数据描述了它的位置和形状，而河流的变迁则表达了它的行为。

另外，还有三维空间数据模型、时空数据模型等。

3. 物理数据模型

物理数据模型(physical data model)简称物理模型，是面向计算机物理表示的模型。该模型描述了数据在储存介质上的组织结构，换言之，物理数据模型是指概念数据模型在计算机内部具体的存储形式和操作机制，即在物理磁盘上如何存放和存取，它不但与具体的

DBMS有关，而且还与操作系统和硬件有关。每一种逻辑数据模型在实现时都有其对应的物理数据模型。DBMS为了保证其独立性与可移植性，大部分物理数据模型的实现工作由系统自动完成，而设计者只设计索引、聚集等特殊结构。

（三）空间数据结构

空间数据结构(spatial data structure)是指空间数据适合于计算机存储、管理、处理的逻辑结构，是指空间数据在计算机内的组织和编码形式。空间数据结构是一种适合于计算机存储、管理和处理空间数据的逻辑结构，是地理实体的空间排列和相互关系的抽象描述。它是数据逻辑模型与数据文件格式间的桥梁，是数据模型的具体实现。其实现过程如图5-16所示。

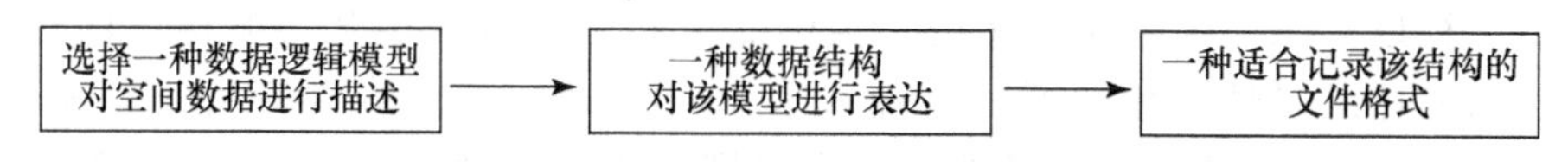

图5-16　空间数据结构实现图

到目前为止，常用的空间数据结构有矢量数据结构和栅格数据结构，矢量结构主要应用于具有强大制图功能的GIS系统，而栅格结构则广泛应用于图像处理系统和栅格地理信息系统。数据结构的选择主要取决于数据的性质和使用的方式。

1. 矢量空间数据结构

矢量数据结构是利用欧几里得几何学中的点、线、面及其组合体来表示地理实体空间分布的一种数据组织方式(见图5-17)。矢量数据结构对矢量数据模型进行数据的组织。它直接以几何空间坐标为基础，记录实体坐标及其关系，尽可能精确地表示点、线、多边形等地理实体，允许任意位置、长度和面积的精确定义。因此矢量数据能更精确地定义位置、长度和大小。虽然矢量坐标点的分辨率比栅格模型中的最小基本单元的分辨率要高得多，但实际使用时也要受存储量的限制。如小比例尺地图数据库中的河流不能表现出实际的宽度变化；大比例尺地图数据库中的房屋边界，也往往略去一些小的转折。另外，坐标点用什么做基本单位，保留小数点后几位，也是有限制的。

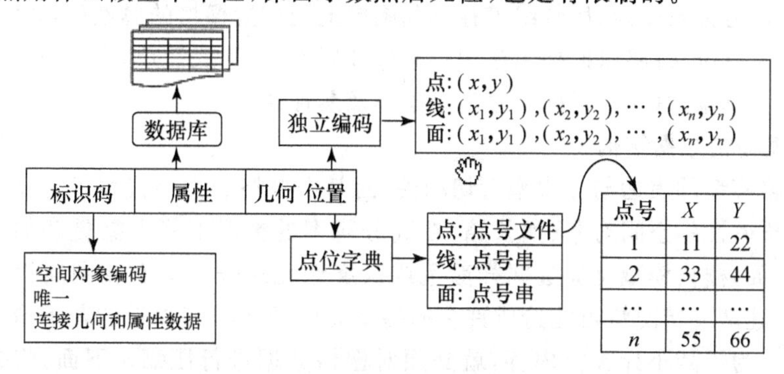

图5-17　矢量空间数据结构

矢量数据的特点如下：① 用离散的点、线、面来表示和描述空间目标；② 用拓扑关系来描述矢量数据之间的关系；③ 描述的空间对象位置明确，属性隐含。

矢量数据结构通常包括简单数据结构、拓扑数据结构和曲面数据结构几种主要类型。在目前的GIS领域中，拓扑数据结构是应用最为广泛的一种，这种数据结构借助了数学中拓扑学的原理来描述空间事物。拓扑结构能明确反映区域的定义、邻接性、方向性、连通性和包含性。

2. 栅格数据结构

栅格数据结构指将空间分割成各个规则的网格单元，然后在各个格网单元内赋以空间对象相应的属性值的一种数据组织方式。地理实体的位置和状态是用它们占据的栅格行、列以及取什么值来定义的。实体的空间位置就是用其在栅格中的行号、列号来表示；实体的属性就用单元的取值来表示，这样输入、输出、储存、处理都比较方便。由于栅格结构是以栅格数据模型或格网模型为基础的，是按一定的规则排列的，所表示的实体位置很容易隐含在网络文件的存储结构中，且行列坐标可以很容易地转为其他坐标系下的坐标。在网络文件中每个代码本身明确地代表了实体的属性或属性的编码。

栅格数据结构就是像元阵列，每个像元的行列号确定位置，用像元值表示空间对象的类型、等级等特征。每个栅格单元只能存在一个值。对栅格单元的坐标，可以通过如下方式进行处理：① 直接记录栅格单元的行列号，即将栅格数据看作是一个数据矩阵，逐行或逐列逐个记录代码；② 根据规则（如按行或列顺序）记录栅格单元，利用分辨率参数（指行数和列数）计算当前栅格单元的行列号。

栅格数据结构主要有以下几种：

（1）完全栅格数据结构

在日常应用中，常限制一个栅格数据层只存储栅格的一种属性，而且采用完全栅格数据结构。在完全栅格结构里，栅格单元顺序一般以行为序，以左上角为起点，按从左到右从上到下的顺序扫描。其数据组织存储通常有下列三种方法（见图5-18）：

① 以栅格为记录序列，用数组来存不同图层上同位置栅格的属性值，省空间；

② 以层为单位，每层以栅格为序记录坐标及属性值，形式简单，数据量大；

③ 以层为单位，每层以目标为序记录坐标及属性值；

（2）压缩栅格数据结构

由于栅格模型的表达与分辨率密切相关，而每个栅格的大小代表了定义的空间分辨率，所以，同样属性的空间对象（如公路）在高分辨率的情况下将占据更多的像元或存储单元；另一方面，栅格模型是通过同样颜色或灰度像元来表达具有相同属性的面状区域的。显然，上述两种情况将可能造成许多栅格单元或像元与其邻近的若干像元都具有相同的属性值。为了减小计算机内存，就必须对栅格数据进行压缩。下面，将介绍几种常用的数据压缩方法。

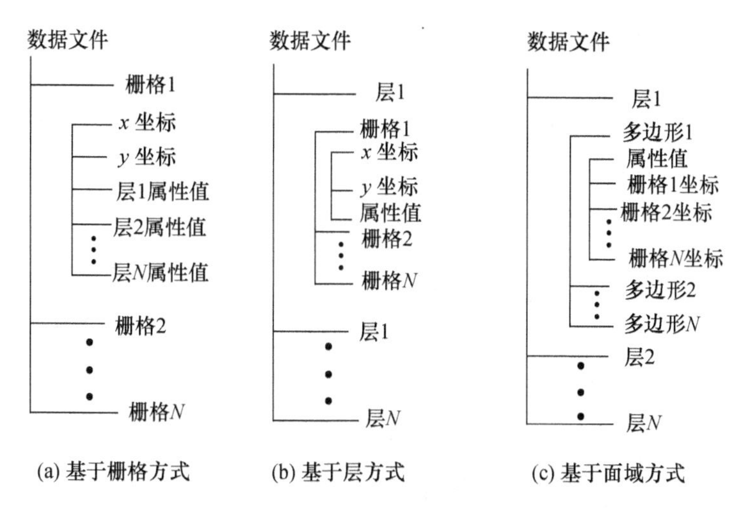

(a) 基于栅格方式　(b) 基于层方式　(c) 基于面域方式

图 5-18　完全栅格数据结构

① 游程编码。把具有相同属性值的邻近栅格单元合并在一起，合并一次称为一个游程。游程用一对数字表达，其中，第一个值表示游程长度，第二个值表示游程属性值（见图 5-19）。每一个新行都以一个新的游程开始。表达游程长度的位数取决于栅格区域的列数，游程属性值则取决于栅格区域属性的最大类别数（分类的级别数）。通常用两个字节表示游程长度（行数可达 65536），一个字节表示游程属性值（256 级）。游程长度的记录方式有两种：一种是记录每个游程像元数；另一种是逐行记录每个游程起（迄）点列号。如图 5-20 所示。

	1	2	3	4	5	6	7	8	9	10	游程编码
1	A	A	A	A	B	B	B	A	A	A	(4,A),(3,B),(3,A)
2	A	A	A	B	B	B	A	A	A	C	(3,A),(3,B),(3,A),(1,C)
3	A	A	B	B	B	A	A	A	C	C	(2,A),(3,B),(3,A),(2,C)
4	A	B	B	B	A	A	C	C	C	C	(1,A),(3,B),(2,A),(4,C)
5	A	A	A	A	A	A	C	C	C	C	(6,A),(4,C)

图 5-19　游程编码示意图

② 四叉树结构。四叉树又称四元树或四分树，是最有效的栅格数据压缩编码方法之一。其主要用于数据索引和图幅索引等方面。常规四叉树的基本思想是：首先把一幅图像或一幅栅格地图等分成四部分，如果检查到某个子区的所有格网都含有相同的值（灰度或属性值），那么，这个子区域就不再往下分割；否则，把这个区域再分割成四个子区域，这样递归地分割，直至每个子块都只含有相同的灰度或属性值为止。最小区域为一个像元。图 5-21(a)是一个二值图像的区域，图 5-21(b)表明了常规四叉树的分解过程及其关系，图 5-21(c)是它的编码。

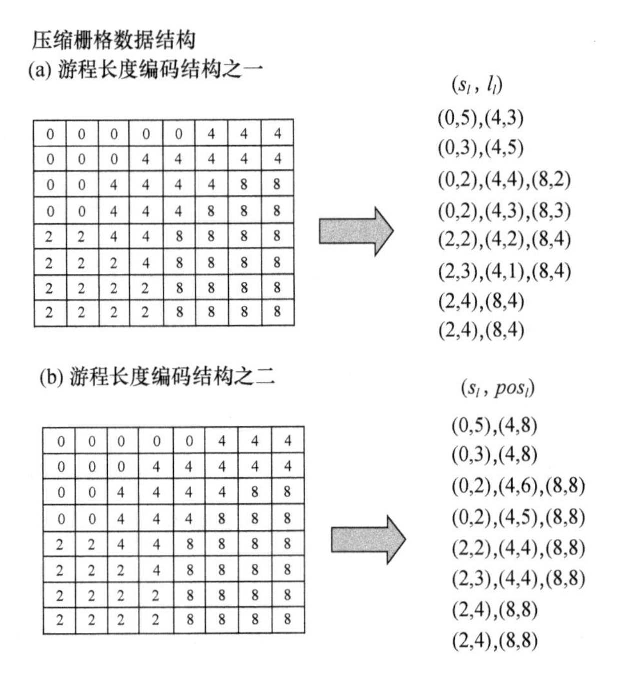

图 5-20 游程编码结构图

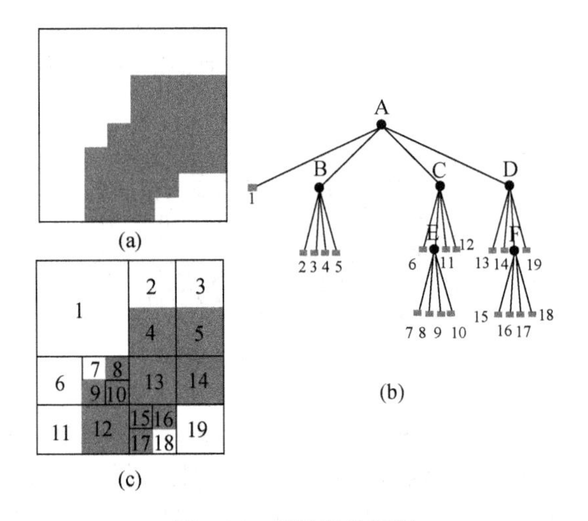

图 5-21 四叉树分割图

③ 链码结构。链式编码又称为弗里曼链码(Freeman,1961)或边界链码。该多边形的边界可表示为：由某一原点开始并按某些基本方向确定的单位矢量链。基本方向可定义为：东=0,东南=1,南=2,西南=3,西=4,西北=5,北=6,东北=7 等八个基本方向。如果再确定原点为像元(10,1),则该多边形边界按顺时针方向的链式编码,如图

5-22(a)所示。链码数据结构则是从某一起点开始用沿上述八个基本方向前进的单位矢量链来表示线状地物或多边形的边界。如图 5-22(b)表明了链码数据结构图，图 5-22(c)是它的编码。

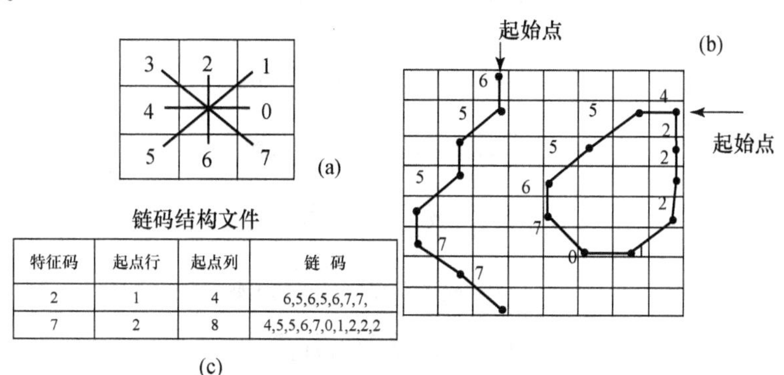

特征码	起点行	起点列	链 码
2	1	4	6,5,6,5,6,7,7,
7	2	8	4,5,5,6,7,0,1,2,2,2

图 5-22 链码数据结构图

④ 矢栅数据一体化结构。该结构的实质是将矢量方法表示的线性实体，除记录原始取样点之外，还记录中间包含的栅格，使其既保存矢量特性，又具有栅格性质。由于栅格数据结构的精度低，通常用细分格网的方法，来提高点、线、面状目标边界线数据的表达精度。

⑤ 影像金字塔数据结构。该结构是指在同一空间参照下，根据用户对不同分辨率的需要进行数据的存储与显示，形成分辨率由粗到精、数据量由小到大的金字塔结构。金字塔的最底层是原始影像，分辨率最高，数据量也最大，由最底层开始，分辨率逐渐降低，数据量随之减小。金字塔数据结构模拟了人眼视觉由粗到精的结构，常用于影像匹配和地形三维显示。

影像金字塔结构用于图像编码和渐进式图像传输，是一种典型的分层数据结构形式，适合于栅格数据和影像数据的多分辨率组织，也是一种栅格数据或影像数据的有损压缩方式，常见的有 M-金字塔，如图 5-23 所示。

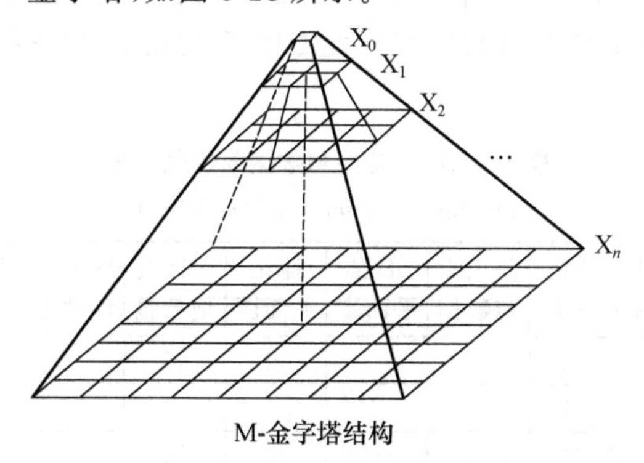

图 5-23 M-金字塔结构

(四)空间数据结构的建立

空间数据结构的建立是指根据确定的数据结构类型,形成与该数据结构相适应的GIS空间数据,为空间数据库的建立提供物质基础。图5-24为数据结构建立的基本过程。

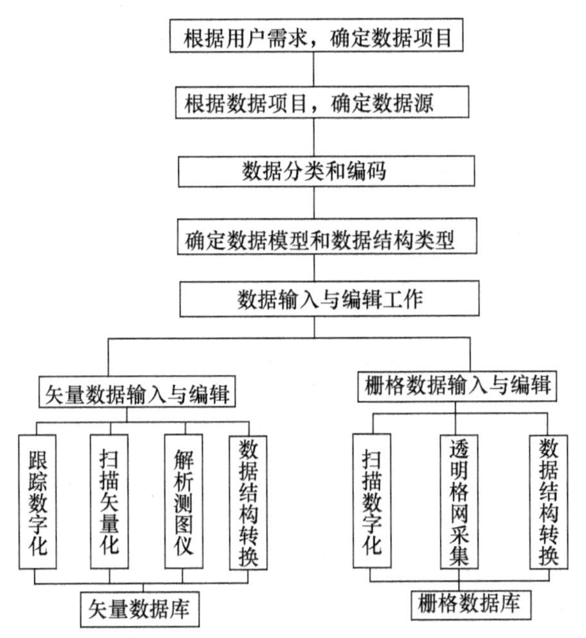

图5-24 数据结构建立的基本过程

其过程简述如下。

1. 首先了解系统功能与数据间的关系

现代地理信息系统数据模式的一个重要特征是数据与功能之间具有密切的联系(见表5-1),因此,在确定数据内容时,首先必须明确系统的功能;对开发的GIS系统的功能,是通过用户需求调查来确定的,因此,在开发GIS系统之前,首先要进行系统分析(系统分析详见第5.5节)。

表5-1 系统功能与数据间的关系表

(据Jack Dangermond等,1984)

系统功能 \ 相关数据	基础数据	环境数据	公用设施数据	工程平面图	地块平面图	街区类型数据	区域统计数据	交通统计数据	街道网文件	区域境界线数据
土地利用规划		×			×	×	×	×	×	×
工程设计	×	×	×	×	×	×	×	×	×	×
地图绘制	×	×		×	×	×		×		
名称查询	×				×	×		×		

续表

相关数据 系统功能	基础数据	环境数据	公用设施数据	工程平面图	地块平面图	街区类型数据	区域统计数据	交通统计数据	街道网文件	区域境界线数据
完成税收					×	×	×			
邮务管理					×	×	×			
人才资源分配							×			×
公用设施管理			×	×	×	×		×	×	
财产清查管理	×	×	×	×	×	×	×	×	×	×
自然资源管理		×			×	×	×			×
烟草控制										
地图管理	×	×	×		×	×	×			×
制图管理			×	×	×			×	×	
数据库管理	×	×			×	×	×	×	×	×
道路开发					×	×				
传播公共信息					×	×	×		×	
回答公众咨询		×			×	×	×	×	×	×

2. 进行空间数据的分类和编码

空间数据的分类是指根据系统功能及国家规范和标准，将具有不同属性或特征的要素区别开来的过程，以便从逻辑上将空间数据组织为不同的信息层（见图 5-25），为数据采集、存储、管理、查询和共享提供依据。

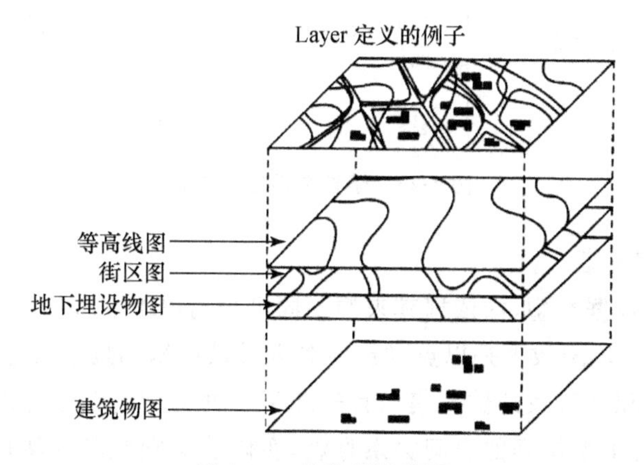

图 5-25 信息层示意图

空间数据的编码是指将数据分类的结果，用一种易于被计算机和人识别的符号系统表示出来的过程，编码的结果是形成代码。代码由数字或字符组成。例如，中国基础地理信息数据的分类代码由六位数字组成，其代码结构如下所示：

× × ×× × ×
大类码 小类码 一级代码 二级代码 识别位

大类码、小类码、一级代码和二级代码分别用数字顺序排列。识别位由用户自行定义,以便于扩充(详见第5.3.3节)。

3. 进行空间数据的输入与编辑

(1) 矢量数据的输入与编辑

矢量数据的输入,是指将分类和编码的空间对象图形转换为一系列x、y坐标,然后按照确定的数据结构加入到线段或标示点的计算机数据文件中去;空间数据编辑的目的是为了消除数字化过程中引入的各类错误和对数据进行拓扑关系检查等而进行的操作。

(2) 栅格数据的输入与编辑

栅格数据的输入方法包括透明格网采集输入、扫描数字化输入及其他数据传输或转换输入等;栅格数据编辑的目的同样是为了消除数字化过程中引入的各类错误,根据栅格数据结构的特点,其编辑的内容还包括数据压缩和数据组织方式的变换等,如图5-26所示。

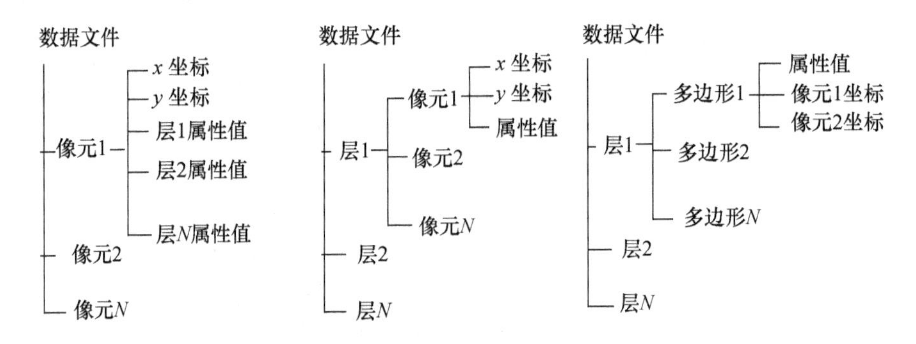

图5-26 栅格数据组织方式

(五)空间数据类型

地理信息中的数据类型,如依据其来源不同可分为以下5种:

(1) 地图数据。地图数据是以点、线、面等方式采用编码技术对地图要素进行特征描述及在要素间建立相互联系的数据集。其来源于各种类型的普通地图和专题地图,这些地图的内容丰富,图上实体间的空间关系直观,实体的类别或属性清晰,实测地形图还具有很高的精度。

(2) 影像数据。影像数据主要来源于卫星遥感和航空相片,卫星遥感是利用安装在卫星上的传感器接收由地面物体反射或发射的电磁波能量,经模/数转换和计算机处理而获得的地表影像数据;航空相片是指安装在飞机上的照相机沿着预定的航向,按照一定的飞行高度和重叠度摄取的地表影像。它们包括多平台、多层面、多种传感器、多时相、多光谱、多角度、和多种分辨率的遥感影像数据，构成多源海量数据，也是 GIS 的最有效的数据之一，如植被类型、土壤侵蚀、地质特征、水体成分和深度、交通路口的违章摄影、工矿企业大量使用的工业电视以及航空、航天图像，野外摄影照片等。

(3) 属性数据。属性数据来源于各类调查报告、实测数据、文献资料、解译信息等，如地名、河流名称和区域名称。

(4) 地形数据。地形数据来源于地形等高线图的数字化，已建立的数字高程模型(DEM)和其他实测的地形数据等，如道路交点、街道和街区。

(5) 元数据(metadata 或 data about data)。元数据是关于数据的数据，是对数据做进一步解释和描述的数据，常用来说明数据的来源、所有者、质量以及对数据处理和转换过程的说明等。其主要来源于由各类纯数据通过调查、推理、分析和总结得到的有关数据的数据，例如数据来源、数据权属、数据产生的时间、数据精度、数据分辨率、源数据比例尺、数据转换方法等(详见 2.6 节)。

(六) 空间数据质量

空间数据质量是指空间数据在表达实体空间位置，特征和时间所能达到的准确性，一致性、完整性和三者统一性的程度，以及数据适用于不同应用的能力。GIS 数据质量的高低对 GIS 空间分析影响很大。换句话说，GIS 数据在采集、处理过程中存在不确定性问题，也即 GIS 中数据质量的优劣决定着系统的分析质量及整个应用的成败。

1. 空间数据的误差

对数据质量的影响来自两方面：一方面是由于生产部门数字化作业人员水平参差不齐，各种航摄及解析仪器、各种数字化设备的精度不同，最终导致对 GIS 数据的精度控制困难；另一方面是来自对地理属性特征和逻辑关系的识别质量，由于没有经过严格校正的属性数据和逻辑关系(是指地理数据元素之间逻辑关系的一致性，包括数据结构、拓扑关系、空间特征、时间特征以及属性特征的一致性)存在误差，从而导致人们使用数据的错误。

衡量 GIS 空间数据(几何数据和属性数据)的可靠性，通常用空间数据的误差来度量。误差是指数据与真值的偏离。GIS 空间数据的误差可分为源误差、处理误差和使用误差(主要来自生产者和使用者对数据的解释和理解不同)。

(1) 源误差

源误差是指数据采集和录入中产生的误差，这种误差通常受采集人员水平和原始数据测量仪器的精度影响，其主要包括以下几种：

① 遥感数据。遥感数据的误差来自观测过程(受空间分辨率、传感器稳定性几何畸变和辐射误差等影响)和处理和解译过程(由图像处理中的影像或图像校正和匹配以及遥感解译判读和分类引入的，其中包括混合像元的解译判读所带来的属性误差)。

② 测量数据。测量数据误差包括人差(对中误差、读数误差等)、仪差(仪器不完善、缺乏校验、未作改正等)和环境(温度、气压、信号干扰等)引起的误差。

③ 属性数据。指由于数据的录入、数据库的操作(统计、整理操作)等引入的误差。

④ GPS数据。GPS数据误差主要来自信号的精度、接收机精度、定位方法和处理算法等方面。

⑤ 地图。指地图制作过程中由于控制点精度,编绘、清绘、制印和套色、制图综合等引入的误差。

⑥ 地图数字化精度。指数字化过程中因纸张变形(主要来自折叠,起皱以及受天气气候的影响)、数字化仪精度、比例尺的变化、操作员的技能等引起的误差。

(2) 处理误差

处理误差是指GIS对空间数据进行处理时产生的误差,包括投影变换、几何纠正、坐标变换、几何数据的编辑、属性数据的编辑、空间分析(如多边形叠置等)、图形化简(如数据压缩)、数据格式转换、计算机截断误差、空间内插、矢量栅格数据的相互转换以及数据叠加操作和更新等处理误差。

2. 空间数据质量标准

空间数据质量标准是生产、使用和评价空间数据的依据。这些标准的建立和遵循,对于数据的交换、数据间的兼容,提高地理数据的利用率和使用价值是有利的。

空间数据质量标准的要素和内容包括以下几方面:

(1) 数据情况说明。包括对地理数据的来源、种类、内容及处理过程等做出准确、全面和详尽的说明。

(2) 位置精度。指空间实体的坐标数据及实体真实位置的接近程度,即数据的地理位置精度,常表现为空间三维坐标数据精度。包括数学基础、平面精度、高程精度等,用以描述几何数据的质量。

(3) 属性精度。指空间实体的属性值与其真值相符的程度,也即数据所载负的地理信息的正确性。通常取决于地理数据的类型,且常常与位置精度有关,包括要素分类的正确性、属性编码的正确性、注记的正确性等,用以反映属性数据的质量。

(4) 现势性,又称时间精度。指数据本身所代表的时间信息的正确性,包括数据的采集时间、数据的更新时间等。

(5) 逻辑一致性。指地理数据关系上的可靠性,包括数据定义、数据结构、数据内容以及拓扑性质上的内在一致性,包括多边形的闭合精度、结点匹配精度、拓扑关系的正确性等。

(6) 表达形式的合理性。主要指数据抽象、数据表达与真实地理世界的吻合性,包括空间特征、专题特征和时间特征表达的合理性等。

(7) 完备性。指地理数据在范围、内容及结构等方面满足所有要求的完备程度,包括数据范围和数据分类的完备性、实体类型的完备性、属性数据的完备性、注记的完整性等。

3. GIS数据质量评价方法

随着GIS在各行各业的推广应用，空间数据库日渐庞大，数据质量问题愈来愈受到人们的关注。研究GIS数据质量对于评定GIS的算法、减少GIS设计与开发的盲目性都具有重要意义。目前许多学者都对空间数据质量评价方面进行了研究，但是评价方法众多，还存在很多问题，仅对几种比较典型的GIS数据质量评价方法进行简单介绍：

(1) 直接评价法

直接评价法包括以下两种：

① 用计算机程序自动检测。计算机软件可以自动发现某些类型的错误，如数据中不符合要求的数据项的百分率或平均质量等级均可由计算机软件算出。此外，计算机还可检测文件格式是否符合规范、编码是否正确、数据是否超出范围等。

② 随机抽样检测。在确定抽样方案时，应综合考虑数据质量评定方法、抽样方法和抽样数量的选取间的紧密联系以及数据之间的空间相关性。

(2) 间接评价法

间接评价法一般指通过外部知识或信息(如用途、数据历史记录、数据源的质量、数据生产的方法、误差传递模型等)进行推理来确定空间数据的质量方法，其包括地理相关法和元数据法。地理相关法是指用空间数据的地理特征要素自身的相关性来分析数据的质量。例如，从地表自然特征的空间分布着手分析，山区河流应位于地形的最低点(最低等高线处)。元数据法则通过元数据中包含的大量有关数据质量的信息来检查数据质量，同时元数据中记录了数据处理过程中质量的变化，通过跟踪元数据可以了解数据质量的状况和变化。

(3) 非定量描述法

通过对数据质量的各组成部分的评价结果进行的综合分析、或定量指标的分级描述、或定性分析与定量打分来确定数据的总体质量的方法。

5.3 空间数据处理

为了解释我们用GIS能做什么，可将GIS活动归类为空间数据输入、利用地理空间数据库进行数据管理、空间数据的分类与编码、空间查询和数据探查以及数据的可视化及其产品输出。这些步骤不仅是实现空间数据有序化的必要过程，而且是检验数据质量和实现数据共享的关键环节。

5.3.1 空间数据输入

GIS数据的共享一直是GIS研究中的一个重点内容，且数据的获取属于GIS项目中最昂贵的部分。GIS的数据源包括地图资料、遥感资料、实测数据资料和各种统计资料等，数据获取有两个基本途径：一是使用现有的数据；二是创建新的数据。近年来随着互联网上数字化数据交换中心的增长，GIS用户可以在决定创建新的数据或从私人公司购买数据之前，先看看有哪些公用数据可以共享，以节约资源。

(一) 现有的地理信息系统数据

互联网是一个从非营利组织和私人公司中查找现有数据的媒介。互联网上的大部分GIS数据是许多组织定期用于GIS活动的数据(被称为框架数据)，这些数据通常包括7个基本图层：地理控制点(调查和制图所用的精确定位框架)、正射图像(矫正的图像，例如正射相片)、海拔高度、交通运输、水文、行政单元和地籍信息。但在互联网上查找GIS数据并非易事，寻找项目所需的现有GIS数据往往与知识、经验和机遇有关。互联网的地址可能改变或中止，互联网上的数据格式可能与用户项目所用的GIS软件不兼容，或者有的数据虽然可以使用，但必须经过诸如将研究区从大量的数据中裁剪出来等一系列的处理。

公共数据通常可以从互联网上免费下载。各级政府允许GIS用户通过数据交换中心存取他们的公共数据，如美国联邦地理数据委员会(http://www.fgdc.gov/)、美国地质调查局(http://www.usgs.gov/)、美国自然资源保护局(http://soils.usda.gov/)以及美国人口普查局(http://www.som.com/)等。

(二) 现有数据的转换

为了实现具有多种多样传递格式的公共数据能与使用的GIS软件包相兼容，必须进行数据转换。数据转换是把GIS数据从一种格式转换为另一种格式的一种机制。数据转换的难易取决于数据格式的特征。

1. 直接转换

直接转换是指将GIS软件包中的专有的数据格式，用专门的数据译码器将空间数据从一种格式直接转换成另一种格式(见图5-27)。直接转换在数据标准和开放式GIS发展以前往往是数据转换的唯一方法。由于应用简单，目前直接转换仍然是很多用户首选的转换方法。

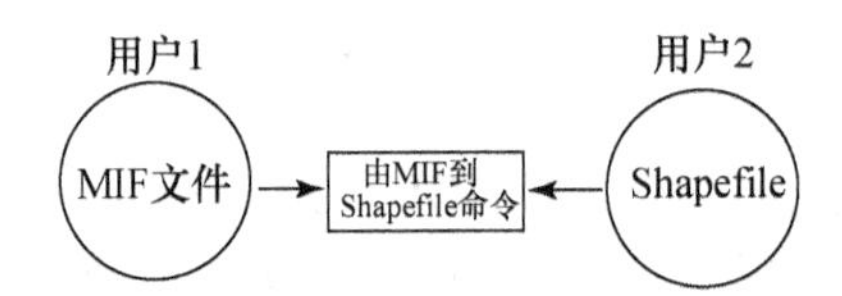

图5-27　用ArcGIS中的MIF to Shapefile工具把MapInfo文件直接转换为Shapefile文件

2. 中性格式

对于中性的或公共的数据格式，只需GIS软件包中具有转换相应格式数据的译码软件。例如美国地质调查局提供的数字线划地图(digital line graphic，DLG)是一种常见的中性格式。美国自然资源保护局(NRCS)也采用DLG作为其编发数字土壤图的格式之一。

于1992年由美国联邦信息处理标准(FIPS)计划认可(http://mcmcweb.er.usgs.gov/sdts/)的空间数据转换标准(spatial data transformation standard，SDTS)也属于一

种中性格式(图 5-28),包括美国地质调查局、美军、美国陆军工程兵团、人口普查局以及美国国家海洋与大气局等几个联邦机构已经把它们的部分数据转换成 SDTS 格式。

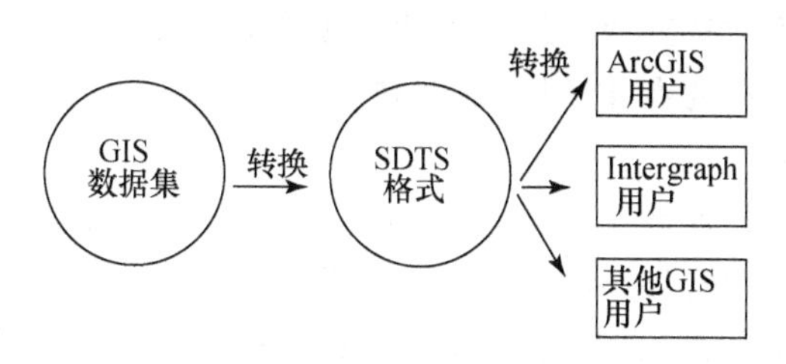

图 5-28 公共数据转换成中性格式(如 SDTS 格式)

3. 基于公共接口的数据转换

该转换将各个系统的公共接口互相联系,同时考虑数据格式和数据处理以及采用的协议,允许其内部数据结构和处理不相同。其特点为独立于具体平台,转换技术抽象,数据格式不需要公开,代表数据共享方向。

4. 基于直接访问的数据转换

一个软件对其他软件数据格式的直接访问,可使用单个 GIS 软件存取多种数据格式。其特点是避免繁琐的数据转换不要求拥有宿主软件,无须运行该软件。

(三) 创建新数据库

GIS 数据库中的数据受数据采集与输入状况的影响,因此 GIS 数据来源、数据转换成功与否、数据共享程度以及数据的质量非常重要。GIS 数据源自地图数据、遥感数据、文本资料、统计资料(电子和非电子数据)、地表实测数据、野外测量或 GPS 数据、多媒体数据和已有系统的数据等。各类数据采集与输入如图 5-29 所示。

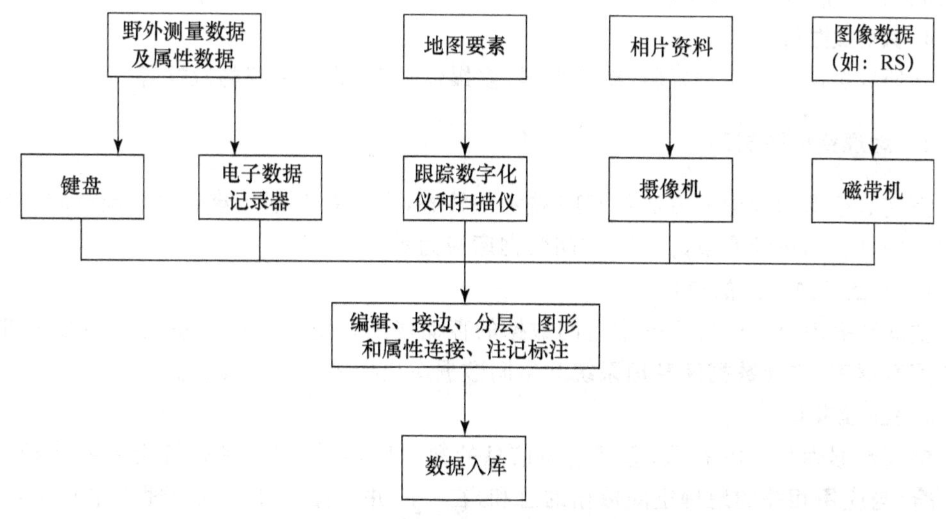

图 5-29 GIS 数据采集与输入流程图

1. 地图数据

纸质地图(hardcopy map)和图表作为GIS的主要数据源,其主要通过对纸质地图的跟踪数字化和扫描数字化来获取。地图表达中蕴含着大量的信息内容,这些信息的获取往往取决于数据采集人员的专业知识、地图判读经验。

2. 遥感数据

遥感影像包括航空相片和卫星影像。航空相片所包含的信息内容丰富、客观真实,通过对航空相片的解译和野外调绘,可以获取有关地区生态环境静要素数据。航空相片作为GIS的一个重要数据源,其解译或调绘的成果通常被转绘成地图,并以地图的形式经数字化输入GIS,航空相片不仅为显示专题要素提供背景,而且可以为地理数据更新提供依据。卫星影像已成为GIS另一个重要的数据源,其不仅能够提供实时数据,并且如果能够进行有规律的间隔采集,卫星影像还能够提供动态数据,用于记录和监测陆地和水生环境的变化。

3. 野外数据和GPS数据

测量数据和全球定位数据是两种重要的野外数据,测量数据主要由距离、方向以及高度组成,其目的在于确定测量区域内地理实体或地面各点的平面位置和高程。在所需地图或遥感影像数据没有或缺乏的情况下,野外测量或使用GPS采集数据作为GIS的输入就显得非常重要。近年来,GPS已越来越多地应用于GIS数据的野外采集。大多数GPS接收器将采集的坐标数据和相关的专题属性数据存储在内存中,可以下载到计算机利用相关程序作进一步的处理,或直接下载到GIS数据库中,许多还可以将计算机的坐标数据直接转换成另一地图坐标系统或大地坐标系统。使用GPS,不仅可以在行走或驾车时采集地面点的坐标数据,而且可以为GIS的野外数据采集提供灵活和简便的工具。

4. 其他数据源

其他数据源包括文本资料、统计资料、多媒体数据、原有系统的数据等。

5.3.2 地理空间数据库

空间数据库的理论和方法是GIS技术的核心,大型GIS都是建立在地理空间数据库基础上的,因此,设计有效的GIS空间数据库极为重要。

(一) 空间数据库的概念

空间数据库(SDB)是GIS中空间数据的存储场所。空间数据库系统(SDBS)一般包括空间数据库、空间数据库管理系统和空间数据库应用系统三个部分。

1. 空间数据库

空间数据库是GIS存取、管理空间信息的数据库,其按照一系列特定结构将相关数据集合(与应用相关的地理空间数据的总和)在一起并存储在计算机物理存储介质之上,以便于人们去管理和控制与这些数据相关联的事物。与一般数据库相比,空间数据库具有明显的空间特征、空间关系特征、非结构化特征、分类编码特征、海量数据特征和数据应用面广等特征。

2. 空间数据库管理系统

空间数据库管理系统是指能够对物理介质上存储的地理空间数据进行语义和逻辑上的定义，提供必需的空间数据查询检索和存取功能，以及能够对空间数据进行有效的维护和更新的一套软件系统。为了提高数据库管理系统对空间数据的管理能力，国内外先后出现过：文件与关系数据库混合管理系统、全关系型空间数据库管理系统、对象一关系型管理系统以及面向对象空间数据库管理系统等多种解决方案。目前，国内外较为流行的主要集中在“关系型数据库＋空间数据引擎”、“扩展对象关系型数据库”两方面。

3. 空间数据库应用系统

空间数据库应用系统是为了满足特定的用户数据处理需求而建立起来的，它提供给用户一个访问和操作特定数据库的用户界面，是具有数据访问功能的应用软件。空间数据库系统是GIS发挥作用的关键，在整个GIS中占有极其重要的地位，也是所有分析、决策的重要基础。

（二）空间数据库的用途

随着人们生活数字化程度的极大提高，地理信息系统(GIS)得到广泛应用，同时空间数据共享大大地促进了GIS的发展。GIS数据库是一个共享或分享式的数据库，其服务范围常常很广泛，但对于一个数据库，不同用户的要求和使用方式均有不同，有时甚至是大相径庭，例如，一个城市的地理数据库可能要同时服务于城市规划、地籍管理、基础设施管理、城市税收、环境保护、火警控制、公安、土地使用、城市交通管理等各部门，以一个城市的地块数据为例，其中城市规划部门需要掌握各地块的特定使用类型，分清是居民用地，还是商业用地或其他；而环境保护部门则需掌握各地块是否是污染地区或被污染地区；交通管理部门则关心各地块的交通状况和道路状况；火警部门则需要掌握从火警站点到各个地块的路径信息及各地的易燃性；土地使用部门则需要掌握各地块是否按规定进行使用；税务部门则更关心从各地块上能何时收回多少税。

今后，随着人们对空间数据库应用需求的增加，如何更好地实现空间数据库的共享将成为人们研究的重点。

5.3.3 空间数据分类与编码

尽管地理数据源非常复杂，但依数/模方式不同可概括为两种不同的形式，即数字数据和模拟数据。前者可直接或经转换输入到GIS中，后者必须转换成数字形式才能输入到计算机为GIS所用。地理数据输入系统后，就可创建GIS空间数据库了。但值得注意的是，在GIS中，地理数据的采集和输入都是根据一定的分类标准和编码体系进行组织的。

(一) 地理数据的分类

1. 分类概念及原则

分类是指根据属性或特性将地理实体划分为各种类型，表示同一类型地理实体的数据可以采集在一起，构成一个图层。也就是说，GIS是根据地理实体的类型通过数字化采集和组织地理数据的。

拟定分类体系的目的是识别要素和提供要素的地理含义，它是进行空间数据编码工作的基础。一个理想的地理数据分类体系应该具有科学性、系统性、完整性和一致性，并能做到简明、充分满足地理数据应用要求。分类过细或过粗都会导致一些潜在的实际问题。

在GIS中，分类系统用特征码表示。特征码就是按照信息分类编码的结果，利用一组数字、字符或数字字符的混合来标记不同类别信息的代码。特征码通常采用线分类法，它是将空间实体根据一定的分类指标形成若干层次目录，构成一个分层次、逐级展开的分类体系。

由于分类系统是一个分级系统，因此使用的特征码必须采用统一拟定的编码系统，并符合各行各业领域的分类分级体系，拟定的特征码要能为多用途数据库提供足够的实用信息，便于计算机处理与信息交换，易于识别和记忆，并使冗余数据最少，代码长度适度。此外，还要坚持：① 标准化和通用化；② 唯一性和代表性；③ 清晰性和明确性；④ 可扩充性和稳定性；⑤ 完整性和易读性等基本原则。

目前，有关地理基础信息数据分类体系的中国国家标准主要包括1992年发表的“国土基础信息数据分类与代码”(标准编号：GB-T13923)、1993年的“1∶500，1∶1000，1∶2000地形图要素分类与代码”(标准编号：GB-T14804)、1995年的“1∶5000，1∶10000，1∶25000，1∶50000，1∶100000地形图要素分类与代码”(标准编号：GB-T15660)和2001年颁布的“专题地图信息分类与代码”(标准编号：GB-T18317)。不同的专业部门也有相应的分类系统。

2. 分类码和标识码

分类码是直接利用信息分类的结果来标记不同类别信息的分类代码，其一般由数字、字符或数字字符混合构成。例如：中国1∶100万地形数据库的数据分类体系采用三级结构，即代码由归属码、分类码和标识码三段码组成：归属码说明数据来源，包括提供数据的单位、系统名称和数据库名称等，它除在不同系统之间交换或转换数据外，一般不使用；分类码说明实体所属的类别，它完全按照《国土基础信息数据库分类与代码》国家标准；标识码也称识别码，由6位字符和数字混合构成，用于标识主要的要素实体，如县级以上居民地及其行政界线、铁路、主要公路、主要河流和湖泊等，用于对实体界线检索。

(二) 空间数据的编码

编码是将事物或概念赋予一定规律性的、易于人或计算机识别和处理的符号、图形、颜色、缩简的文字等，是人们统一认识、统一观点和交换信息的一种技术手段，其广泛使用于电子计算机、电视、遥控和通讯等方面。

要将信息进行编码，首先必须按照选定的属性（或特征）来对编码对象进行分类，即将具有某种共同属性（或特征）的分类对象集合在一起。因此，在规范化环境信息分类的基础上，可将环境信息的编码分为以下 5 类：

（1）国家级代码。国家级代码是一组用来代表国家或境外领土的地理代码，它广泛适用于国家各行业和各部门间的数据处理和通信。

（2）行业内部代码。指专门用于环保系统内部的、通用的编码，又可分为污染物类代码、污染处理类代码、环境监测类代码和环境管理类代码。

（3）企业内部代码。指企业内部使用的与环境管理有关的代码。

（4）状态类代码。指污染物的排放、处理、处置等所处状态的代码。

（5）计算机子系统内部代码。指各个子系统为计算机处理的需要而设置的代码。

5.3.4 空间查询和数据探查

（一）空间查询

空间查询是指从 GIS 数据库中获取用户咨询的数据，并以一定的形式提供给用户，即依靠数据库所储存的空间与属性信息来回答现实世界中一些应用问题。有时地理空间查询也涉及简单的几何计算（如距离和面积）或地理实体的重新分类。空间查询是空间分析的基础，任何空间分析均开始于空间查询。

1. 空间查询的内容

（1）定位查询。定位查询是最基本的查询功能，用于实现图形数据和属性数据的双向查询。图形查询是根据图形的空间位置来查询有关属性信息或者进行实体之间的空间关系查询；属性查询是根据一定的属性条件来查询满足条件的空间实体的位置。如将光标指向屏幕上图形的某一部分时，可得到相应的属性数据。相反，当光标指向属性数据中某一数据项时，在屏幕上显示该数据项相关联的图形。

（2）分层查询。指查询分层存放的图形与属性数据。如当地图的地理要素分成行政界线、交通、水系及居民地等层时，为了提取交通界线可只查询交通界线层。

（3）区域查询。指查询或检索屏幕上任一窗口或指定多边形区域内（包括点、线、面的一定范围内）的图形与属性数据。

（4）条件查询。即根据数据项与运算符（包括算术运算符＋，－，×，÷；关系运算符＝，≤，≥，＞，＜及逻辑运算符∪，∩等）组成的条件表达式来查询图形与属性数据。

（5）空间关系查询。又称拓扑查询，其目的是检索与指出相关的空间目标。空间目标之间的拓扑关系包括面与面关系，线与线关系，点与点关系，点与线关系，点与面关系，线与面关系。

2. 空间查询过程的类型

查询过程分为三种类型：

(1) 根据数据库中的数据及信息，直接回答人们的问题；

(2) 通过逻辑表达式完成查询；

(3) 根据现有数据模型，构造复杂模型，回答更为“复杂”的问题。

3. 空间查询应用举例

根据已知信息为某城市一家新开设的银行选址(见图 5-30)。要求：

(1) 远离目前存在的银行，尤其是一些大型银行(提取私人储蓄额>10 000 000 元)；

(2) 附近有大量的人口数量(人口至少多于 3000 人)；

(3) 结果以矢量数据的文件形式输出。

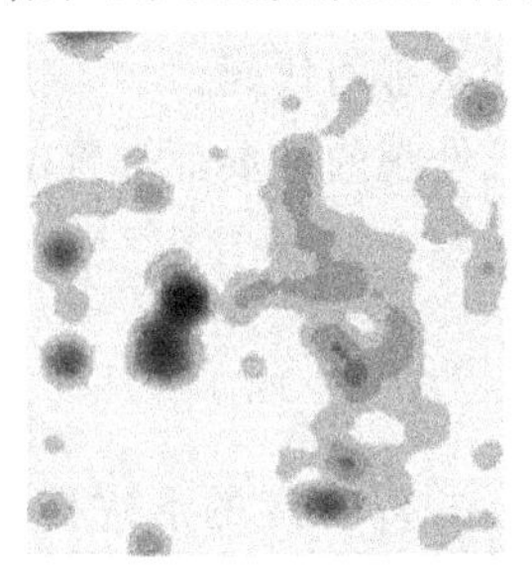

人口密度专题图 (popden)　银行位置专题图 (bank.shp)　街区专题图 (street.shp)

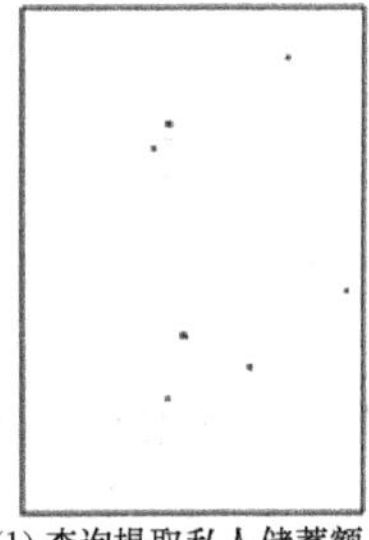

(1) 查询提取私人储蓄额高于10 000 000元的银行

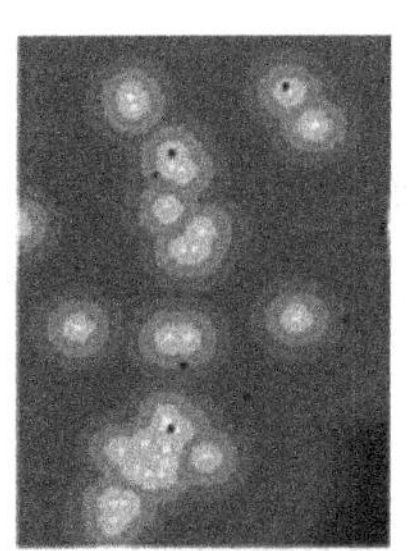

(2) 计算生成距离远近分布图

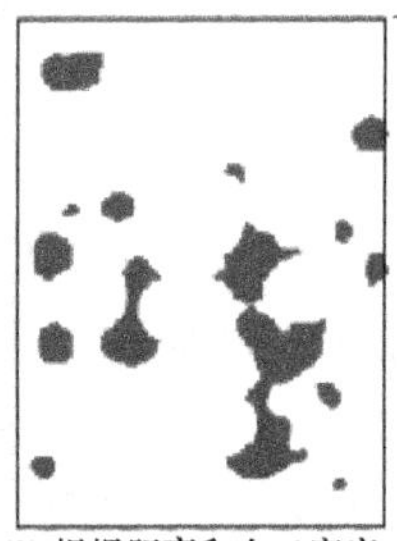

(3) 根据距离和人口密度专题图层，查询提取远离已有银行500 m且人口密度大于3000人的区域

(4) 将提取的格量图层转化为矢量图层，并与街区专题图进行叠加显示

图 5-30 利用空间查询功能银行选址图

选址过程如下：

(1) 首先查询提取私人储蓄额高于 10 000 000 元的银行分布图；

(2) 计算生成距离远近分布图；

(3) 根据距离和人口密度专题图层，查询提取远离已有银行 500 m 且人口密度大于 3000 人的区域分布图；

(4) 将提取的栅格图层转化为矢量图层，并与街区专题图进行叠加显示。

（二）数据探查

在GIS项目中，对GIS数据库中的海量数据进行分析的捷径是数据探查。用户或研究者可以通过数据探查（data exploration）事先了解一些数据的总趋势以及数据间可能存在的关系，以便更好地理解数据，为系统地阐明研究问题和设想提供前提。

无论基于矢量还是基于栅格地图，图表统计和表格在多视窗口中显示并动态链接，都可视为数据探查的内容，所以数据探查的一个重要组成部分为交互式、动态链接的可视化工具。

5.3.5 GIS可视化及其产品输出

可视化问题是GIS中一个非常重要的问题，有人甚至提出空间信息的可视化可以被看做是数字时代的地图学。尤其是进入20世纪90年代以来，随着计算机图形学、多媒体技术、虚拟现实技术和图像处理技术的发展，可以将一些自然景观、科学现象和十分抽象的概念图形化，出现了多维动态、过程模拟和用户自适应参与信息可视化技术。现代地图学已进入了视觉效果和探索图形变换功能为重点的阶段，可视化成为地图和GIS研究的热点。

（一）可视化定义

可视化（visualization）是一种工具，是将符号或数据转化为直观的图形、图像的技术，它的过程是一种转换，它的目的是将原始数据转化为可显示的图形、图像，从而全面且本质地把握住地理空间信息的基本特征，便于最迅速、形象地理解现象、发现规律和传播知识。可视化概念源自科学计算可视化，由美国学者McCormick等人于1987年召开的有关科学计算与图形学和图像处理的讨论会上提出。McCormick等人认为“科学计算可视化是一种计算方法，它将符号转化为几何图形，便于研究人员观察模拟和计算”。换言之，科学计算可视化主要研究如何将科学计算过程及计算结果所产生的数据转换成图形或图像信息，并进行交互式分析。

（二）地图可视化概念

对地图制图和地理信息系统而言，可视化并不是什么新概念，地图本身就是一种视觉产品，是空间信息最早的可视化方式，它在古代军事、交通以及其他各种生产和社会实践中发挥着重要的作用。地图生产过程是运用视觉变量对现实世界抽象、综合和表示的过程，它将数据或者数据分析的结果形象化地表现在数字地图上，帮助使用者理解数据的规律和趋势。地图可视化不仅仅是图形结果状态表示，更主要的是一种高级的空间数据分析行为，它刻画了一种思维过程。地图学家Tarlor认为，传输和认知模型是地图视觉化的重要内容。MacEachren认为，“地图可视化是人类首要的也是最重要的一种认知行为，是人类在发展意念上表示的能力，它有助于辨别模型，创造和发展新秩序”。也有人从地学计算的角度考虑，认为应将可视化提升到独立学科的地位来看待。但到目前为止，“地图可视化”没有统一的定义。

(三) 地理信息可视化技术

1. 概念和形式

地理信息可视化是指利用地图学、计算机图形学、多媒体技术、虚拟显示技术和图像处理技术，将地学信息输入、处理、查询、分析以及预测的数据及结果采用图形符号、图形、图像，并结合图表、文字、表格、视频等可视化形式显示，并实现交互处理和显示的理论、方法和技术。

在GIS的发展历程中，一开始就十分重视利用计算机技术实现地理信息的图形显示和分析，以充分直观的表示地理信息处理分析的结果。地理信息可视化的形式主要有地图、多媒体地学信息、三维仿真地图、虚拟现实与虚拟地理环境等。它们都可以是GIS的界面。地理信息可视化技术方法主要有以下几种：

(1) 二维数据的可视化(又称几何图形法)

通过把三维图形透视变换映射成二维图形，即主要研究二维图形的显示算法，如用折线、曲线、网格线等几何图形表示数值的大小。包括：用等值线法表达地形、气温、降水量等；用矢量符号法表达气压梯度、梅雨峰线；用流线箭标图法表示洋流、气旋；用等值面法表达地形起伏。

(2) 色彩、灰度表示法

用色彩、灰度来描述不同区域的数值，例如数字图像法、区域填充渲染、地貌晕渲法等，如图5-31所示。

(3) 多媒体表示法

多媒体是计算机和视频技术的结合，一般理解为多种媒体的综合，即用图像、声音、动画等多媒体联合表示地学研究中的特殊现象，如洪水暴发、火山喷发、冰山漂移、海底扩张、污染物扩散。多媒体技术主要指计算机交互式综合处理多媒体信息——文本、表格、声音、图像、图形、动画、音频、视频，使多种信息建立逻辑连接并集成为一个整体概念，其是空间信息可视化的重要形式。

(4) 虚拟现实可视化

虚拟现实可视化指“由计算机和其他设备如头盔、数据手套等组成的高级人机交互系统，以视觉为主，也结合听、触、嗅甚至味觉来感知的环境，使人们有如进入真实的地理空间环境之中并与之交互作用”。虚拟现实具有3个最突出的特征，即交互性(interactivity)、想象性(imagination)和沉浸感(immersion)，称为“3I”特征。

2. 地理信息可视化过程

在计算机环境下，可视化的中心问题是科学家能够快速生成一系列相同或相关信息的图像，因此空间信息与可视化的关系是密切的。首先从GIS数据库中检索出要素、特征及定位信息；通过预处理后，从符号库读取符号信息，从字符库读取汉字及字符信息，从色彩库读取色彩信息，这就是符号化步骤；接着就可面向不同应用领域输出各种形式的可视化图形(包括地图)。地理信息可视化过程如图5-32所示。

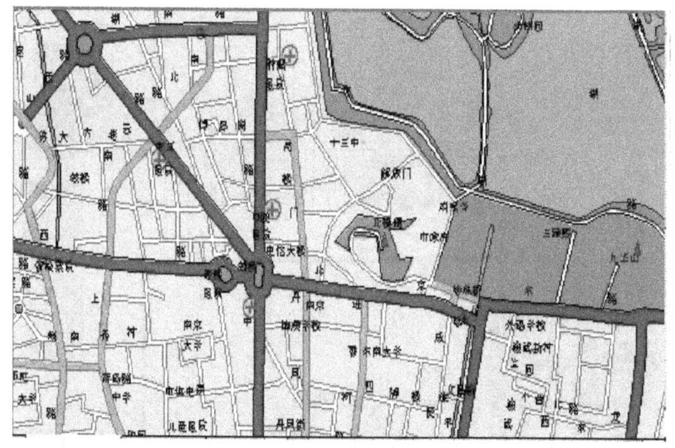

(a) 数字地图

(b) 地貌晕渲图

图 5-31　用数字图像、地貌晕渲表达地理信息

3. 电子地图

电子地图是利用计算机技术，以地图数据库为基础，以数字形式存储于计算机外存储器上，并能在屏幕上实时显示和查阅的可视地图（有时也称为“屏幕地图”和“数字地图”），它是地理信息可视化的主要形式。与纸质地图相比，电子地图最显著的特征是数据的存储与数据的显示相分离，由此产生电子地图的一系列新特点：动态性、交互探究性、超媒体结构。

电子地图包含了 GIS 的主要功能，但不是全部功能。电子地图侧重于可见实体的显示，其中较完善的空间信息可视化功能（电子地图具有实时地显示各种信息，具有漫游、动画、开窗、缩放、增删、修改、编辑等功能）和地图量算功能（电子地图能进行各种量算、数据及图形输出打印）是一般 GIS 所欠缺的。电子地图集是为了一定用途，采用统一、互

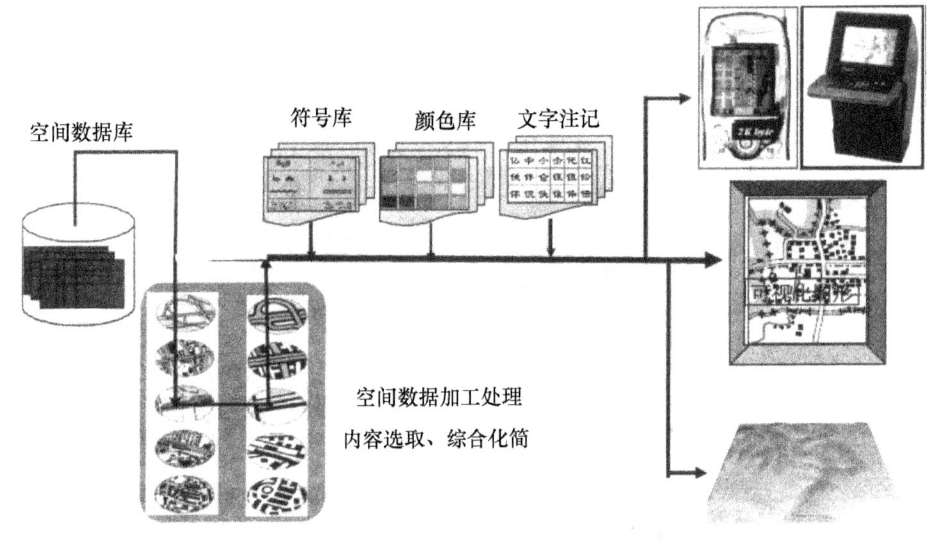

图 5-32 地理信息可视化过程

补的制作方法系统汇集的若干电子地图，这些地图具有内在的统一性，互相联系，互相补充，互相加强。虽然电子地图(集)作为一种新型的、内容广泛的 GIS 产品，其功能逐步完善；但是相对而言，一些电子地图(集)由于很难实现其可视子空间均具有统一的空间数学基础，因而相对于 GIS，其空间分析功能比较薄弱。这也是两者最主要的区别。

4. GIS 输出

GIS 不仅是一个可操作的信息处理系统，同时可以将其分析和处理的过程或结果以多种形式的信息产品输出，主要有：传统的纸质地图(集)，以数字形式存储的电子地图(集)以及统计表、文本、图表、数字模型等非地图形式的信息产品，如图 5-33 所示。

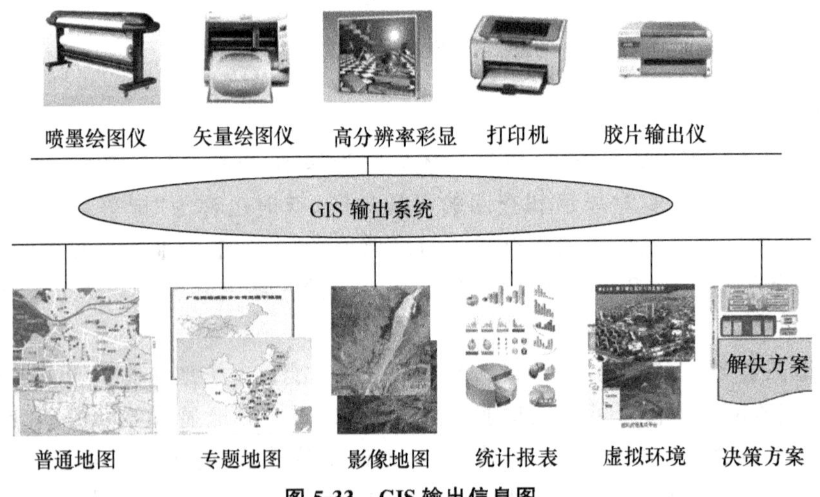

图 5-33 GIS 输出信息图

地图是空间实体的符号化模型,是地理信息系统产品的主要表现形式,常用的地图种类有普通地图和专题地图等。影像也是空间实体的一种模型,它不采用符号化的方法,而是采用人的直观视觉变量(如灰度、颜色、模式)表示各空间位置实体的质量特征。统计图表可表示非空间信息,统计图将实体的特征和实体间与空间无关的相互关系采用图形表示,它将与空间无关的信息传递给使用者,使得使用者对这些信息有全面、直观的了解。统计报表常用的形式有柱状图、直方图、扇形图、折线图和散点图等。虚拟现实是一门涉及众多学科的新的实用技术,它集先进的计算机技术、传感与测量技术、仿真技术和微电子技术于一体,是一个很有发展前景的新技术。地理信息系统产品的输出方式还包括屏幕显示、打印机输出、绘图机输出和电子地图显示等,其中电子地图的显示模块包括检索方式、属性查询、静态显示、动态显示、图形缩放、翻页和产品输出等功能。

5.4 空间信息模型分析

5.4.1 数字地面模型

(一) 数字地面模型的概念

数字地面模型(digital terrain model,DTM)是利用一个任意坐标场中大量选择的已知 x、y、z 的坐标点对连续地面的一个简单的统计表示,或者说,DTM是用数字形式描述地形表面的模型。实质上这是对地面形态和属性信息的数字表达。最初是为了高速公路的自动设计提出来的(Miller,1956);此后,它受到了极大的关注,并在测绘、土木工程、矿山工程、地质、景观建筑、道路设计、农业、防洪、规划、军事工程、飞行器与战场仿真等领域得到了广泛应用。

等高线模型表示高程,高程常常用来描述地形表面的起伏形态,高程值的集合是已知的,每一条等高线对应一个已知的高程值,这样一系列等高线集合和它们的高程值一起就构成了一种地面高程模型(如图5-34所示)。高程的数学意义是定义在二维地理空间上的连续曲面函数,当此高程模型用计算机来表达时称为数字高程模型(digital elevation model,DEM)。数字高程模型是通过有限的地形高程数据实现对地形曲面的数字化模拟,或者说是地形表面形态的数字化表示,或者说,当DTM模型中数字属性为高程时即为数字高程模型。DEM模型是DTM模型的一种特例。一般认为,DTM是描述包括高程在内的各种地貌因子,如坡度、坡向、坡度变化率等因子在内的线性和非线性组合的空间分布,其中DEM

图 5-34 等高线模型图

是零阶单纯的单项数字地貌模型，其他，如坡度、坡向及坡度变化率等地貌特征可在DEM的基础上派生。从测绘的角度看，DEM模型是新一代的地形图，它通过存储在介质上的大量地面点空间数据和地形属性数据，以数字形式来描述地形地貌（如图5-35所示）。

图 5-35 地质地形 DEM 模型图

（二）DTM 的数据结构

数据结构是数据之间的相互关系，即数据的组织形式。在软件设计中，不同的数据结构采用不同的算法，DTM 的数据结构对其构建也是非常重要的。

DTM 是由离散数据点构造生成的，最初在构造 DTM 时多采用离散点结构，目前常用的数据结构是格网结构，即将离散点连接成多边形格网。

1. 规则格网结构

规则格网结构是利用一系列在 X，Y 方向上都是等间隔排列的地形点的高程 Z 表示地形，形成一个规则格网。规则格网通常是正方形，也可以是矩形、三角形等规则格网。离散的原始数据点按插值算法算出规则形状结点的坐标，每个结点坐标有规律地放在DTM中。如航测内业的采点一般是按格网结构进行。

规则格网结构的优点是可以用统一的算法完成检索和插值计算，数据存储量小、便于使用与管理；缺点是不能准确表示地形的结构与细部。为避免这些问题，可采用附加地形特征数据，如地形特征点、山脊线、谷底线、断裂线，以描述地形结构。格网 DEM 的另一个缺点是数据量过大，给数据管理带来了不方便，通常要进行压缩存储。

2. 不规则三角网结构

不规则三角网（triangulated irregular network，TIN）结构指将野外采集的地貌特征点按一定规则连接成覆盖整个区域且互不重叠的许多三角形，三角形的形状和大小取决于不规则分布的测点或节点的位置和密度，并构成一个不规则三角网表示的DTM，称为三角网 DTM。不规则三角网是以原始数据的坐标位置作为网格的结点，因而它克服了规则网格结构的不足，能够避免地形平坦时的数据冗余，又能按地形特征点如山脊、山谷线、地形变化线等表示数字高程特征。因为 TIN 可根据地形的复杂程度来确定采样点的密度和位置，能充分表示地形地貌特征的点和线，表示复杂地形表面比矩形格网精确，近年来得到了很好的发展。

TIN 的数据存储方式比格网 DEM 复杂，它不仅要存储每个网点的高程，还要存储其平面坐标、网点连接的拓扑关系，三角形及邻接三角形等关系信息。常用的 TIN 存储结构有以下三种形式：直接表示网点邻接关系，直接表示三角形及邻接关系；混合表示网点及三角形邻接关系。

3. Grid-TIN 混合网结构

Grid-TIN 混合形式的 DTM，即在一般地区使用矩形格网数据结构，再沿地形特征线附加三角网数据结构。综合了二者的优点，克服其两方面的不足，具有更大的灵活性。

5.4.2　DTM 模型的建立

建立 DTM 的方法有多种。从数据源及采集方式有：

① 直接从地面测量，例如用 GPS、全站仪、野外测量等；

② 根据航空或航天影像，通过摄影测量途径获取，如立体坐标仪观测及空三加密法、解析测图、数字摄影测量等等；

③ 从现有地形图上采集，如格网读点法、数字化仪手扶跟踪及扫描仪半自动采集，然后通过内插生成 DTM 等方法。

DTM 内插方法很多，主要有整体内插、分块内插和逐点内插三种。整体内插的拟合模型是由研究区内所有采样点的观测值建立的。分块内插是把参考空间分成若干大小相同的块，对各分块使用不同的函数。逐点内插是以待插点为中心，定义一个局部函数去拟合周围的数据点，数据点的范围随待插位置的变化而变化，因此又称移动拟合法。有规则格网结构和不规则三角网两种算法。目前常用的算法是 TIN，然后在 TIN 基础上通过线性和双线性内插建 DTM(如图 5-36)。

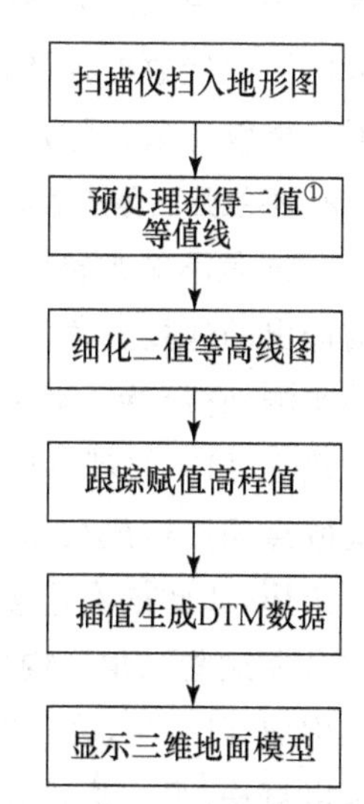

图 5-36　DTM 模型的建立图

1. 矩形格网的建立

矩形格网是将区域平面划分为相同大小的矩形单元，以每个单元的顶点作为 DTM 的数据结构基础。数字测图中，外业采集的离散点分布是不规则的，获取矩形单元顶点的高程值常用插值算法。

① “二值”就是将图像上的像素点的灰度值设置为 0 或 255，也就是将整个图像呈现出明显的只有黑和白的视觉效果。而“二值等高线法”是指把具有相同等高距的高程等级用黑色和白色交替表示，定义黑白的交界线为等高线。这个等高线没有宽度。

(1) 线性插值算法

在插值点(格网点)P 附近找出3个最邻近的采样点,其相应的三维坐标测量值为 $P_1(x_1,y_1,z_1)$,$P_2(x_1,y_1,z_1)$,$P_3(x_1,y_1,z_1)$,用此三点构成一个平面,作为插值的基础,计算 $P(x,y)$的相应高程,即

$$Z = a_0 + a_1 x + a_2 y$$

式中 a_0,a_1,a_2 为平面方程的系数,可用三个相邻的已知点求出。线性插值计算方法简单,速度快,适用于平坦地区建立DTM。

(2) 多项式插值算法

多项式插值是采用多项式 $z=f(x,y)$拟合的曲面来表示被插点 P 附近的地形表面,一般采用二次多项式模型来拟合,通常有下面几种形式:

四参数多项式插值　$z=f(x,y)=a_0+a_1x+a_2y+a_3xy$;

五参数多项式插值　$z=f(x,y)=a_0+a_1x+a_2y+a_3x_2+a_4y_2$;

六参数多项式插值　$z=f(x,y)=a_0+a_1x+a_2y+a_3xy+a_4x_2+a_5y_2$。

上述各式中待定系数可利用被插值点附近的已知高程的离散点三维坐标来确定。

另外,还有最小二乘插值、样条曲面函数插值、距离加权平均插值、多层曲面平均插值等方法。用规则方格网高程数据记录地表起伏,其优点是(x,y)位置信息可隐含,无需全部作为原始数据存储,由于是规则网高程数据,以后在数据处理方面比较容易;缺点是数据采集较麻烦,因为网格点不是特征点,一些微地形可能没有记录。

2. 不规则三角形格网(TIN)的建立

TIN是不规则格网中最基本的一种,它是利用测区内野外测量采集的所有地貌特征点构造出的邻接三角形组成的格网形结构,TIN中的每一个三角形顶点的数据元素都由野外实测,它保持了细部点的原始精度,从而使整个建模精度得到保证。

建立TIN的基本过程就是根据实测的地形特征点按照“就近连接原则”将邻近的三个离散点相连构成初始三角形,再以该三角形的三条边为基础连接与其相邻的点组成新的三角形,如此依次连接直到所有三角形都无法扩展成新的三角形,所有实测的地形点都包含在这些三角形构成的三角网中为止。

构成TIN时,由于取相邻离散点的判断准则不同,就产生了不同的算法,常用的有最近距离算法、最小边长算法、泰森多边形算法等。在建立TIN的过程中,还必须考虑特殊地貌和地物对TIN结构的影响。

TIN结构数据的优点是能以不同层次的分辨率来描述地表形态。与格网数据模型相比,TIN模型在某一特定分辨率下能用更少的空间和时间更精确地表示更加复杂的表面。特别当地形包含有大量特征如断裂线、构造线时,TIN模型能更好地顾及这些特征。

5.4.3 GIS空间分析

(一) GIS空间分析的概念

空间分析是指以地理事物的空间位置和形态为基础，基于空间数据的分析技术，以地学原理为依托，通过分析算法，从空间数据中获取有关地理对象的空间位置、空间分布、空间形态、空间形成和空间演变等信息，简言之，空间分析就是利用计算机对数字地图进行分析，从而获取和传输空间信息，其分析的结果依赖于事物的空间分布，并面向最终用户。空间数据分析的目的是为用户提供一套空间数据的分析方法，进而解决与地理空间相关的某种问题，通常涉及多种空间分析操作的综合操作。空间分析是GIS的核心功能，是GIS的主要特征与评价GIS软件的主要指标之一，也是区别于计算机地图制图的显著特征。

空间数据分析的一般步骤如下：首先，明确分析的目的和评价准则并准备分析数据，然后进行空间分析操作，进行结果分析，最后解释、评价结果并将结果以地图、表格和文档等形式输出。

(二) GIS空间信息分析的基本方法

为了满足特定空间分析的需要，应对原始图层及其属性信息进行一系列的逻辑或代数运算，以产生新的具有特殊意义的地理图层及其属性，这个过程称为空间分析。下面我们将根据GIS处理的对象来界定几种常见的空间分析方法：

1. 基于图的分析

基于图的分析在现有的GIS软件中已比较成熟，主要包含以图形操作为主的空间缓冲区分析、空间叠置分析、网络分析、矢量数据的包含分析、邻域分析及空间插值等。

(1) 空间缓冲区分析

空间缓冲区分析(buffer analysis)是指根据分析对象的点、线、面实体，自动建立其周围一定宽度范围以内的缓冲区多边形，并对该多边形内的空间数据按一定的数学模型进行计算分析，用以识别这些实体或主体对邻近对象的辐射范围或影响度，以便为某项分析或决策提供依据，进而产生用户需求的结果或回答用户提出的问题。空间缓冲区有三大要素，即主体、邻近对象和作用条件。缓冲区实际上是独立的多边区域，它的形态和位置与原来因素有关，如图5-37所示。

① 点的缓冲区。基于点要素的缓冲区，通常指以点为圆心、以一定距离为半径的圆。如建立污染源缓冲区，该区不能有饮用水源通过。

② 线的缓冲区。基于线要素的缓冲区，通常是以线为中心轴线，距中心轴线一定距离的平行条带多边形。如公路噪声污染，在公路两侧建立缓冲区，该区内不建立居民区；为防止水土流失，河流两侧建立缓冲区，该区内森林不许砍伐。

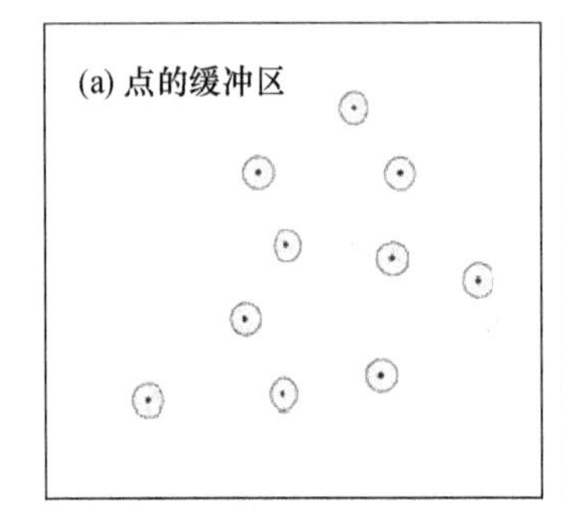

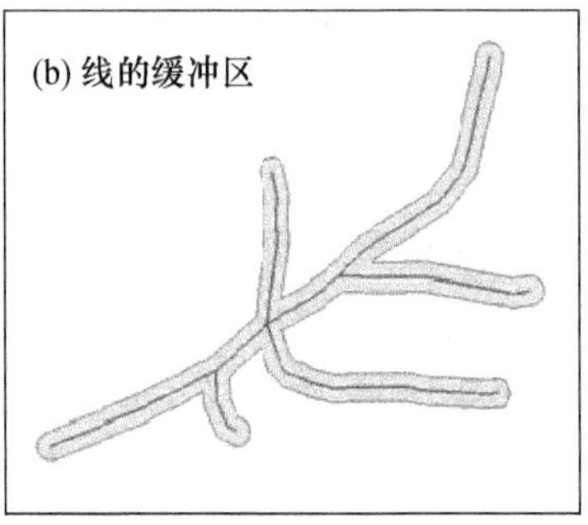

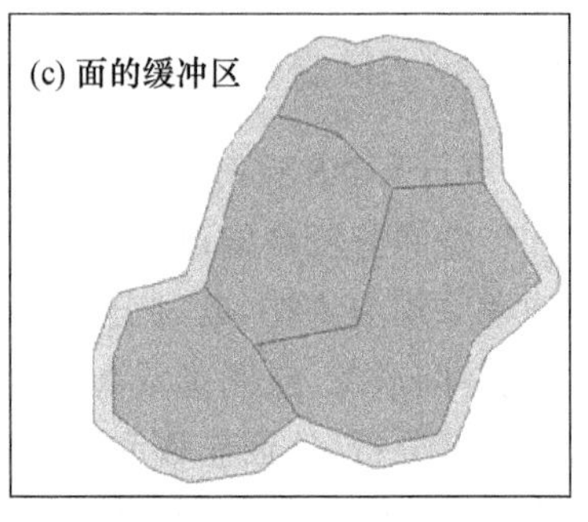

图 5-37 不同的缓冲区分析图

③ 面的缓冲区。基于面要素多边形边界的缓冲区,向外或向内扩展一定距离以生成新的多边形。如环城封闭高速公路,周围一定范围内无小学校;湖泊周围一定范围内为水源涵养林,该区内森林限制砍伐。

(2) 空间叠置分析

空间叠置分析(overlay analysis)是指在统一空间参照系统条件下,每次将同一地区两个地理对象的图层进行叠置,以产生空间区域的多重属性特征,或建立地理对象之间的空间对应关系(如图 5- 38 所示)。

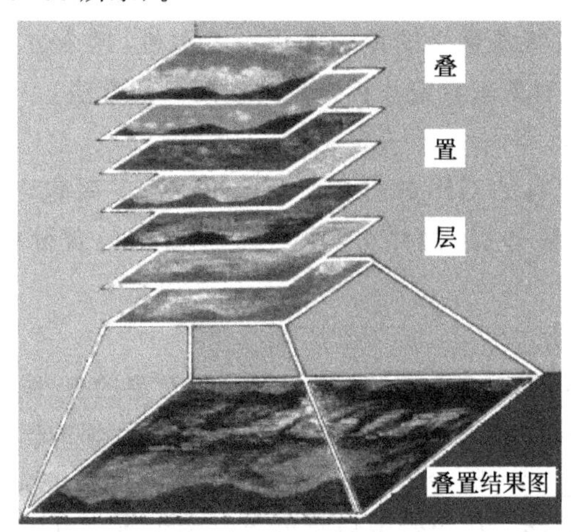

图 5-38 空间叠置分析

空间叠置分析根据叠置对象图形特征的不同,可分为视觉叠置、矢量图层叠置和栅格图层叠置三种类型。其中矢量图层叠置又分为点与多边形的叠置、线与多边形的叠置和多边形与多边形的叠置。

① 视觉叠置

将不同含义的图层经空间配准后叠置显示在屏幕或图件上,研究者通过目视获取更多的空间信息,不产生新的图层。

② 矢量图层叠置

● 点与多边形叠置(point-in-polygon overlay)。点与多边形叠置实际上是通过坐标计算点层中的矢量点与面层中的多边形的包含关系,确定每个多边形内有多少个点,不但要区分点是否在多边形内,同时还要将多边形的属性连接到点上(如图 5-39(a))。

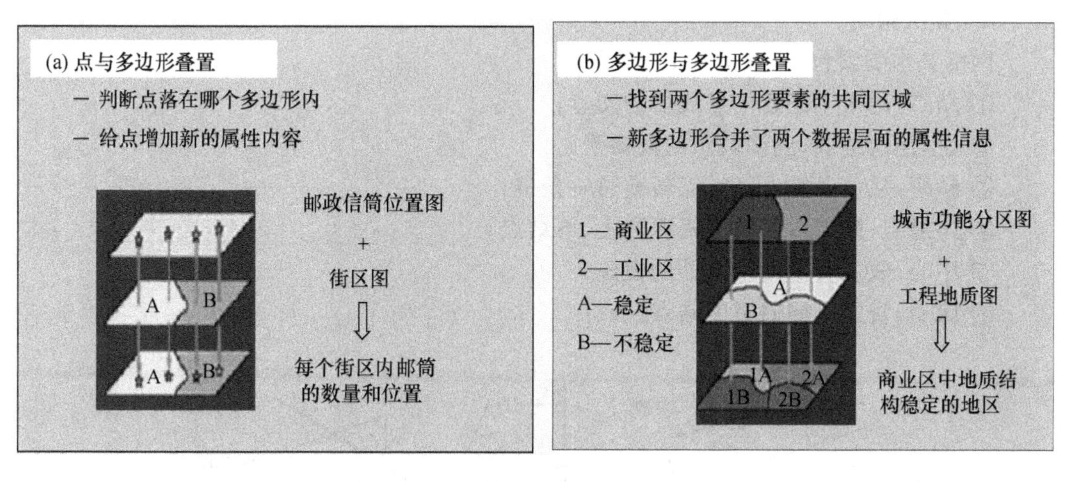

图 5-39 几种不同的叠置方法图

● 线与多边形叠置(line-in-polygon overlay)。通过计算比较线上坐标与多边形弧段坐标的关系,判断线是否落在多边形内。通常是计算线与多边形的交点,只要相交则产生一个结点,将原线分成一条条弧段;并将原线和多边形的属性信息一起赋给新弧段。并产生一个新图层—每条线被它穿过的多边形分成新弧段的图层。例如当线状图层为公路,叠加的结果是多边形将穿过它的所有公路打断成弧段,可以查询任意多边形内的公路长度,进而计算它的公路密度等。

● 多边形与多边形叠置。多边形与多边形的叠置分析是指将同一地区、同一比例尺的两组或两组以上多边形图层进行叠置以产生一个具有多重属性的新多边形图层的操作(见图 5-39(b))。其中被叠置的多边形为本底多边形,用来叠置的多边形为上覆多边形。

多边形叠置分析的基本处理方法是根据两组多边形边界的交点来建立具有多重属性的多边形。叠置的目的或是确定同时具有几种属性的分布区域,或是计算某一要素在另一要素中的特征等等。

③ 栅格图层叠置

栅格图层叠置只将对应栅格单元的属性作某种运算得到新图层属性,而不受其邻近点的属性值的影响。其属于"点对点"的叠置运算(单点变换),包括算数运算、布尔运算、统计运算等。参与叠置的各图层必须是存在数学意义时才能进行数学运算,例如土壤侵蚀强度与土壤可蚀性,坡度,降雨侵蚀力等因素有关,可以根据多年统计的经验方程,把土壤可蚀性、坡度、降雨侵蚀力作为数据层面输入，通过数学运算得到土壤侵蚀强度分布图。

(3) 网络分析操作

网络由一组线状要素(一系列连接的弧段)相互连接组成的，是物质、信息流通的通道，非计算机网络。

网络基本要素包括(如图5-40所示)：

① 结点，网络中任意两条线段的交点；

② 链，连通路线，连接两点的段要素；

③ 转弯，从一条链上经结点转向另一条链；

④ 停靠点(站点)，网络中资源的上、下结点；

⑤ 中心，收发资源的结点处的设施；

⑥ 障碍，资源不能通过的结点。

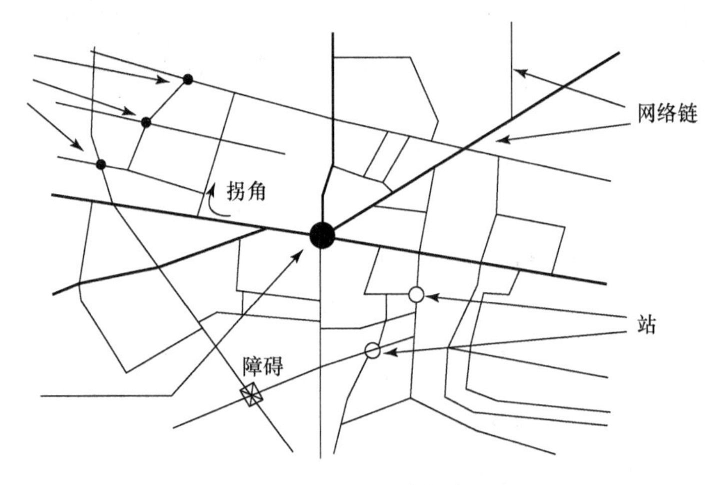

图5-40 空间网络的构成元素

在GIS中，网络分析(network analysis)是指依据网络拓扑关系(结点与弧段拓扑、弧段的连通性)，通过考查网络元素的空间及属性数据，以数学理论模型为基础，对网络的性能特征进行多方面研究的一种分析计算。

对地理网络、城市基础设施网络等进行地理分析和模型化，是地理信息系统中网络分析功能的主要目的。GIS软件提供的网络分析功能主要包括：选择最佳路径、最佳布局中心、地址匹配以及网络流分析等。所谓最佳路径，是指从始点到终点的最短距离或花费最少的路线(如图5-41所示)；最佳布局中心位置，是指各中心所覆盖范围内任一点到中心的距离最近或成本花费最小；地址匹配实质是对地理位置的查询，它涉及地址的编码。地址匹配与其他网络分析功能结合起来，可满足实际工作中非常复杂的分析要求。其所需输入的数据，包括地址表和含地址范围的街道网络及待查询地址的属性值；网流量是指网络上从起点到终点的某个函数，如运输价格、运输时间等。

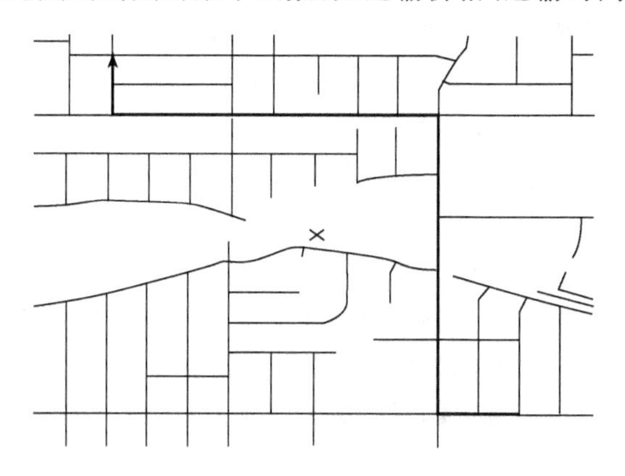

图 5-41　城市两点间最佳路径

网络分析，其基本思想则在于人类活动总是趋向于按一定目标选择达到最佳效果的空间位置。首先要建立网络路径的拓扑关系和路径信息属性数据库，即需知道路径在网络中如何分布和经过每一段路径需要的成本值，才能进行后续分析。因此网络分析的用途很广泛，如公共交通运营线路选择和紧急救援行动线路的选择等，与网络最佳路径选择有关；当估计排水系统在暴雨期间是否溢流及河流是否泛滥时，需要进行网流量分析或负荷估计；城市消防站分布和医疗保健机构的配置等(如图 5-42 所示)，可以看成是利用网络和相关数据进行资源的分配等。这类问题在生产、社会、经济活动中不胜枚举，研究此类问题具有重大意义。

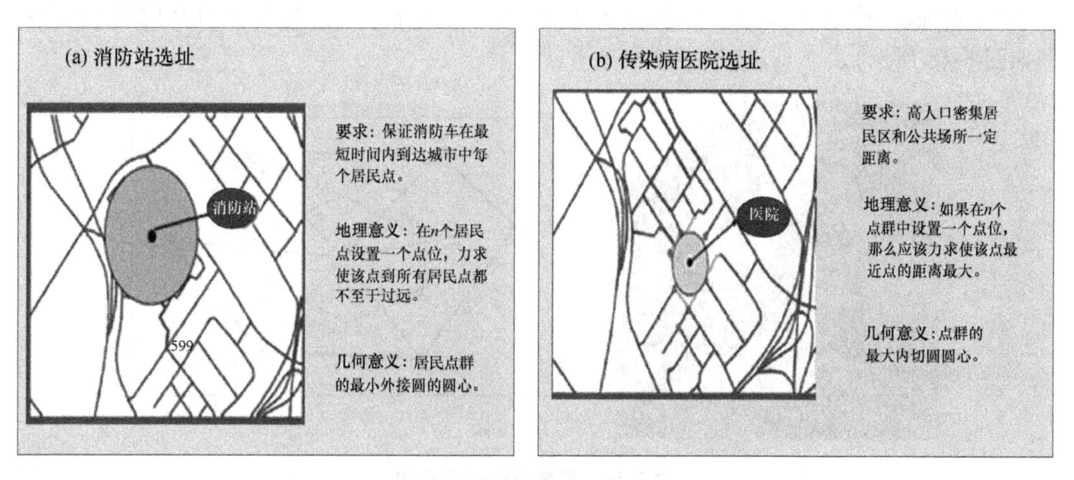

图 5-42　网络分析的选址应用

(4) 矢量数据的包含分析

矢量数据的包含分析是解决点、线、面之间是否存在直接联系的一种方法，这是 GIS 分析中实现图形、属性检索的前提和基本方法。例如：确定某一矿区属于哪个行政区，确定某条河流经过那些区域等。利用包含分析，还可以实现地图的自动分色以及区域内容的自动计数等。例如：确定某区域内矿井的个数，属于点与面的包含分析；确定某县境内公路的类型以及不同级别道路的里程，是线与面的包含分析。

(5) 邻域分析

邻域分析是通过空间点周围的邻点，或某特定位置及方向范围内的某种性质的邻点，对其进行分析的一种方法。这种分析方法涉及数据及其邻点之间的相互关系。邻域分析操作是对于目标点规定的邻域范围内的变量建立函数进行特征化来表达目标的特征或某范围内的属性，对该范围内的目标进行统计，以其统计的总值、平均数、中值、标准差、方差等为该范围的属性值。

从广义上讲，地理信息系统处理图像的很多方法都涉及邻域特性，如空间数据的插值和逼近，空间数据的压缩，空间数据的平滑，空间数据扩展性和连通性分析，数字地形模型分析，等值线分析，图像的细化、增强、分割等。这里所说的邻域分析，强调的是邻域几何分析，因此以泰森多边形为例进行叙述。

① 泰森多边形定义

泰森多边形分析法是荷兰气象学家 A. H. Thiessen 提出的一种分析方法，最初用于从离散分布气象站的降雨量数据中计算平均降雨量。该方法将所有相邻气象站连成三角形，做这些三角形各边的垂直平分线，于是每个气象站周围的若干垂直平分线围成一个多边形。用这个多边形内所包含的一个唯一气象站的降雨强度来代表这个多边形区域的降雨强度，称这个多边形为泰森多边形，可用于定性分析、统计分析和临近分析等(如图 5-43 所示)。

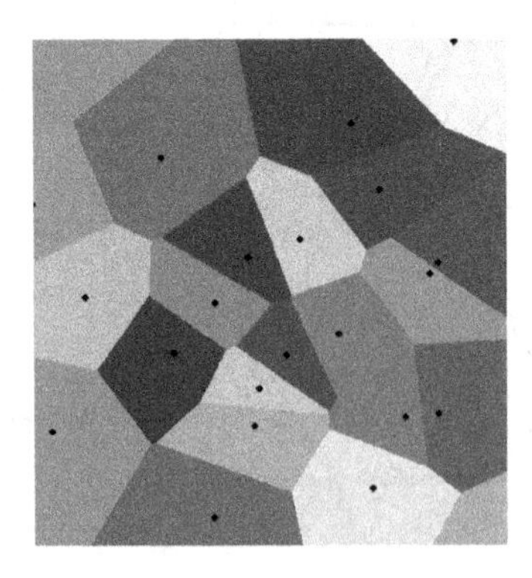

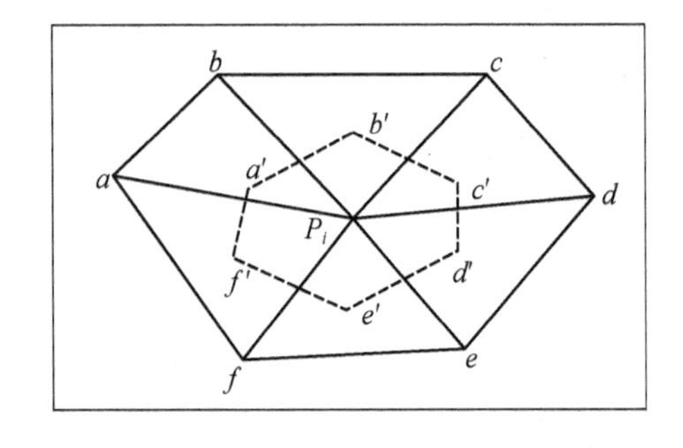

图 5-43 泰森多边形示意图

② 泰森多边形生成

设平面有 n 个互不重叠的离散数据点，则其中任意一个离散数据点 P_i 都有一个临近范围 B_i，在 B_i 中的任一点同 P_i 点间的距离都小于它们同其他离散数据点间的距离，其中 B_i 是一个不规则多边形，称为泰森多边形。

如图 5-43 所示，将 P_i 点分别同周围多个离散点 a,b,c,d,e,f 相连，然后分别作直线的垂直平分线，这些垂直平分线相交组成的多边形，即为 P_i 的邻近范围，即泰森多边形 $a'b'c'd'e'f'$。

③ 泰森多边形特点

第一，每个多边形内仅包含一个离散数据点；第二，多边形内任一点 $k(x,y)$ 同 P_i 间的距离总小于它同其他离散点 $P_j(x_j,y_j)$ 之间距离，即 $[(x-x_i)^2+(y-y_i)^2]^{1/2}<[(x-x_j)^2+(y-y_j)^2]^{1/2}$；第三，泰森多边形的任一顶点必有三条边与它连接，这些边是相邻 3 个泰森多边形两两拼接的公共边；第四，泰森多边形的任意一个顶点周围存在 3 个离散点，将其连成三角形后其外接圆的圆心即为该顶点，该三角形称泰森三角形。

(6) 空间插值

空间插值用于将离散点的测量数据转换为连续的数据曲面，以便与其他地理现象的空间分布进行比较，它包括空间内插和外推两种算法。

空间内插算法是一种通过已知点的数据推求同一区域其他未知点数据的计算方法；空间外推算法则是通过已知区域的数据，推求其他区域数据的方法。在 GIS 软件中，常用两种方式进行空间插值：一是整体插值，即用研究区整体采样点的数据进行全区特征拟合；二是局部插值，即仅仅应用邻近的采样点来估计未知点的值(详见 6.2.3 节)。

2. 基于数据的分析

空间统计学是这一部分的理论基础。空间统计学又称地理统计学，最初用来估计矿物的空间聚集与可探明储量。它包括一整套分析技术，如各种克里格内插方法、多变量空间统计和模糊空间统计、优化采样设计等。此外，还应引起重视的一种方法是基于探索性数据分析的空间探索性数据分析，即利用统计学原理和图形图表相结合对空间信息的性质进行分析、鉴别，用以引导确定模型的结构和解法。与一般数据探索分析的主要区别在于它考虑了数据的空间特性(如空间依赖性和空间异质性)。

总之，基于数据的分析都是数据驱动的。利用采样数据来选择变量、分析变量之间的关系并进一步得出函数关系式来描述事件的发生规律。

5.4.4　空间分析模型方法

随着 GIS 的发展，越来越多的 GIS 软件被相关领域采用，其范围也由最初传统简单的单一制图、空间数据管理等应用逐渐向空间分析、决策等高级复杂的应用发展。如在一些评价模型的确定以及生态建设工程选址的优化方面，都需要进行空间分析与建模。

(一) 空间分析模型的概念

空间分析模型指用于GIS空间分析的数学模型,其是在空间数据基础上,通过作用于原始数据和派生数据的一组顺序的、交互的空间分析操作命令,对空间决策过程进行模拟,从而建立对现实世界科学体系问题域抽象的空间概念模型。空间分析模型是对空间分析过程进行模拟,属于过程模型。

(二) 空间分析与应用模型的关系

空间分析和应用模型是两个层面上的问题,空间分析为复杂的空间模型的建立提供基本的分析工具,应用模型是指在某一专业领域对解决具体问题所采用的分析方法和操作步骤的抽象,它可用于解决同类问题或为解决相似问题提供参考,其是对空间分析的应用和发展(见图5-44)。

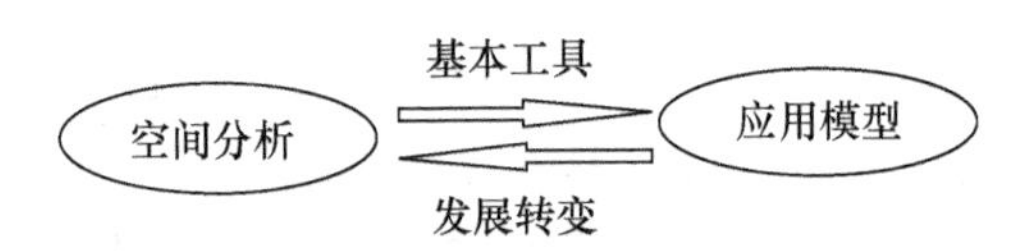

图5-44 空间分析与应用模型的关系

空间分析是基本的、解决一般问题的理论和方法,而一般应用模型是在实践经验积累的基础上发展起来的,它的解决应以空间分析的基本方法和算法模型为基础,并用于解决一些需要专家知识才能解决的问题。

(三) 空间分析模型的分类

空间分析的模型可分为模拟式模型、符号模型和图形图像模型三类。

1. 模拟式模型:对真实情景或事物进行模拟

模拟是对真实事物或者过程的虚拟,其关键问题包括有效信息的获取、关键特性和表现的选定、近似简化和假设的应用以及模拟的重现度和有效性。模拟应能表现出选定的物理系统或抽象系统的关键特性。通常可以将仿真认为是一种重现系统外在表现的特殊的模拟。

2. 符号模型:从抽象思维开始,然后用符号描述

不同的事物可用不同的符号来表示,这些符号不仅能简单明了地表示事物,且可避免由于事物外形不同以及由于表达事物的文字语言不同而引起的混乱。例如二氧化碳是我们熟悉的物质,但我们却无法看到构成二氧化碳气体的分子,因而人们就用“C”表示碳原子,用“O”表示氧原子,原子的个数表示在字母的右下角,即“CO_2”来表示二氧化碳的分子式。

3. 图形图像模型:二维图像(形),三维图形(像)

当前,GIS的研究成果和应用系统主要集中于描述二维空间信息,各项技术已较为成熟。但由于二维地理信息系统将实际的三维实体采用二维方式表示,具有很大的局限性,大量的多维空间信息无法得到利用。随着地理信息系统技术的进一步发展,人们越

来越关心三维空间分析。

二维和三维的本质区别在于数据分布的范围，空间实体的描述在几何坐标上增加第三维的信息——垂向坐标信息。三维空间分析除了对空间对象的位置坐标进行分析外，更重要的是对第三维坐标的分析。利用基础地形数据生成三维地形透视图是当代地理信息系统研究的一个重要内容，可模拟仿真实地环境，并在此基础上进行三维空间分析。三维空间分析不仅包括对空间实体的三维显示（如图 5-45 所示）、查询，坡度、坡向、地表粗糙度、地表复杂度、地表曲率等地形属性的计算和提取；还可以应用到其他领域，如降水分析、土壤酸碱度分析、气温分析、可视域分析、水文分析等。

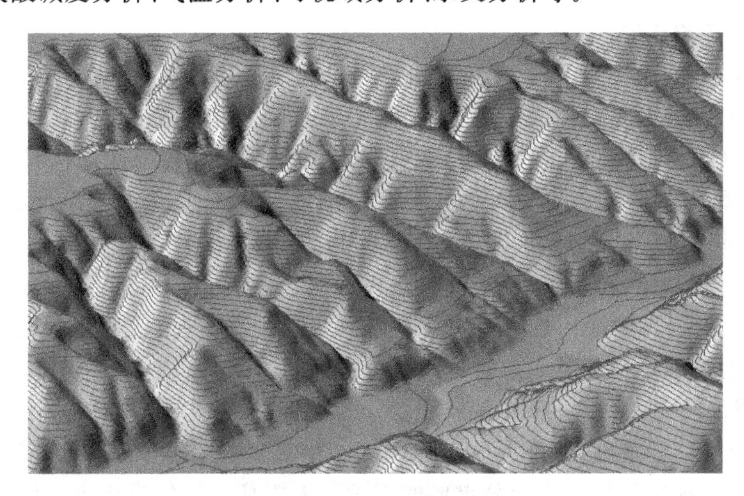

图 5-45　地形的三维显示与分析

（四）空间分析建模

空间分析建模是对空间分析模型进行建模的过程，它是综合分析处理和应用空间数据的有效手段，也是开发分析决策型 GIS 不可或缺的步骤。空间分析建模又称为"地图建模"，其建立在对图层数据的操作上。当前应用较广泛的 GIS 软件都能提供一些基础的空间分析模型，例如缓冲区分析模型、叠加分析模型等。空间分析建模也支持针对具体问题进行建模的功能，但是功能较弱。目前，空间分析建模方法主要有 GIS 环境内的二次开发语言建模法、插件技术建模法、基于 GIS 外部松散耦合式建模法、混合型建模法和基于面向目标的图形语言建模法。因此，在具体建模过程中，一般是通过地理信息系统与环境模拟系统相结合的方式来进行研究。

（五）空间动态建模

空间动态建模是指地球表面特定位置上的某些属性或状态，因其驱动力随时间变化而发生改变的一种数学模拟。从计算的角度考虑，利用空间动态模型可以求得各空间单元随时间序列信息或驱动力的变化而产生的新状态或属性值。各时刻的状态或属性可以用计算机以动态的形式进行显示，其实质仍然是图形代数和地图模型的自然延伸。但由于GIS空间分析功能语义限制以及较弱的空间建模功能，不能直接支持空间动态建模的操作语言，所以，目前很多模型都是在GIS支持下，经过扩展或修改，采取与GIS相互结合的方式实现。GIS与空间动态模型的结合一般有松散结合、交互界面和镶嵌结合三种方式。

5.5 地理信息系统工程与标准化

5.5.1 地理信息系统(GIS)工程

(一) GIS工程概述

GIS工程是运用系统工程原理和方法研究地理信息系统建设开发的方法、工具和管理的一门工程技术，简言之，GIS工程即研制GIS所需要的思想、技术、方法和理论等体系化的总称。GIS的开发建设和应用是一项系统工程，涉及系统的最优设计、最优控制运行、最优管理，以及人、财、物资源的合理投入、配置和组织等诸多复杂问题。需要运用系统工程、软件工程等的原理和方法，结合空间信息系统的特点实施建设。GIS工程的目标在于研究一套科学的工程方法，并与此相适应，发展一套可行的工具系统，解决GIS建设中的最优问题，即解决GIS系统的最优设计、最优控制和最优管理问题，力求通过最小的投入，最合理地配置资金人力物力而获得最佳的GIS产品。

GIS工程涉及因素众多，概括起来可以分为硬件、软件、数据及人4个方面：硬件是构成GIS系统的物理基础；软件形成GIS系统的驱动模型；数据是GIS系统的血液；人则是活跃在GIS工程中的另一个十分重要的因素。人既是系统的提出者，又是系统的设计者、建设者，同时还是系统的使用者、维护者。如果人的作用发挥得好，可以增强系统的功能，增加系统的效益，为系统增值；反之，会削弱系统应有的潜能。如果说硬件、软件、数据表现出某种层次关系的话，即软件构筑于硬件之上，数据赖以软件而存在，那么，人的作用就是嵌入在整个GIS工程领域之中。

(二) GIS开发的系统工程方法

GIS工程的建设从计划立项到产品运行涉及多个环节，参照其他系统的研制过程，用工程化的方式有效地管理GIS建设的全过程，可分为以下6个阶段：可行性研究、用户需求分析、系统总体设计、系统详细设计、系统实现、运行与维护。这6个阶段可看做是GIS工程建设的生命周期，尽管系统开发随应用领域不同功能要求不同而千差万别，但开发过程仍要遵循这样几个步骤，只是各阶段的具体内容有所差别。

1. 可行性研究

这是系统建设的初始阶段，这个阶段要回答的关键问题是：对于这一阶段所确定的问题有可行的解决办法或值得做吗？可行性研究应该导出系统的高层逻辑模型，并且在此基础上更准确、更具体地确定工程规模和目标。然后分析员更准确地估计系统的成本和效益，对建议的系统进行仔细的成本/效益分析是这个阶段的主要任务之一。可行性研究的结果是部门负责人决定是否进行这项工程的重要依据。

项目计划确定之后，即开始对系统进行可行性调查研究、论证，主要任务如下：

(1) 确定系统的总体目标

我们可以把 GIS 的应用分为三个层次：第一个层次是空间数据库，以能进行空间检索为基本要求；第二个层次是在空间数据库基础上的应用系统，以能进行空间分析为基础，如基于 GIS 的辅助设计系统(CAD)、办公自动化系统(OA)；第三个层次是在前两个层次基础上的各类专家系统(ES)，如基于 GIS 的城市总体规划系统。经过可行性研究确定所建系统处于哪一个层次，主要根据系统建设规模、服务对象的要求、系统建设周期长短、GIS 技术发展水平、系统建设硬软件环境等因素确定。建设系统的规划总目标应切实可行，如果大型系统建设周期较长，可以分阶段实施，分别制定近期工程和中远期工程的建设目标。

(2) 数据资源的调查分析

数据是 GIS 运行的"血液"，在很大程度上决定了系统运行的成功与否，在系统正式建设之前需要对数据资源进行调查、统计、分析，包括系统建设要涉及哪些部门、哪些领域的数据资料，图形数据、表格数据、文字资料是否齐全，精度要求如何，数据的规范性如何，能否适用于计算机管理，数据的现势性如何等。基础空间信息数据作为空间定位的参照体系，在数据资料中处于特别重要的地位，对于研究区域的系列地形图基础信息数据资料应做周密的调查分析。

(3) 资金财力的调查分析

GIS 建设是一项耗资极大的系统工程，需要有足够的资金财力保证系统的建设实施，资金投入往往决定系统建设规模。对 GIS 开发及维护时期的资金占有情况要作充分的预测估算，对资金在硬软件资源、数据录入建库、系统管理几部分的分配要制定合理的分配方案。

(4) 技术力量的调查分析

在 GIS 建设中，人是最具主导地位的要素。因为不仅需要相当数量的各种层次各种专业的技术人员与管理人员来建设 GIS，同时需要具有一定专业技能的用户来运行 GIS，而且在系统开发时期与运行维护时期不同的人员对 GIS 也有不同的要求。根据系统规模大小和系统的专业领域，对技术力量的数量与结构进行分析，确定系统建设顺利实施的可保证程度。

(5) 系统建设时机的把握

一个大型的 GIS 工程，无论其总体目标处于哪一层次，都对运行环境(部门结构、办公程序)有一个相对稳定的要求。理想的时机是系统建设应稍滞后于机构改革和办公程序的变更。

(6) 建成系统运行效益分析

分析按照既定目标建成的系统是否具有显著的社会效益和经济效益，对用户作业领域的管理水平是否有很大程度提高，能否满足用户的期望要求。预测系统运行的生命力如何，建成系统在向外提供信息咨询，向有关用户输出图形产品等运作过程中所获取的经济效益如何。对系统的运行效益预测分析要实事求是，它是可行性研究的总结性结果，是上层决策人员作出决策的重要依据。

可行性研究阶段要做的工作繁多，需要 GIS 开发人员与用户和领导决策人员充分接触，必要时应对领导决策人员和用户进行 GIS 入门的培训学习。深入调查后找出建设系统的有利和不利因素，全面听取正反两方面意见，正确分析系统建设中所面临的困难。提交的可行性研究报告要实事求是，证据充分。最后，组织各方面专家进行论证，作出最终决策。

2. 用户需求分析

用户需求分析阶段的任务就是根据 GIS 的应用领域和服务对象，把来自用户的信息加以分析、提炼，最后从功能、性能上加以描述，也即系统分析员从逻辑上定义系统功能，解决“系统干什么”的问题，抛开了具体的物理实现过程，暂不解决“系统如何干”的问题。用户需求分析的结果是要获得 GIS 系统的逻辑模型，这一阶段是系统建设成败的关键。有研究表明，软件系统中的错误主要产生于软件开发的早期，即分析或设计阶段，这类错误的影响将是持久的，而且，在开发后期才发现和修改这类错误则要比在前期付出高 10 倍到 100 倍的代价。

所以，详细充分地用户需求分析是必需的。由于用户需求涉及的因素较多，而用户与软件人员之间由于背景知识、看待问题的角度等的差异，对需求的描述和理解可能会不完备或存在不一致。在实际工作中，用户的需求还常常随外部条件或内在因素的变动而呈现易变的特点。充分的需求分析及系统分析可以最大限度地消除用户与软件人员之间的不一致。详细的系统设计和代码设计可以提高软件的质量，增强系统的可移植性，提高工作效率。

此阶段主要任务包括：① 弄清用户现行业务的运作过程，定义用户需求逻辑功能；② 详细分析数据的加工处理过程——数据流程图分析；③ 对空间数据、属性数据进行定义——数据字典设计；④ 用户需求分析报告的撰写。

3. 系统总体设计

系统设计是 GIS 建设的核心阶段，根据设计的层次深度分为总体设计与详细设计，系统总体设计的任务如下：

(1) 确定子系统的划分

一个大型的 GIS 往往要根据一定要求划分成若干子系统，划分的依据有：① 功能的聚散程度；② 运行过程邻近性；③ 数据的共享；④ 行政管理机构的设置。系统设计时，单从面向用户考虑，往往只根据业务部门管理机构的设置划分子系统，一个部门对应一个子系统。当部门的职能范围和管理体制不科学不合理，机构设置不够稳定时，会给系统建设带来极大的困难，因此，应综合考虑这 4 方面的因素。子系统划分之后，应确定各子系统模块的总体功能，界定各自功能范围。

(2) 各子系统之间的接口设计

子系统之间的联系表现在数据共享、中间数据交换和子功能调用等方面。如城市建设信息系统划分成土地、规划、房产、市政、建筑几个子系统，各子系统都要共享空间基础数据、规划数据、地籍数据、管网数据，各自使用的深度和形式不一样。应严格约定这些公用数据的交换格式，保持数据库建库方案的一致性。另外，针对不同的子系统数据的使用权限要进行定义。

(3) 系统网络设计

系统网络设计包括系统各部分间数据通信设计，主机、终端设备、通信接口之间的联系，网络中进程控制，数据访问权限等内容的设计。

(4) 硬软件配置

工作站、微机、存储设备、数字化仪、扫描仪、绘图机及其他外围设备的选定与配置，分系统开发期与系统运行期分别配置。GIS 开发平台软件及其他辅助性软件的选定，在充分考查基础上同时需顾及功能、容量、性能/价格比、运行效益、可操作性、可维护性多种因素影响。

4. 系统详细设计

设计内容包括数据组织和功能操作两方面，详细设计是在总体设计基础上将子系统功能进一步细化。

(1) 数据库设计

基于数据流程图分析建立的系统逻辑模型，进行数据模型设计、数据结构设计，建立空间数据与属性数据的连接关系。一般 GIS 开发平台软件提供数据库管理系统，如 Arc/Info 的 LIBRARIAN，具体设计时根据平台软件要求对 LAYER. TILE 进行分析设计。空间数据库设计主要是数据分层、要素属性定义、属性编码、空间索引建立等。

(2) 数字化方案的设计

数据采集方式(手扶跟踪数字化、图像扫描)的选择，应根据图形数据在系统中所发挥的作用，作为背景定位、提供信息查询、参与空间分析等，确定相应的数字化方案，根据需求功能和数据库组织的要求决定要素的选取与分层，确定数字化中要素关系处理的策略，规定数字化精度要求，规定作业步骤，制定质量检查方案。

(3) 系统详细功能的细化与设计

用户需求分析阶段定义了大量的需求功能，该阶段对这些功能具体化。功能是在一定数据上实施的，应先考查该功能所要求的数据能否提供 GIS 要求的精度。如果不能，该需求功能将被取消，或推迟到二、三期工程完成。另外，要顾及 GIS 开发软件实现该功能的难易程度，要求系统设计员对开发软件的底层功能比较熟悉，如果开发软件没有提供基础功能，用户从底层开发难度又较大，该功能也将被取消，推迟到软件升级功能完善之后再实现。

(4) 菜单、界面、图形显示设计

GIS是视觉产品,要求给用户提供美观、友好的界面环境。图形显示的背景、专题内容、图例、图表、文字说明的符号颜色与平面布局要有体系,这方面的设计可参考地图学中的图面设计、符号设计的有关内容。

(5) 系统安全性设计

应对用户分类,规定各类用户的操作级别,设计不同数据的访问权限,建立进入系统的口令与密码,建立系统运行事务跟踪记录历史文件。

(6) 输入输出设计

对于交互式操作的GIS规定数据输入方式,选择键盘、鼠标、数字化仪输入设备,规定图形图表输出文件格式,选择输出设备,选定输出精度。

5. 系统实现

这个阶段的关键任务是写出正确的容易理解、容易维护的系统模块。也即完成系统物理模型的建立,该阶段工程量最大,主要任务如下:

(1) 程序编制与调试。在GIS开发平台软件提供的宏命令语言基础上进行代码设计,逐个实现设计阶段定义的功能。程序编制与调试通常应以完备的样区数据为基础。

(2) 数据准备及数据库建立。根据建库方案进行数据采集入库。

(3) 子系统联网,测试运行效益。

(4) 用户评价系统完成质量。

(5) 用户手册、操作手册、测试报告编写。

(6) 操作人员培训。

6. 运行与维护

GIS在系统维护中得以生存,维护是决定其生命力的重要阶段。其主要任务包括:

(1) 数据更新。地形图周期性的修测,其他专题图、统计数据、文本数据不时更新,要求时时对系统的数据库维护更新,保持其现势性。

(2) 系统功能拓宽完善。用户管理体制的改变、开发平台软件升级、数据形式更改都要求对GIS系统修改增加新的功能,满足用户最新要求。

(3) 硬件设备的维护。

5.5.2 地理信息系统的标准化

(一) GIS标准的工作范围

自20世纪60年代以来,随着GIS技术在国际上的迅速发展,信息系统的标准化问题也日益受到国际社会的高度重视。GIS标准是在GIS应用实践范围内为获得最佳秩序,对GIS应用实践活动或其结果,规定共同和重复使用的规则、准则或特性的文件,该文件需要协商一致制定并经公认的机构批准。GIS的标准化的直接作用是保障GIS技术及其应用的规范化发展,指导GIS相关的实践活动,拓展GIS的应用领域,从而实现

GIS 的社会及经济价值。GIS 的标准化和规范化是反映一个国家经济发展和科技进步的重要标志，也是保证信息交换与共享的前提，特别在信息社会里，其意义尤为重大。而地理信息系统担负着整个地理综合信息的储存、分析、交换和服务的任务，为了实现这一功能，必须对其进行标准化处理。

要实现 GIS 标准化，必须根据系统的内在技术规律，从实际应用出发，围绕系统的共性特征，针对统一术语定义、统一设计与实施方法、统一体系结构、统一信息分类编码、统一数据交换格式、统一接口规范等问题，提出一系列标准化的原则和具体要求；同时也要对城市地理信息的空间定位、系统的软硬件环境、数据质量、数据通信与系统互联、系统的安全与保密等方面提出相应的标准化、规范化要求。只有这样，才能达到信息资源共享的目的，并为系统开放打下基础。

到目前为止，地理信息规范及标准制定的工作范围包括如下几个方面。

1. 制定地理信息技术标准的主要对象

制定标准的主要对象，应当是地理信息技术领域中最基础、最通用、最具有规律性、最值得推广和最需要共同遵守的重复性的工艺、技术和概念。针对地理信息领域，应优先考虑作为标准制定对象的客体有：

(1) 软件工具。例如软件工程、文档编写、软件设计、产品验收、软件评测等。

(2) 数据。包括数据模型、数据质量、数据产品、数据交换、数据产品评测、数据显示、空间坐标投影等。

(3) 系统开发。例如系统设计、数据工艺工程、标准建库工艺等。

(4) 其他。例如名词术语、管理办法等。

2. 制定地理信息技术标准的一般要求

一般要求主要有：

(1) 认真贯彻执行国家有关的法律、法规，使地理信息技术标准化的活动正规化、法制化；

(2) 在充分考虑使用的基础上，要注意与国际接轨，并注意在标准中吸纳世界上最先进的技术成果，以使所制定的标准既能适合于现在，还能面向未来；

(3) 编写格式要规范化。在制定地理信息技术标准时，要遵守标准工作的一般原则，采用正确的书写标准文本的格式。中国颁布了专门用于制定标准的一系列标准，详细规定了标准编写的各种具体要求。

3. 编制标准体系表

围绕着地理信息技术的发展，所需要的技术标准可能有多个，各技术标准之间具有一定内在的联系，相互联系的地理信息技术标准形成地理信息技术标准体系。信息技术标准体系具有目标性、集合性、可分解性、相关性、适应性和整体性等特征，是实施编制整个地理信息技术标准的指南和基础。

地理信息标准体系反映了整个地理信息技术领域标准化研究工作的大纲，规定了需要编写的新标准，还包括对已有的国际标准和其他相关标准的使用。对国际标准的采用程度一般分为三级：等同采用、等效采用和非等效采用。中国标准机构对标准体系表的编制具有详细的规定。

（二）GIS标准化的基本原则

根据中国标准化法的规定和有关标准化文件要求，GIS标准化应遵循下列基本原则：

（1）必须贯彻国家标准。凡是GIS需要的标准，只要有相应的现行国家标准，一律贯彻国家标准；凡已列入国家有关标准制定规划的，不另行制定，在急需情况下可先提出适用于GIS的有关约定或指南。

（2）积极采用国际标准。凡是需要制定但一时未能纳入标准制定规划的标准（含规范、指南、约定等），若有相应的国际标准，则应按国家规定，酌情选用等同、等效、参照三种级别中的一种方式进行制定；若无相应的国际标准，则在可能的情况下，参照类似的国外先进标准制定。

（3）同其他领域标准化相协调一致。GIS标准化不是孤立的活动，在此过程中，必然要涉及其他与之相关的领域，这就要求各方面要互相协调一致。

（4）制定标准必须遵守GB系列《标准化工作导则》的具体规定。

（三）GIS标准化实现的注意事项

GIS在系统设计、系统建设、系统应用过程中，要实现标准化的目标，应注意从以下几点着手：

（1）凡是系统中需要统一的技术要求，只要有相应的现行国家标准，就必须贯彻执行国家标准。

（2）如果没有国家标准而有相应的现行行业标准，则执行相应的现行行业标准。

（3）如果没有国家标准和行业标准，但有相应的现行地方标准，则执行相应的现行地方标准。

（4）如果既没有国家标准和行业标准，也没有相应的现行地方标准，而有相应的国际标准或类似的国外先进标准，则可先参照采用国际标准或国外先进标准，同时建议立项制定相应的中国标准。

（5）如果没有任何相应的标准，但有相关的内部规范或指导性技术文件，则应借鉴采用相关规范或文件；并积极创造条件，加快申请立项，按照一定的制定程序和编写要求，制定相应标准。

（6）做好GIS标准化审查工作。

（四）GIS标准体系

1. 制定标准体系的目的和意义

为了保证GIS整体的协调性和兼容性，实现全国各等级城市或城市内部各部门的信息资源共享，发挥系统的整体和集成效应，制定完整配套的反映标准项目类别和结构的标准体系表就显得非常重要，以实现在全国范围内标准系列和标准制定上的统一规划、统一组织和部署，并使规划和部署更加科学合理。

GIS标准体系表是应用系统科学的理论和方法，运用标准化工作原理，说明GIS标准化总体结构，反映全国GIS行业范围内整套标准体系的内容、相互关系并按一定形式排列和表示的图表这项工作具有很大的实用性和战略意义，具体表现在以下几个方面：

（1）描绘出标准化工作的整体框架，便于系统地了解国际、国内标准，并给采用国际标准和国外先进标准提供准确、全面的信息。通过标准体系表，可以全面地了解本行业的全部应有标准，明确标准体系结构的全貌，为确定今后工作重点和目标奠定基础。同时通过标准体系表，为进一步全面采用国际标准和国外先进标准提供可能性。进而减少重复建设，重复投资，有利于使分散的资料系统化，实现数据的信息共享。

（2）促进标准的进一步完善。由于标准体系表反映GIS标准体系的整体状况，便于发现它与国际、国内现状的差距及短缺程度和本体系中目前的空白。因此，可以为今后的标准化工作抓住主攻方向安排好轻重缓急，促进标准的组成达到完整有序，避免计划的盲目性和重复劳动。

（3）有助于生产科研工作。在GIS建立的许多环节上都有一系列标准需要研究、开发和实施，但生产、科研机构不一定对有关的标准都很清楚。标准体系表不但列出了现有标准，而且还包括今后要发展的标准以及相应的国际标准，这对于利用国际先进标准来开发生产不依赖任何应用系统的地理信息产品极为有利，并能适应未来发展的需求。

（4）总之，GIS标准体系表是进行GIS标准化规划、制定和修订标准计划的重要依据，是包括现有、应有和未来发展的所有GIS标准的蓝图和结构框架，是管理部门合理安排标准制定先后顺序和层次的重要依据。通过体系表，可以清楚和完整地看出当前标准的齐全程度和今后应制定的标准项目及其轻重与主次关系。简言之，标准体系表是GIS标准化工作按计划、分步骤、有条不紊协调发展的重要保证。

（5）促进各种地理信息系统的互操作性，为实现国内外信息系统互联网、全球信息资源共享、“数字地球”工程建设奠定基础。

2. GIS标准体系表

GIS标准体系表由总表和标准明细表两部分组成。总表分为3个层次(见图5-46)：

（1）第一层次是门类。整个标准体系共分为3个门类：第一门类为基础通用标准，这类标准具有较长时期的稳定性和指导性，其是制定各种标准时必须遵循的、全国统一的标准，是全国所有标准的技术基础和方法指南；第二门类为针对全国GIS制定的专用标准(见图5-47)，专用标准是全国所有GIS行业必须遵循的综合性基础标准和规定，是GIS标准化的技术基础和方法指南，适用于全国城市各部门、各机构的GIS建立工作，具有普遍的指导意义；第三门类为相关标准，这类标准是指在整个GIS开发建设中需要直接采用的、与GIS密切相关的由其他行业制定的国家标准和行业标准。

(2) 第二层次是类别。类别是由门类划分而成,整个体系共划分出20个类别。

(3) 第三层次是项目。项目是由类别扩展而成,每个项目是组成标准体系表的最小单元。每一项目均列入标准明细表中。

标准体系是一个动态发展的过程。由于各种因素的限制和时间的局限性,本标准体系表只列入了一些目前可以预见的标准项目,还有一些标准未能列入本标准体系表。为了保证标准体系的科学性、兼容性和完整性,并能作为调整标准编制计划和制定标准的依据,本体系表应每隔几年调整一次。

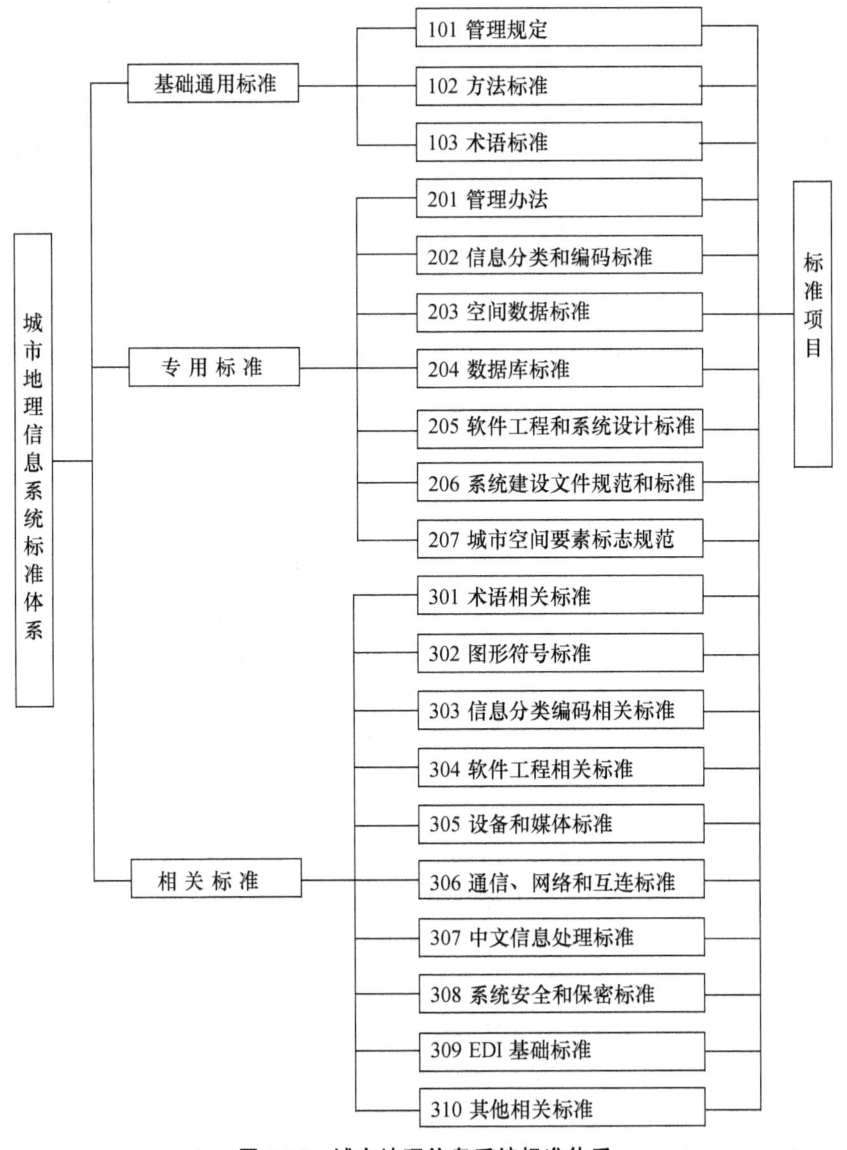

图 5-46 城市地理信息系统标准体系

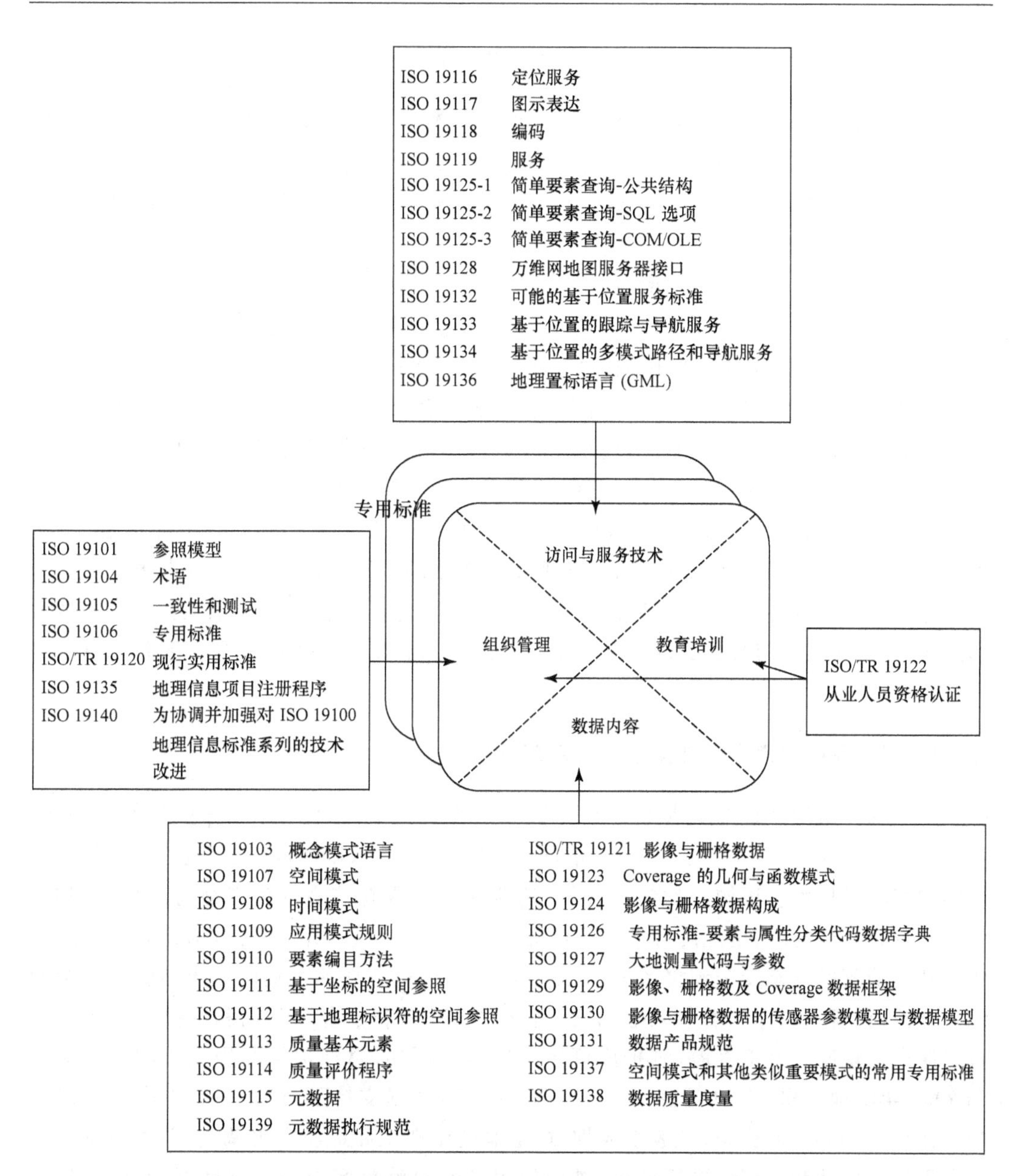

图 5-47 ISO 19100 地理信息系统标准的结构与空间数据基础设施的地理信息标准四部分关系图(摘自蒋景瞳等)

5.6 GIS在三峡库区消落带生态保护中的应用

举世闻名的长江三峡工程建成后将会在防洪、发电、航运、旅游和供水等方面产生巨大的综合效益，对中国的经济建设和社会可持续发展有着重要的意义。但必须同时注意到它对整个长江流域造成的生态环境影响将是广泛深远的，尤其是对三峡库区造成的影响，消落带生态环境问题就是其中之一。

消落带是指江河、湖泊、水库等水体因季节性涨落使土地被周期性淹没和出露成陆形成的干湿交替的水陆衔接地带。三峡库区消落带是指三峡水库正常蓄水水位为175 m与防洪限制水位145 m之间的区域，总面积达348.93 km^2，分布在湖北省、重庆市所有26个库区区县，有的地方集中，有的地方分散，其类型很多。其中，三峡重庆库区消落带地处青藏高原与长江中下游平原的过渡地带，地形走势由西向东逐步升高，从南北向长江河谷倾斜，地理范围囊括重庆市主城区、巫山县、奉节县、巫溪县、云阳县、开县、万州区、忠县、石柱县、丰都县、涪陵区、武隆县、长寿区、渝北区、巴南区、江津区16个区县，总面积306.28 km^2，岸线长4881.43 km。消落带作为水陆衔接的过渡地带，具有敏感而脆弱的生态系统，将引起消落区乃至库区一系列生态环境问题。近年来，随着GIS和RS技术的发展，三峡库区消落带相关环境及生态问题的监测和研究逐步被重视。下面简单作些介绍。

5.6.1 三峡库区消落带生态安全预警系统研究

三峡水库是中国特大型水利枢纽工程，水库全部建成运行后出现一个落差达30 m、面积达348.93 km^2 的消落区。同时，消落区成陆面积大，成陆时间较长(超过120天)，与同期丰富的光热水资源构成优势组合，使消落区土地具有较高的生产潜力。与此同时，消落区生态环境脆弱，土地的开发利用可能产生一定的生态风险。通过构建具有实际操作意义的消落区生态安全预警系统(见图5-48)，可进行三峡库区消落区土地资源安全的综合分析，预警三峡库区消落区生态安全变化趋势，有利于合理利用和保护消落区土地资源促进三峡库区经济发展，维护库区生态安全。例如，赵纯勇等利用大比例尺地形图和2000年陆地卫星ETM遥感信息，在RS和GIS技术支持下，进行三峡重庆库区消落带(145～175 m)空间分布、地表组成物质、土地利用现状和地质灾害调查，并对消落区开发利用的必要性和可行性进行分析，进而提出了开展消落区土地适宜性评价、做好消落区开发利用规划、强化综合管理和加强监测、搞好预警预报工作的对策建议。

区域生态安全是当今生态安全研究的重要领域，区域生态安全预警是生态安全研究的重要组成部分，是一个复杂的统计预测过程，需要结合预警理论和生态安全的评价系统建立预警指标体系，合理地设计预警系统的结构，形成多层次的并列预警子系统，再根据实际情况进行预警分析，为决策提供实证依据。

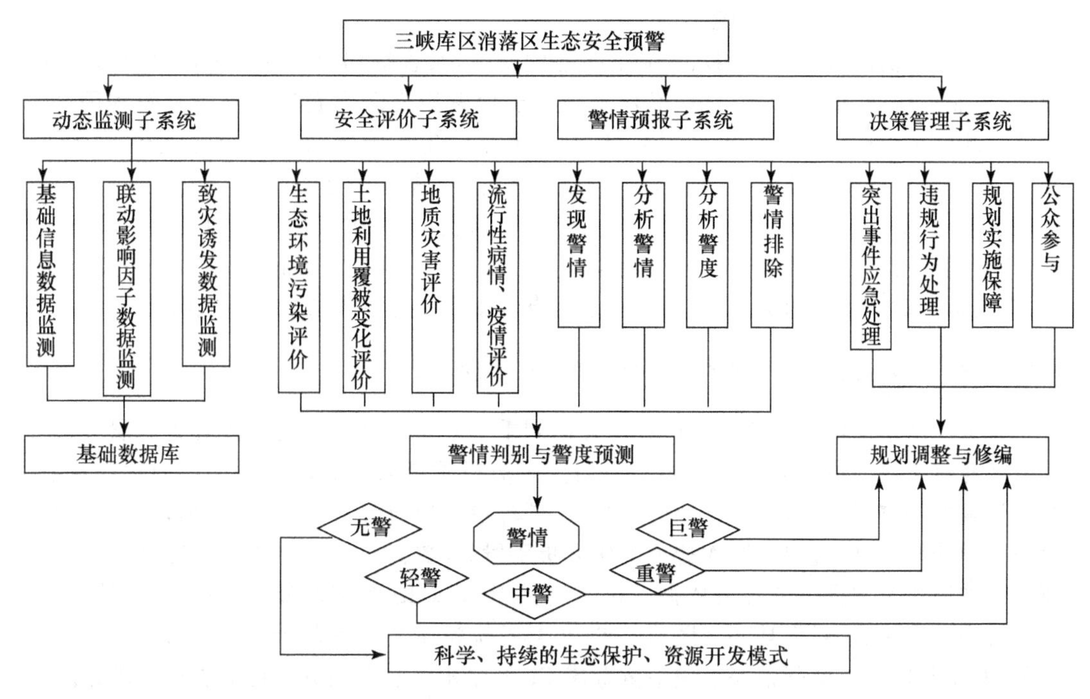

图 5-48 三峡库区消落区生态安全预警系统示意图

1. 生态安全动态监测子系统

在消落区原有数据(如地形、地貌、土壤、气候、环境、产业结构等)的基础上,利用"3S"技术和相关数据对三峡库区消落区生态安全状况进行动态监测。

2. 生态安全评价子系统

消落区是水、陆生态系统的交错地带,具有生态脆弱性、变化周期性和人类活动频繁性等特点。郑磊等针对消落区可能出现的生态环境问题,建立生态安全评价子系统,主要包括生态污染安全评价、土地利用与覆被变化评价、地质灾害评价、流行性病情、疫情评价。同时,对消落区土地资源进行开发利用时,首先要对消落区土地承载力进行研究。生态安全综合评价需从生态安全动态监测子系统中选取部分相应的指标,根据评价子系统的需要,构建综合生态安全评价体系。

3. 生态安全警情预报子系统

警情是指消落区动态变化过程中出现的极不正常的现象,也就是已经出现或将来可能出现的问题,发现警情是预警的前提。警兆是指警情爆发之前的一种预兆,是警源到警情的中间状态。警情预报子系统的核心内容是制定消落区生态安全各评价阈值,通过比较各指标的阈值与监测结果来分析警情,预报警度。警度是对生态安全程度的定量刻画,以判断警度指标变化是否有警情或警情如何。

4. 生态安全决策管理子系统

三峡库区消落区是一个相对复杂的生态脆弱区，其管理部门涉及国土局、环保局、农业局、林业局、三峡枢纽管理局等，而消落区的土地资源又多为农户自发的开发利用，缺少统一规划和管理。消落区生态环境复杂，是典型的生态脆弱区，生态安全隐患也较为复杂，甚至会出现难以预料的生态安全问题。因此，首先应该建立应对突发事件的应急处理系统；其次，管理部门要做好预警分析基础数据收集，组织人员进行周期性资源安全评价和预警分析，定期地发布安全指数，以使公众直观、形象地了解消落区生态安全状况，提高国民对消落区的关注度，树立全社会自觉遵守资源管理法规的新风尚。

5.6.2 基于GIS的三峡库区消落带土壤中Cu分布研究

有关消落带土壤中重金属的研究一方面侧重于对重金属含量的调查与来源研究，另一方面通过土壤中重金属空间分布特征研究来分析重金属迁移转化规律。地理信息系统作为重要的空间分析技术已广泛应用于区域环境污染过程分析中，为环境污染过程的时空变异分析提供了便捷、高效的可视化分析手段，并提高了分析结果的可靠性，为重金属污染的原始治理提供了决策依据。付川等基于ArcGIS的统计分析模块，以三峡库区消落带为研究区域，对忠县环城区消落带、忠县石宝镇干支流消落带、万州长江干支流消落带、万州新田干流消落带等土壤中重金属Cu含量水平和空间分布特征进行了研究。

通过研究发现，基于GIS技术的重金属Cu方向分布趋势如图5-49所示：说明Cu含量分布从东南到西北逐渐降低，可能是由于小江东南部与长江流域万州段干流相接，涨水期消落带土壤优先吸附河水中重金属，而小江西北消落带与长江水接触较晚所致，分析出的结果和此区域的真实地形基本吻合。

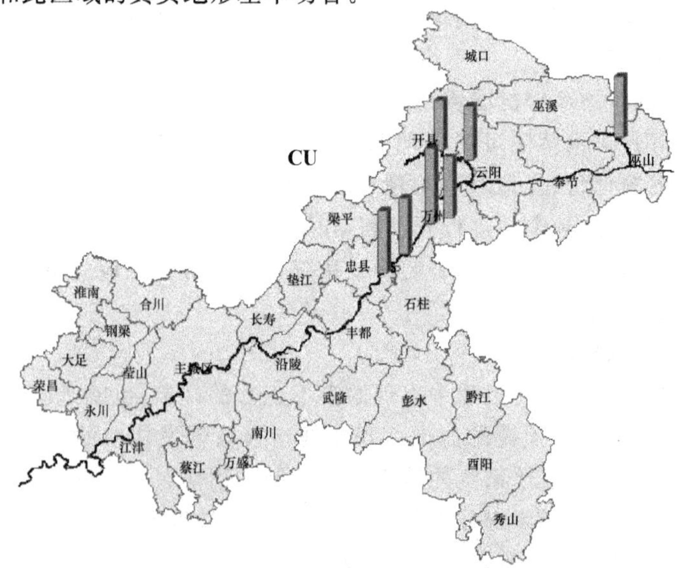

图5-49 基于GIS的消落带Cu含量分布图

5.6.3 基于 GIS 和 RS 的三峡库区重庆段钉螺可疑孳生环境研究

三峡库区位于江汉平原和四川成都平原两大血吸虫病流行区之间。经调查，三峡库区重庆段从未发现血吸虫唯一的中间宿主——钉螺的分布。但水库蓄水后，库区内水面增大，流速减缓，泥沙淤积量增加，可形成冲积洲及滩地，加之库区的气候条件适宜，很可能导致钉螺的孳生及扩散，使血吸虫病蔓延到库区。因此，应当系统地研究三峡建坝后生态环境变化对血吸虫病传播的影响，钉螺的孳生与气温、水分、土壤、植被等因素的相关性。充分运用 3S 技术和重点区域定期监测，快速准确地监测三峡建坝后所形成的消落带的生态环境变化、泥沙淤积趋势与钉螺纵向监测，及时发现消落带血吸虫病流行的潜在危险因素，建立检疫制度，防止钉螺输入。

近年来，许多学者逐渐把地理信息系统和遥感技术分析应用于对血吸虫病的研究中，利用植被、温度、降雨量等气象资料模型和卫星遥感技术可快速划定钉螺孳生地带及血吸虫病高危区域，对预测库区血吸虫病的潜在流行具有很好的应用前景。杨士琦等借助 GIS 平台，将重庆市及其周边 56 个站点数据进行精细化处理，包括重庆市主城区、巫山县、奉节县、巫溪县、云阳县、开县、万州区、忠县、石柱县、丰都县、涪陵区、武隆县、长寿区、渝北区、巴南区、江津区等 16 个区县，根据适合钉螺孳生的气候条件，找出钉螺在库区可能孳生的区域，像元精度达到 25 m×25 m；然后，根据钉螺的生活习性，进一步通过计算消落带锁定并缩小钉螺可能孳生范围，即三峡库区可能孳生区主要沿长江两岸及主要支流分布，面积约超过 440km^2；最后，再结合钉螺生长时期的植被信息，找出重点监测区域：开县的渠口和巫山的大昌（见图 5-50，彩图 4），并对今后的研究工作提供相关资料。

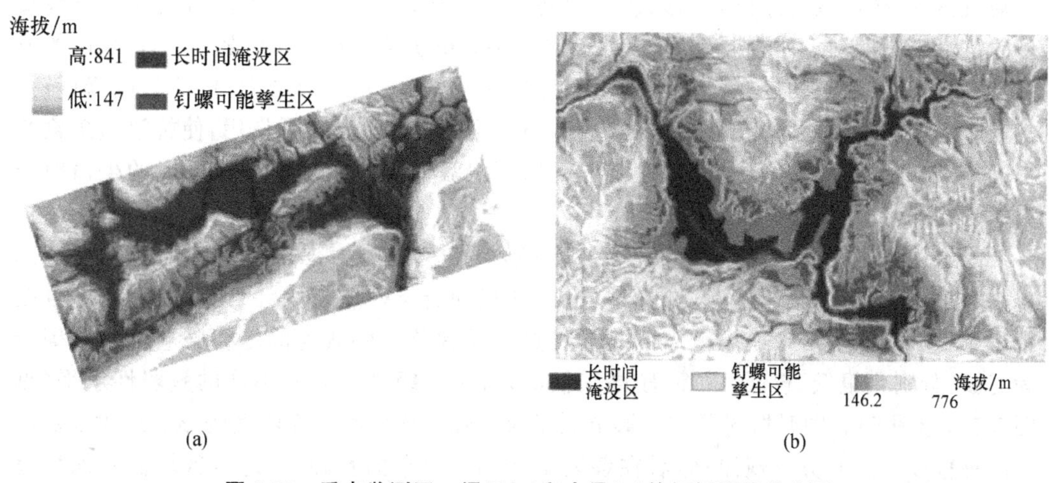

图 5-50 重点监测区—渠口(a)和大昌(b)的钉螺可能孳生区

梅勇等借助 Arc GIS 及重庆库区 1∶50 000DEM 与水文资料，提取重庆三峡库区消落带，并通过分析研究区域巫山大昌消落区水位的变化，进一步获取大昌消落带钉螺可能孳生区分布，同时利用温度、降水气候数据(1971—2000 年)和植被指数对大昌消落带钉螺可能孳生区域的气候生态环境进行较为精细的分析。研究结果为推算三峡库区消落带钉螺可能孳生区域并分析这些区域的气候生态环境提供了较为可行的研究思路和方法。结果表明：大昌站水位线 140.8～163.6 m 的消落区域为钉螺可能孳生区域。该区域每月平均温度均在成螺生长发育的温度阈值(5.87℃)以上，基本钉螺可全年在此区域生长发育。其年＞5.87℃活动积温的最低值为 6160.7℃·d，大于钉螺完成一个世代所需的平均积温阈值(5821.4±70.1℃·d)，年降水量最小值为 997.3 mm，大于钉螺适生年均雨量阈值 750 mm，该区域的气候条件完全满足钉螺的生长发育。且 3—4 月＞11.79℃的活动积温最低值为 642.1℃·d，热量条件适宜，同时大昌钉螺可能孳生区域的植被指数均值为 0.22，植被覆盖度较以前有了较大的恢复，能够为钉螺提供生长、交配较为适宜的生境。可见，该区域的气候生态环境能够满足钉螺生长发育繁殖的需求，必须加强对巫山大昌钉螺可能孳生区域的重点监测，以防止湖北、四川血吸虫病疫区钉螺输入。

5.6.4 基于 RS 和 GIS 的三峡库区消落带崩塌滑坡脆弱性评价

崩塌是指地质体在重力作用下，从高陡坡突然加速崩落或滚落。滑坡是土层或岩层整体或分散地顺斜坡向下滑动的现象。滑坡和崩塌有着无法分割的联系，它们常常相伴而生，产生于相同的地质构造环境中和相同的地层岩性构造条件下，且有着相同的触发因素。一般而言，强降雨和地震是崩塌滑坡的主要诱因，其他可能的诱发因素是人类的活动，包括森林砍伐、道路作业、采矿以及建筑等。然而，三峡库区消落带的崩塌滑坡更多的是水库周期性淹水所导致的。当水位由 145 m 升至 175 m 时，随着地下水位的升高，使岩质斜坡底部的潜在滑动面浸水软化或泥化，孔隙水压力增大，抗剪强度降低；尤其在库水位降落期间，将在滑坡体内产生显著的渗透力，两者共同作用，使抗滑力急剧减小，而滑动力又显著增大，进而诱发滑坡。崩塌滑坡的发生重威胁库岸人民的生命财产和库区的安全。

周永娟等运用遥感和地理信息系统等技术手段，综合考虑崩塌滑坡的自然影响因子，并结合研究区的具体情况，选择了坡度、高程和岩土性质作为评价指标，利用综合指数法对三峡库区消落带崩塌滑坡的脆弱性进行了评价。将获得的综合脆弱性指数等分为五级，分别为很低、较低、中等、较高和极高，每一个级别代表着不同的脆弱性水平(见图 5-51，彩图 5)。同时探讨了主要影响因子对研究区崩塌滑坡脆弱性的影响规律以及不同敏感程度的空间分异规律；然后在各因子敏感性分布的基础上，进行区域面对崩塌滑坡脆弱性的综合评价，为三峡库区消落带地质灾害的治理提供科学依据。

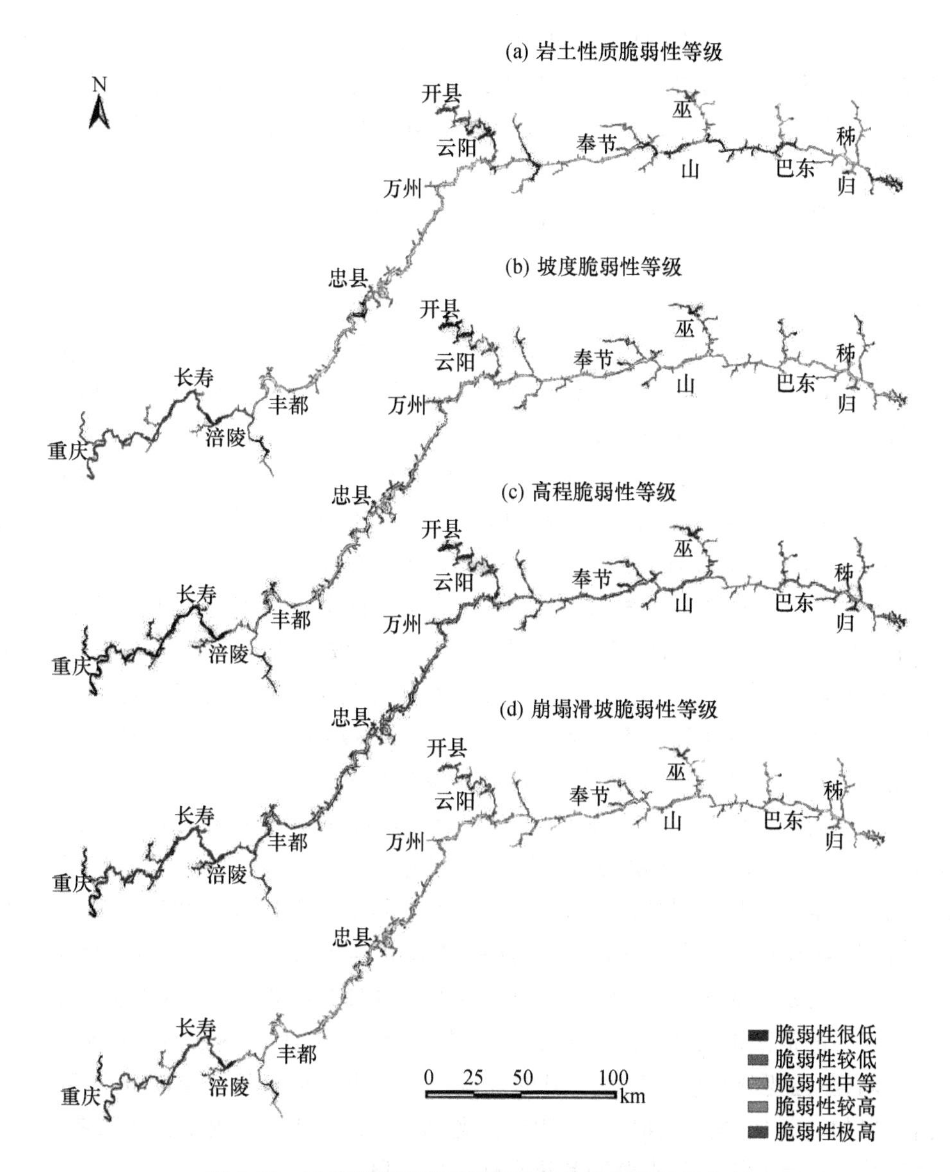

图 5-51 三峡库区消落带崩塌滑坡的脆弱性等级分布

5.6.5 基于RS和GIS的三峡库区消落带生态环境脆弱性评价

与天然河流的消落带相比较,三峡库区消落带因其形成速度快、垂直落差大、范围广等特点,而属于典型的脆弱生态系统。据统计,消落带位于水位反复周期变化的干湿交替区,出露面积达437～446 km^2,分布在重庆市22个区县和湖北省4个区县,有的地方集中,有的地方分散,类型多样。消落带不仅与库区水域系统进行着物质、能量交换，同时，还与库区两岸坡地系统进行着物质和能量的交换。由于库区消落带特殊的水陆兼具的环境特点，再加上该区与人地矛盾的尖锐性和土地季节性整理的复杂性，导致其生态系统异常脆弱，会引发诸多生态环境问题，例如水土流失、环境污染以及景观破坏等等。

三峡库区消落带是一个环三峡水库特殊的生态地带，生态环境十分特殊。周永娟等运用 ArcGIS 的空间叠加分析，选择消落带作为研究对象，建立生态脆弱性指标体系及其等级标准分别对消落带崩塌滑坡脆弱性、水力侵蚀脆弱性、污染脆弱性和景观脆弱性进行了评价。并在此基础上，探讨脆弱性定量评价方法，进行了研究区各生态主题脆弱性的叠加分析，明确了生态脆弱区，同时探讨了三峡库区消落带这一特殊地理区域上生态脆弱性的高低分布规律及其在不同主导因子作用下生态脆弱性的空间分异特征。结果表明：消落带的崩塌滑坡、水土流失和景观脆弱性均以中度和轻度脆弱为主，高度脆弱和极脆弱的比例较低；污染脆弱性整体以轻度以下脆弱为主，其他等级的脆弱性所占比例不高(图 5-52，彩图 6)。总体而言，从单个脆弱性评价结果来看，各生态主题的脆弱性均不强烈。但将四类环境问题综合考虑，绝大部分消落带都至少面临一种生态环境问题，有近 30%的消落带面临的生态环境问题在两种以上。这说明消落带是一个高度脆弱的生态系统，生态风险来源十分复杂，是影响库区生态环境安全的一大隐患，消落带的生态与环境问题不仅影响三峡水库的安全运行，而且还将直接影响库区周边 20 多个县(市、区)经济社会的可持续友展，以及人民身体健康，其潜在的威胁不容忽视。

图 5-53(彩图 7)是将图 5-52 中四类环境主题脆弱性的评价结果叠加得到的，即在一个栅格单元内，如果某一个图层的评价结果是极脆弱，就用 1 表示；是非极脆弱，就用 0 表示。图层的顺序是崩塌滑坡脆弱性、水力侵蚀脆弱性、污染脆弱性和景观破坏脆弱性。0001 表示消落带面临的最主要的环境问题是景观的破坏，0010 表示消落带面临的最主要的生态问题是地质灾害，1111 则表明消落带面临的四类环境问题都很严重。由图 5-53 可知，70.17%的消落带面临至少一种生态问题，有近 30% 的消落带同时面临两种以上生态环境问题，主要分布在开县大宁河的末端、长寿、丰都以及重庆市的江北区、渝中区和巴南区段的消落带，其中，面临三种生态问题和面临四种生态问题的消落带各占 3%左右。这部分消落带是需要重点监测和重点保护的地段。

这些研究成果为三峡库区消落带的治理和保护提供生态学基础。对三峡水库和长江中下游生态与环境安全，具有十分重要的意义，同时还填补我国乃至世界大型人工湿地特别是消落带研究的空白。

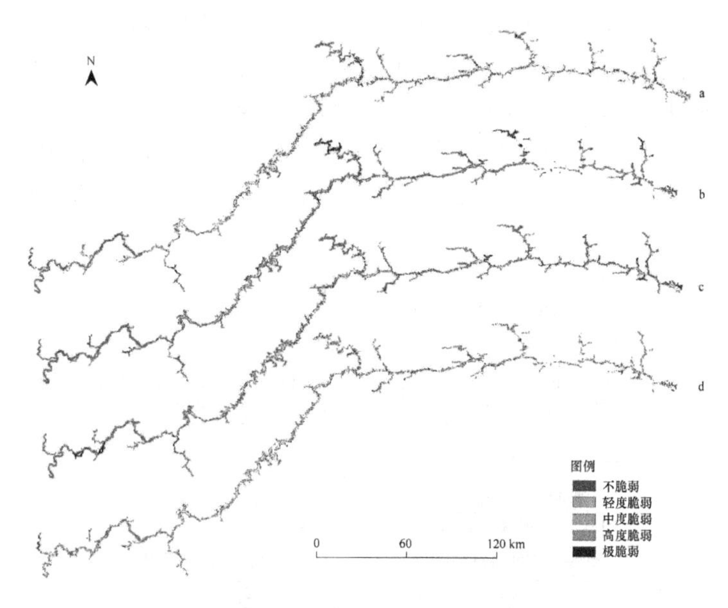

图 5-52 四类生态环境问题脆弱性的评价结果

(a) 崩塌滑坡脆弱性;(b) 水力侵蚀脆弱性;(c) 污染脆弱性;(d) 景观破坏脆弱性

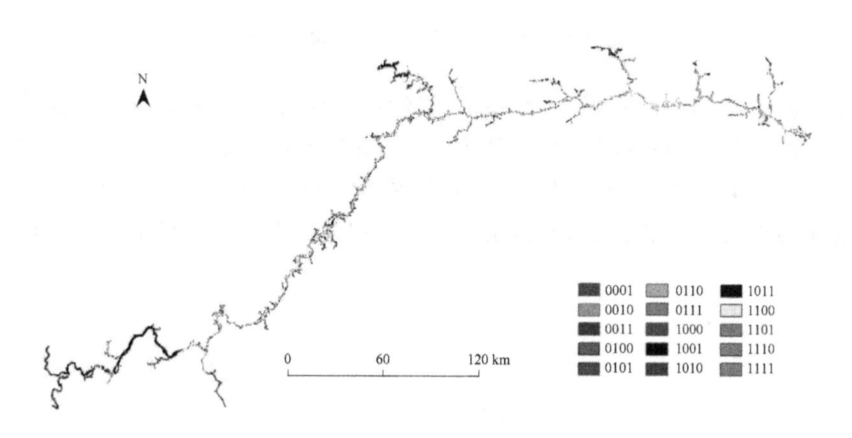

图 5-53 消落带综合脆弱性分布图

5.6.6 基于 RS 和 GIS 的三峡库区消落带土地资源特征分析

三峡库区消落带土地资源特征分析,对研究消落带土地资源合理开发利用有着重要的意义,同时,为政府以及相关部门针对消落带土地利用问题的决策提供科学依据。随着 RS 与 GIS 技术的发展,利用 RS 和 GIS 技术对三峡库区消落带土地资源进行分析,使得分析依据更准确,过程更快捷,结果更科学。

张虹从库区1∶10 000等高线图中提取145～175 m等高线，结合三峡库区消落带的气候、坡度、水深、地貌等区域基本特征，以遥感数据为基础，以ArcGIS为GIS软件平台，借助遥感软件ERDAS对现有的2000年三峡库区ETM遥感影像信息进行处理，同时对ETM影像中解译出的土地利用现状图做进一步操作，包括图形编辑、属性赋值，得出土地利用现状矢量图。除此之外，还包括消落带水系图、DEM图等，数据格式采用Shape格式。图像解译流程如图5-54所示。

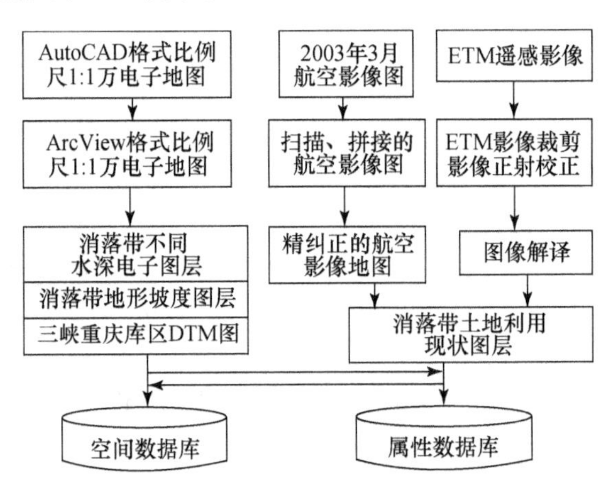

图5-54　基于ERDAS图像解译流程图

同时建立一、二级分析指标(一级指标，岩性；二级指标，水深、坡度和土地利用类型)对三峡库区消落带土地资源进行分析研究，划分出消落带土地资源的6种类型，即硬岩型消落带、软岩型消落带、松软堆积型消落带、库尾松软堆积型消落带、湖盆松软堆积型消落带、岛屿松软堆积型消落带，并给出了不同类型消落带的可持续土地资源利用模式。

第6章　环境信息统计分析方法

6.1　环境数据统计分析

环境现象的数量和特征是多方面的，各类环境现象之间的联系也是多方面的。此外，一个地区的环境现象不是孤立存在的，而是与整个地区的经济、城市建设、政治、卫生等各方面构成一个有机整体。在环境研究工作中，必须对获取的大量观测数据进行系统、严格地统计分析和科学地推断，才能有效揭示各种环境现象的本质。环境数据统计分析是用数字反映并计量人类活动引起的环境变化和环境变化对人类的影响，据此为政府部门制定环境政策和环境规划、进行环境影响评价及预测环境资源的承载能力等提供依据。

6.1.1　环境数据统计的指标体系

在统计学中，把据规定的函数关系计算出的描述总体或样本特征的函数值称为统计指标(index)。常用的统计指标有平均指标、相对指标和变异指标等。

(一) 平均指标

平均指标(average index)又称平均数，它是用以反映观测值在一定的地点、时间、条件下所达到的平均水平的统计指标，常用的有算术平均数、几何平均数及中位数等。如要了解某企业的日废气排放的一般水平，既不能以最高的排放水平来代表，也不能以最低水平来代表，而只能将该企业的废气排放量相加，得到废气排放总量，然后除以全年的天数，求出日废气排放平均数。这个平均数就是该企业平均日废气排放的一般水平。

(二) 相对指标

相对指标(relative index)又称相对数，它是指两个有联系的指标之比，常用相对数有率、比等，用以反映现象的发展程度、强度、结构、普通程度或比例关系。如人均占有水资源数量、环境污染治理费点、国民经济收入比例等。运用相对指标可以将现象从绝对数的具体差异中抽象出来，使一些原来不能直接比较的事物变为可比，有助于对事物的鉴别和分析；还可以综合说明事物之间的相互联系，据此反映事物间的比例、强度、结构、速度等。

例如：设有一组数据：$X = \{X_1, X_2, \cdots, X_n\}$，$\overline{X} = \sum X/n$，

$$S = \sqrt{\sum (X_i - \overline{X})^2/n}$$

$$R = X_i/X_j$$

这里，$\overline{X}$ 表示 X 的总体取值趋势，用来估计 X 的值；S 表示 X 的取值变异情况，用来反映 X 的值在一个什么样的范围内波动；R 表示观测值 X_i 相对于 X_j 的比例，用来反映现象的发展程度。

(三) 变异指标

变异指标(variation index)又称为离散程度或变异数指标，它是反映总体各观测值差异的程度或样本观察值之间参差不齐的程度。常用指标有极差、标准差、方差和变异系数等。变异指标则反映总体各观测值或一组变量值的离散趋势，而平均指标反映的是总体各观测值或一组变量值的集中趋势，只有将二者结合起来，才能全面地认识事物。

6.1.2 环境统计抽样调查方法

抽样调查是一种非全面调查，它是从全部调查研究对象中，抽选一部分进行调查，并以此对全部调查对象作出估计和推断的一种调查方法。抽样方法是统计分析的基础，同时也是统计学的重要组成部分。对一切环境信息，其获取的方式只有两种，即普查和抽样。普查的优点是明显的，但缺点同样也是明显的：一是数据量、工作量大，时间和经济成本过高；二是在很多情况下无法实行，如对海洋中水生物的数量就是不可能进行普查的，唯一可行的方法就是抽样调查，统计推断。

(一) 环境参数的抽样估计

抽样方法主要有两种：一是概率抽样，它是根据已知的概率选取样本；二是非概率抽样，它不是完全按随机原则选取样本。抽样分布是所有样本指标(如平均数、方差、比例)的分布等都称为抽样分布，它是一种理论概率分布。

参数估计的基本方法有点估计和区间估计两种：点估计是用样本估计量直接作为总体参数的估计值，比如：用样本均值作为总体未知均值的估计值就是一个点估计；区间估计是在点估计的基础上，给出总体估计的一个范围，并且指出总体参数落在这一范围的概率是多少。

(二) 空间抽样

在空间数据处理领域，抽样同样是数据获取的主要手段，一般计算机无法容纳“普查”的空间数据，人工也无法对所有的空间物体进行普查，因此必须进行空间抽样。相对于普查，空间抽样调查具有费用低、速度快等特点。抽样方法广泛运用于资源环境和社会经济调查之中。一般地，空间抽样可以分为以下三种类型：

(1) 估计推测空间物体的某种非空间属性值的抽样。如在城市面设观测点进行平均气温的估计、降水量的估算等。

(2) 进行空间物体分类的抽样。如各种土壤类型划分、气候分区等。

(3) 描述空间物体形态的抽样。如线状地物特征点的抽样、面状物体边缘特征点的抽样、曲面物体的坡度、坡向、结构线等。

6.1.3 环境回归分析

回归分析(regression analysis)是研究一个随机变量 Y 对另一个(X)或一组(X_1,X_2,…,X_k)变量的相依关系的统计分析方法。回归分析是一类数学模型,特别当因变量和自变量为线性关系时,它是一种特殊的线性模型,它是在掌握大量观测数据的基础上,利用数理统计方法建立因变量与自变量之间的回归关系函数表达式(称回归方程式)。其主要内容:从一组样本数据出发,确定这些变量间的定量关系式;对这些关系式的可信度进行各种统计检验;从影响某一变量的诸多变量中,判断哪些变量的影响显著,哪些变量的影响不显著;利用求得的关系式进行预测和控制。

SPSS 中回归过程包括:线性回归(linear regression)、多分变量逻辑回归(multinomial logistic)、曲线估计(curve estimation)、二分变量逻辑回归(binary logistic)、序回归(ordinal)、概率单位回归(probit)、非线性回归(nonlinear)、加权估计(weight estimation)、二段最小平方法(2-stage least squares)、最优编码回归(optimal scaling)等。

(一) 一元线性回归分析

一元回归分析研究的因果关系只涉及因变量和一个自变量。例如,因变量 y 是某点 BOD 的浓度,自变量 x 是排放源的排放量,通过建立一元回归分析模型,即可分析自变量作用的大小,求得什么情况下污染严重,什么情况下污染较轻。如果给出未来排放源的排放量,通过模型可以预测该点 BOD 的浓度,据此制定防治措施。

一元线性回归模型的确定:一般先做散点图(Graphs→Scatter→Simple),以便进行简单地观测(如:BOD 与排放量的关系),若散点图的趋势大概呈线性关系,可以建立线性方程,若不呈线性分布,可建立其他方程模型,并比较 R^2(≈ 1)来确定一种最佳方程式(曲线估计)。

一元线性回归模型为

$$y = a + bx$$

其中,a 与 b 为模型参数,a 称为截距,b 为回归直线的斜率;x 是自变量,y 是因变量。用 R^2 判定系数判定一个线性回归直线的拟合程度,据此说明用自变量解释因变量变异的程度(所占比例)。

(二) 多元线性回归分析

多元线性回归研究的因果关系涉及因变量和两个或两个以上自变量。它一般采用逐步回归方法(stepwise),多元线性回归模型为

$$y = b_0 + b_1x_1 + b_2x_2 + \cdots + b_nx_n$$

其中,b_0 为常数项,b_1、b_2、…、b_n 称为 y 对应于 x_1、x_2、…、x_n 的偏回归系数,用 Adjusted R^2 调整判定系数判定一个多元线性回归方程的拟合程度。

(三) SPSS 在回归分析中的应用

例 1 考察长江某支流水质受污染况状,考察指标 y 是 COD 的浓度,详见表 6-1。根

据专业经验分析，认为河流污染物浓度的高低，一方面取决于沿河地区工农业生产发展所排放的污染物数量，另一方面与河流水文状况有关。试建立该河流水质污染的多元回归模型。

表6-1　长江某支流水质影响因子及其监测值

年　份	COD浓度 $y/(mg \cdot L^{-1})$	农业产量 $x_1/10^7t$	工业总产量 x_2/元	河流水位 x_3/m
2000	2.50	2.5	4.00	3.17
2001	2.63	9.2	2.11	3.24
2002	3.15	8.7	2.91	3.02
2003	2.52	6.0	3.30	3.24
2004	4.06	6.3	3.75	2.63
2005	3.72	6.5	4.24	2.80
2006	2.82	4.2	4.93	3.85
2007	3.31	4.0	5.00	2.97

线性回归分析过程的基本步骤如下：

(1) 执行 Analyze—Regression—Linear 命令，打开 Linear Regression 对话框，如图6-1所示。

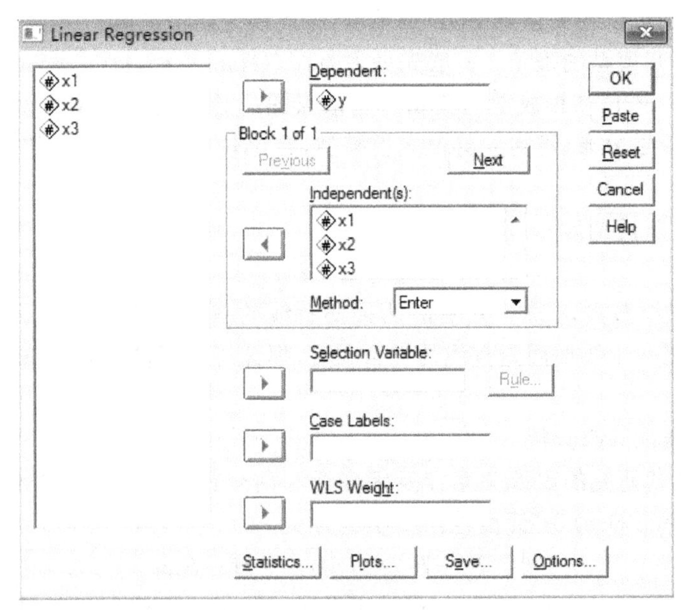

图6-1　线性回归过程对话框

把因变量 y 选入 Dependent，把有关的自变量 x_1、x_2、x_3 选入 Independent，当选择多个自变量时，就是多元线性回归。选择回归模型中自变量的进入方式：

① Enter：选择所有的自变量全部进入回归方程；

② Stepwise：逐步回归方式，系统根据在 Options 选项对话框里所设定的 F 检验统计量的概率进行逐步回归；

③ Remove：移除法，在建立的回归模型中，根据设定的条件剔除部分自变量；

④ Backward：向后剔除法，首先将所有自变量都引入方程中，根据在 Options 选项对话框里设定的 F 统计量的概率，从与因变量的偏相关系数最小的自变量开始，一次一个顺序从方程中移除，直到所建立的回归方程中不再含有可剔除的变量为止；

⑤ Forward：向前剔除法，首先将所有自变量的偏相关系数绝对值最大的变量引进方程，根据在 Options 选项对话框里设定的 F 统计量的概率标准，再加入偏相关系数绝对值第二大的自变量，直到所建立的回归模型中不再含有可剔除的变量为止。

(2) 选项的功能设置。线性回归分析过程对话框中包括 4 个选项，根据需要单击相应选项进行选择。

① 单击 Statistics 选项，打开如图 6-2 所示的 Statistics 对话框。对话框中的 Regression Coefficients 选项用于选择输出与回归系数有关的统计量，Residuals 选项用于输出残差统计量和其他统计量。

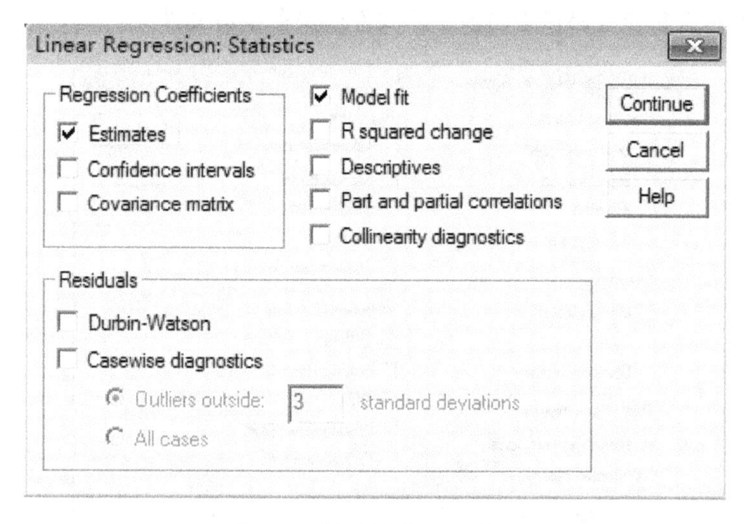

图 6-2 统计量选项对话框

② 单击 Plots 选项，打开 Plots 对话框，如图 6-3 所示。该选项提供绘制散点图、直方图等功能。通过观察这些图形有助于确认样本的线性、正态性和等方差性。选择变量分别移入 Y 和 X 边上的矩形框，决定散点图的 Y 坐标和 X 坐标轴；选定以后可单击“Next”按钮，再设置另一张散点图的坐标轴。

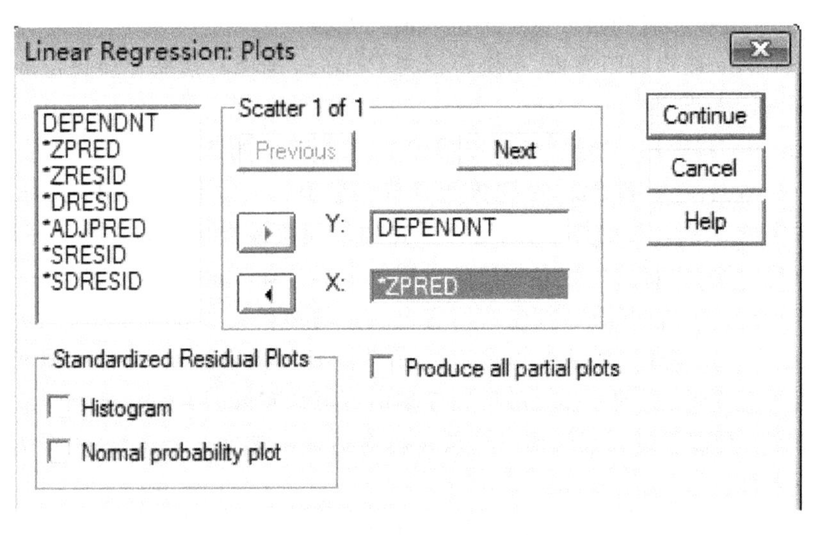

图 6-3　散点图选项对话框

③ 单击 Save 选项，打开 Save 对话框，如图 6-4 所示。此对话框将预测值、残差或其他诊断结果值作为新变量保存于当前工作文件或保存于新文件。

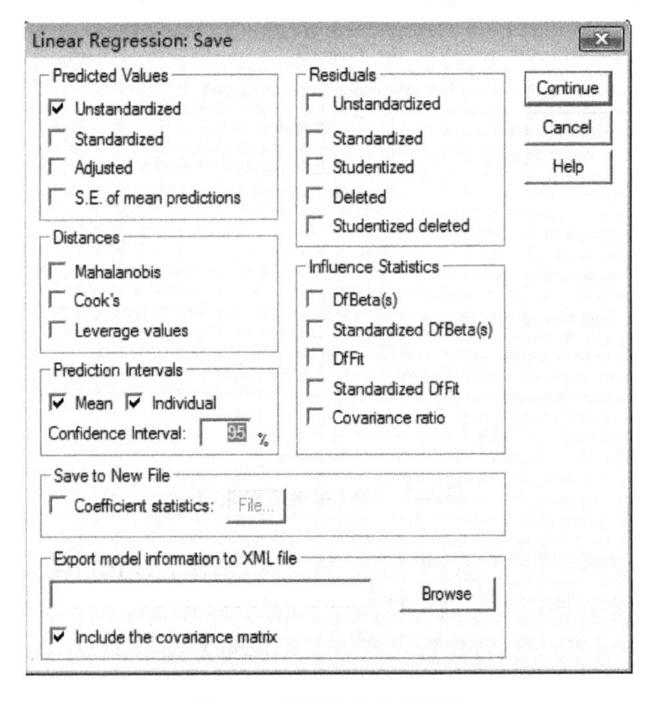

图 6-4　预测值保存对话框

④ 单击 Options 选项，打开 Options 对话框，如图 6-5 所示。此对话框用于为变量进入方式设置 F 检验统计量的标准值，以及确定缺失值的处理方式。

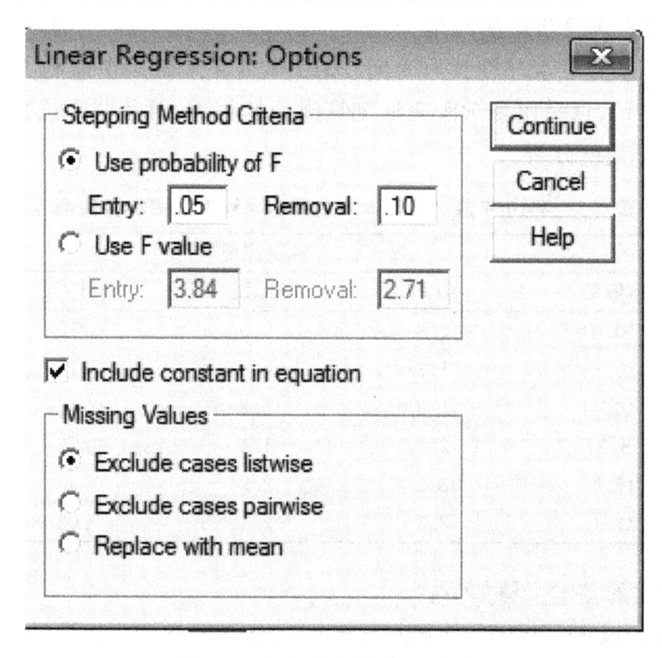

图 6-5 回归过程的选项对话框

由此得到回归方程为

$$\text{COD} = 3.076 + 0.196x_1 + 0.579x_2 - 1.071x_3,\ \text{Adjusted } R^2 = 0.772$$

6.1.4 环境聚类分析

将物理或抽象对象的集合分成由类似的对象组成的多个类的过程被称为聚类。聚类分析(cluster analysis)又称群分析，它是研究样品(变量或指标)分类问题的一种多元统计方法，所谓类，通俗地说，就是指相似元素的集合。聚类分析的目标就是在相似的基础上收集数据来分类，它是根据样品或变量的相似程度，归组并类。

(一) 聚类分析分类

聚类分析的内容十分丰富，按其分类对象的不同分为 R-型聚类分析(对指标或变量分类)是根据被子观测的变量之间的相似性，将特征相似的变量归并为一类；Q-型聚类分析(对样品分类)，它是根据被子观测的样品的各种特征，将特征相似的样品归并为一类。

聚类分析按其分类方法又可为系统聚类法、动态聚类法等。系统聚类也称为分层聚类法(hierarchical cluster analysis)；动态聚类法也称为快速聚类法"(K-means cluster analysis)，如果观察值的个数多或文件非常庞大(通常观察值在 200 个以上)，则宜采用快速聚类分析方法。因为观察值数目巨大,层次聚类分析的两种判别图形会过于分散,不易于解释。

(二) SPSS 在聚类分析中的应用

例 2　以长江某流域水环境数据为例,2010 年月 9 月份 6 个监测点水环境监测指标实测值如表 6-2 所示,试采用最远距离法度算类间的距离,对各监测点的水质污染水平进行类型划分及差异程度分析。

表 6-2　2010 年月 9 月份 6 个监测点水环境监测指标实测值　　单位: mg/L

监测点	监测指标				
	溶解氧	COD	BOD_5	NH_3-N	挥发酚
1	10.0	0.8	2.0	0.10	0.003
2	10.5	1.3	1.8	0.16	0.002
3	10.4	1.9	1.2	0.16	0.003
4	8.8	2.3	1.1	0.72	0.002
5	13.0	3.5	2.9	0.30	0.019
6	13.4	2.3	2.4	0.02	0.005

聚类分析过程的基本步骤如下:

(1) 执行 Analyze→Classify→Hierarchical Cluster 命令,打开 Hierarchical Cluster Analysis 对话框,如图 6-6 所示。

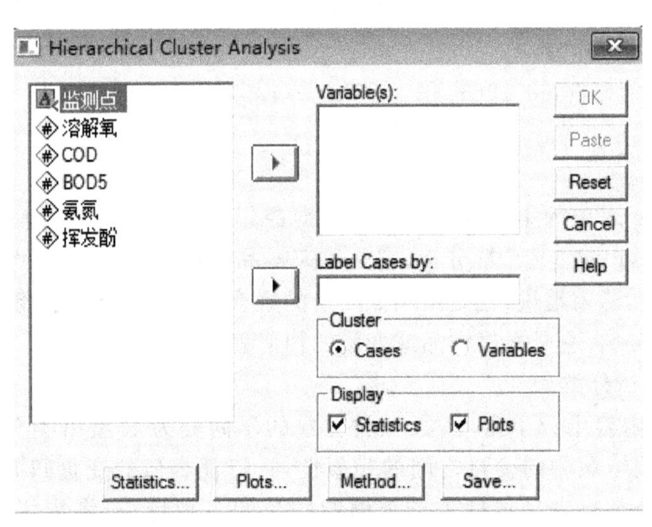

图 6-6　分层聚类分析对话框

① 从变量栏里选择溶解氧、COD、BOD_5、氨态氮、挥发酚分析变量移入 Variables 框中;

② 选择一个标记变量(监测点)移入 Label Case by 框中;

③ 在 Cluster 栏中选择聚类类型：Cases 为计算观测量之间的距离，进行观测量聚类；Variables 为计算变量之间的距离，进行变量聚类。

④ 在 Display 栏中选择显示内容，Statistics 显示统计量值，Plots 显示图形。

(2) 单击 Statistics 选项，打开 Statistics 对话框，如图 6-7 所示。

① Agglomeration schedule 为聚类进度，输出一张概述聚类进度的表格，反映聚类过程中每一步样品或类的合并情况；

② Proximity matrix 为相似性矩阵，显示各项间的距离；

③ Cluster membership 为样品隶属类。

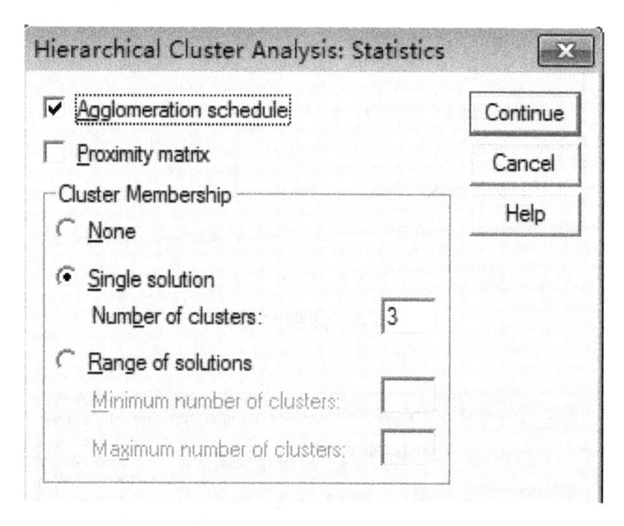

图 6-7 统计量对话框

(3) 单击 Plot 选项，打开 Plot 对话框，如图 6-8 所示。

① Dendrogram：输出反映聚类结果的系统树图；

② Icicle：输出反映聚类结果的冰柱图；

③ Orientation：选择输出冰柱图的方向，有垂直冰柱图和水平冰柱图。

(4) 单击 Method 选项，打开 Method(聚类方法)对话框，如图 6-9 所示。

① Cluster Method 为聚类方法选项，单击框边箭头展开下拉式列表，其中列出的聚类方法有：最短距离法(nearest neighbor)、最长距离法(furthest neighbor)、类内连接法(within-groups linkage)、类间连接法(between-groups linkage)、中位数法(median clustering)、重心法(centroid clustering)、最小偏差平方和法(ward's method)为常用的 8 种方法；

② Measure 选项用于选择距离测度方法。Interval 表示当参与聚类分析的变量为间隔测度的连续型变量时，可以单击框边的箭头展开下拉式列表，从中选择距离测度方法，其中有：欧氏距离(Euclidean distance)、切比雪夫距离(Chebychev distance)、明氏距离

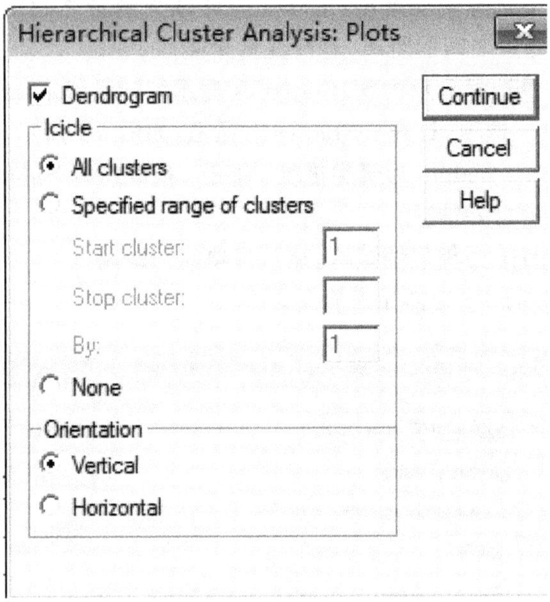

图 6-8　图形对话框

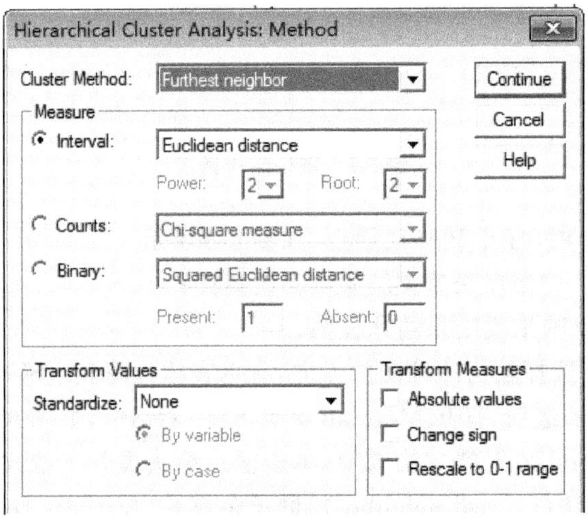

图 6-9　聚类方法对话框

(Minkowski)、欧氏距离平方(squared Euclidean distance)、余弦相似测度(cosine)、网格距离(block)、皮尔逊相关系数(Pearson correlation)等;

③ Transform Values 用于选择数据标准化方法。标准化(standardize)有不进行标准化(none)、Z 得分(Z scores)、将数据标准化到 −1～1 的范围内(range −1 to 1)、将数

据标准化到最大值1(maximum magnitude of 1)、将数据标准化到平均值1(mean of 1)、将数据标准化到0～1的范围内(range 0 to 1)、将数据标准化到标准偏差为1(standard deviation of 1)等；

④ Transform measures用于选择测度转换方法。栏中提供了3个并列的转换方法，它们是：绝对值转换法(absolute values)、重新调节测度值到0—1转换法(rescale to 0—1 range)、变号转换法(change sign)。

(4) 单击Save选项，打开Save New variables对话框，此选项为保存新变量，如图6-10所示。

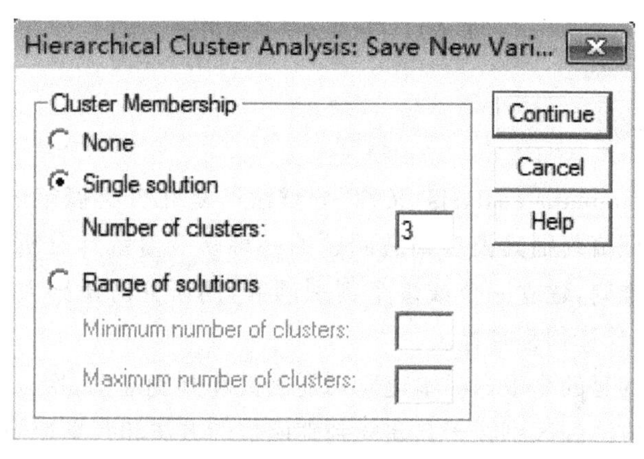

图 6-10 保存新变量对话框

各选项选择完毕，单击主对话框中的"OK"按钮，提交系统运行。聚类分析结果如表6-3和图6-11所示。根据将监测点分成3类的设定，表6-3列出了使用最远距离法的聚类结果：{1,2,3}、{4}、{5,6}；图6-11直观地显示了聚类的过程，它将实际的距离按比例调整到0～25的范围内，使用完整的连接方式连接性质相近的个案和新类，直至并为一类。从图6-11上可以清楚地看出各监测点的归属，其中1、2、3监测点污染水平接近归为一类，5、6监测点的污染水平接近归为一类，监测点4的污染水平与前两类都有差异。

表 6-3 聚类归属表

聚类成员

Case		3 Clusters
1:	1	1
2:	2	1
3:	3	1
4:	4	2
5:	5	3
6:	6	3

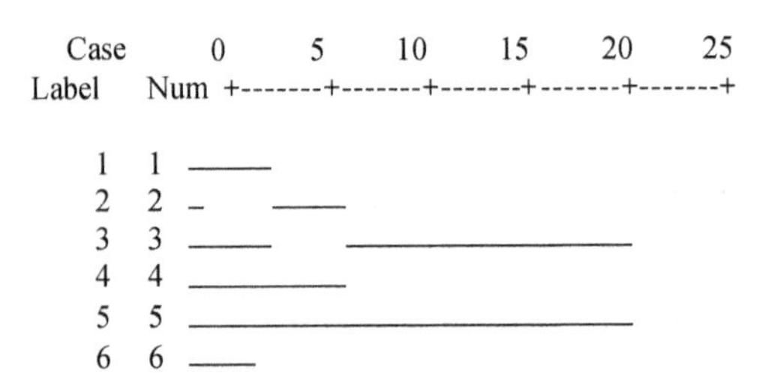

图 6-11　聚类分析系统树图

6.1.5　环境判别分析

判别分析(discriminant analysis)又称“分辨法”,是在分类确定的条件下,根据某一研究对象的各种特征值判别其类型归属问题的一种多变量统计分析方法。其基本原理是按照一定的判别准则,建立一个或多个判别函数,用研究对象的大量资料确定判别函数中的待定系数,并计算判别指标。

进行判别分析的目的是根据样本建立判别函数和判别准则,用以对新的样本进行归类。不同判别分析方法的区别在于其建立判别函数的方法和判别准则的规定是不同的。

(一) 判别分析分类

判别分析的方法中较常使用的有 Bayes 判别分析法和 Fisher 判别分析法。Fisher 判别分析法是以距离为判别准则来分类,即样本与哪个类的距离最短就分到哪一类;而 Bayes 判别分析法是以概率为判别准则来分类,即样本属于哪一类的概率最大就分到哪一类。前者仅适用于两类判别,后者适用于多类判别。

对判别分析结果的优劣评价明确尚无系统的检验理论,只能通过错判率和事后概率错误率的估计来评估判别分类的有效性。

(二) SPSS 在判别分析中的应用

例 3　长江三峡库区植物污染类型判定,根据植物的症状与受害程度来确定污染类型。假设根据叶色指数 x_1 与植株生长指数 x_2 来区分植物遭受 HCl、SO_2、NO_2 等大气污染物的影响,原始数据列于表 6-4。试根据判别分析建立判别函数,并判定另外三个待判样本属于哪一类。

表 6-4 三种大气污染物对植物生长的影响

组别	编号	叶色指数 x_1	植株生长指数 x_2
第一组 遭受 HCl 污染	1	4.3	15.7
	2	5.6	17.8
	3	4.7	16.9
	4	4.8	16.3
	5	5.3	17.2
	6	4.1	16
	7	4	15.8
	8	4.6	16.2
第二组 遭受 SO_2 污染	1	9.6	19.6
	2	9.3	19.9
	3	8.7	18.6
	4	8.8	18.9
	5	8.5	19.6
第三组 遭受 NO_2 污染	1	10.2	30.3
	2	11.3	28.7
	3	9.8	25.6
	4	7.2	27.6
	5	8.5	29
	6	9.6	30
待判样本	1	9.2	19
	2	4.8	15.3
	3	11.2	30.3

判别分析过程的基本步骤如下：

(1) 执行 Analyze→Classify→Discriminant 命令，打开 Discriminant Analysis 对话框，如图 6-12 所示。

① 选择一个分类变量移入 Grouping Variable 框中，单击下面的 Define Range 按钮，定义分类变量的最大值和最小值后返回主对话框；

② 从变量框中选择参与判别分析的数值型变量 x_1 和 x_2 移入自变量(independent)框中，自变量框下有建立所选择的全部自变量的判别式(enter independents together)和逐步判别法作判别分析(use stepwise method)两种选项；

③ 如果使用部分观测量参与判别函数的推导时，可从源变量列表中选一个能标记需选择的这部分观量的变量移入 Selection Variable 框中，若使用全部观测量，这一步骤可以省略。

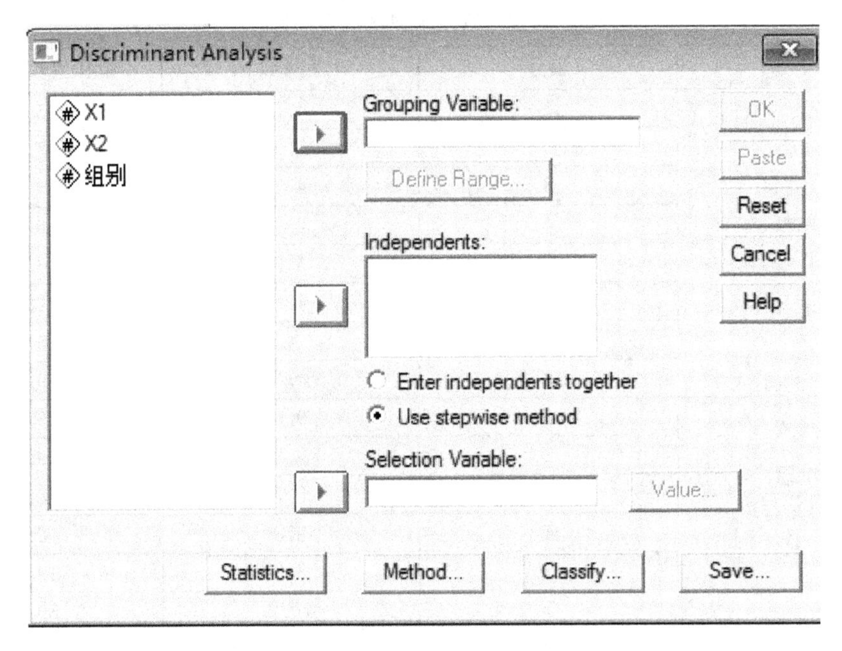

图 6-12　判别分析主对话框

(2) 单击 Statistics 选项，打开统计量对话框，如图 6-13 所示。包括三部分：描述统计量(Descriptives)子栏、矩阵(Matrices)子栏和判别函数系数(Function Coefficients)子栏。

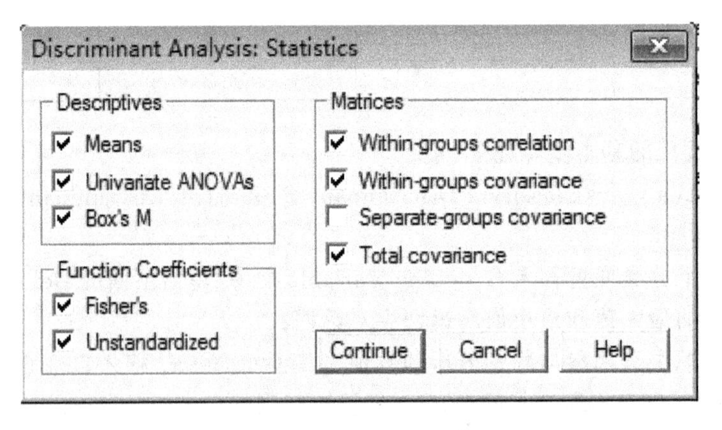

图 6-13　统计量对话框

(3) 若在主对话模式中选择使用逐步判别方法(Use stepwise method)选项，对话框下的 Method 才会被激活，单击 Method 选项，打开逐步判别方法对话框，如图 6-14 所示。包括三部分：方法(Method)子栏、临界值(Criteria)子栏和显示(Display)子栏。

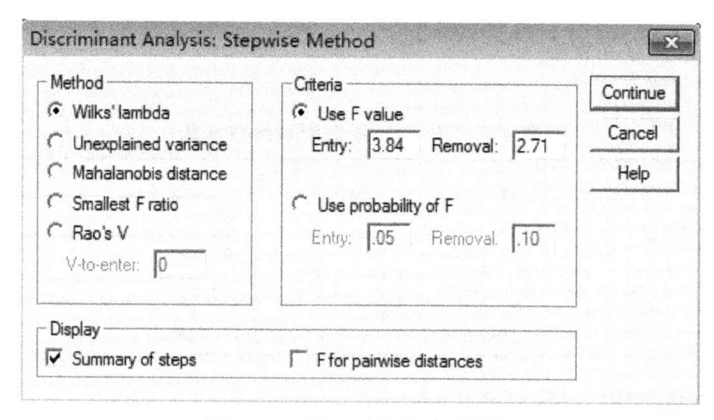

图 6-14 逐步判别方法对话框

(4) 单击 Classify 选项，打开如图 6-15 所示的分类(Classification)对话框。包括先验概率(Prior Probabilities)子栏、显示(Display)子栏、协方差矩阵(Use Covariance Matrix)子栏和图形(Plots)子栏。

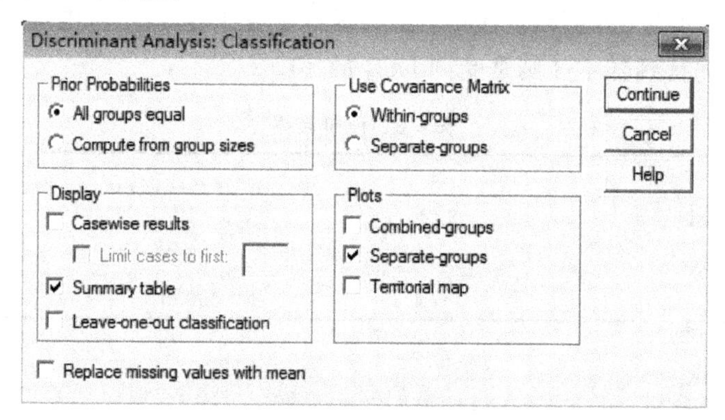

图 6-15 分类对话框

(5) 单击 Save 选项，打开保存(Save)对话框，如图 6-16 所示。在此对话框选择建立新变量将判别分析结果保存到当前工作文件中。

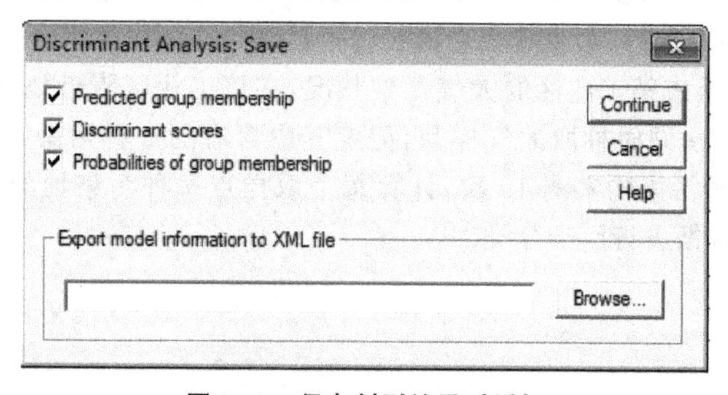

图 6-16 保存判别结果对话框

各选项选择完毕，单击主对话框中的“OK”按钮，提交系统运行。判别分析结果，如表6-5所示。

表6-5 Fisher's线性判别函数系数

	组别		
	1	2	3
x_1	−0.015	4.855	1.842
x_2	13.175	14.053	22.269
(Constant)	−109.670	−158.649	−327.489

据此可建立函数为

$$y_1 = -0.015x_1 + 13.175x_2 - 109.670$$
$$y_2 = 4.855x_1 + 14.053x_2 - 158.649$$
$$y_3 = 1.842x_1 + 22.269x_2 - 327.489$$

根据待判样本中的数据，分别带入上面建立的三个判别函数中，用函数对待判样本进行评价，其结果如表6-6所示。表中：待判样本1属于受SO_2污染的一类，待判样本2受HCl的污染，而待判样本3则是受到NO_2的污染。

表6-6 评价结果

	编号	x_1	x_2	组别
待判样本	1	9.2	19	2
	2	4.8	15.3	1
	3	11.2	30.3	3

6.1.6 环境因子分析

在环境统计学中，经常会遇到环境因素复杂、因子众多的环境数据的处理和分析。因子分析研究从变量群中提取共性因子的统计技术，就是用少数几个因子来描述许多指标或因素之间的联系，以较少几个因子反映原资料的大部分信息的统计方法。它的基本思想是将实测的多个指标，用少数几个潜在的指标(因子)的线性组合来表示。

例4 为研究重庆某工业区的大气污染状况，在该工业区附近地区选取有代表性的8个取样点，每日两次同时抽取大气样品，测定其中含有的6种污染物的浓度，前后共5天，每个取样点每种污染物实测10次，计算每个取样点每种污染物的平均浓度，数据如表6-7所示，试对数据进行因子分类。

表 6-7 某工业区大气污染数据

取样点	Cl_2	H_2S	SO_2	CO_2	NO_2	CO
1	0.056	0.084	0.031	0.038	0.0081	0.022
2	0.049	0.055	0.100	0.110	0.022	0.0073
3	0.038	0.130	0.079	0.170	0.058	0.043
4	0.034	0.095	0.058	0.160	0.200	0.029
5	0.084	0.066	0.029	0.320	0.012	0.041
6	0.064	0.072	0.100	0.210	0.028	0.038
7	0.048	0.089	0.062	0.260	0.038	0.036
8	0.069	0.087	0.270	0.250	0.045	0.021

因子分析过程的基本步骤如下：

(1) 执行 Analyze→Date Reduction→Factor 命令，打开 Factor Analysis 对话框，如图 6-17 所示。

从源变量列表中选择需作因子分析的变量移入 Variables 框中，若需要使用部分观测量参与因子分析时，从源变量列表中选一个能标记需选择的这部分观测的变量移入 Selection Variable 框中。

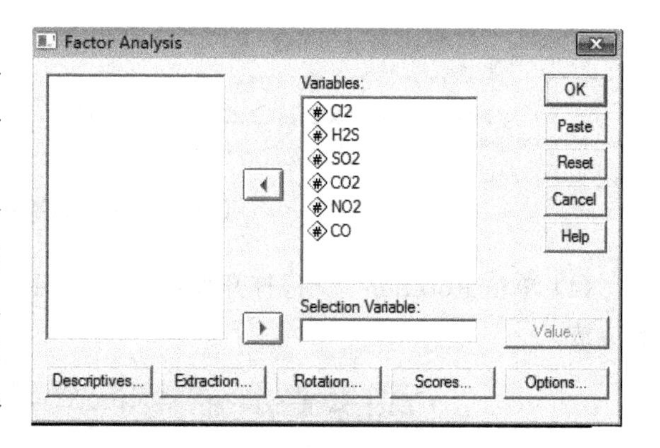

图 6-17 因子分析主对话框

(2) 单击 Descriptives 选项，打开如图 6-18 所示的 Descriptives 对话框，从中选择需要输入的统计量。

图 6-18 因子分析主对话框

(3) 单击 Extraction 选项,打开如图 6-19 所示的提取(Extraction)对话框,从中选择因子提取的方法。

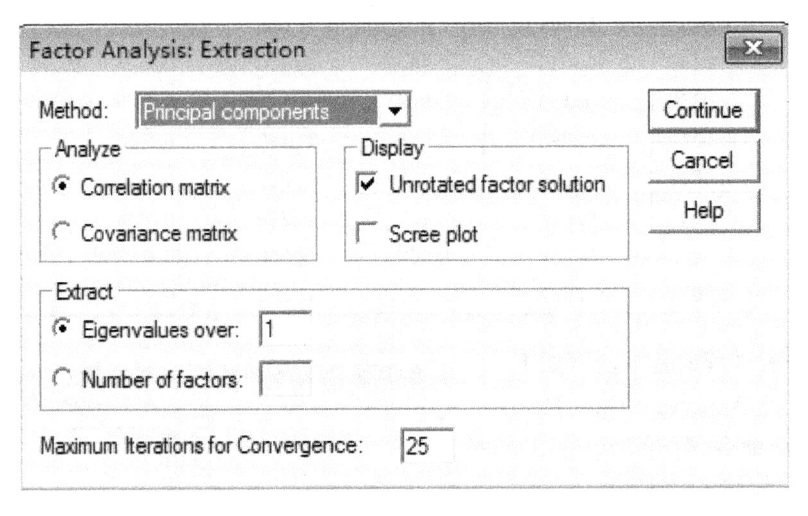

图 6-19 因子提取对话框

(4) 单击 Rotation 选项,打开如图 6-20 所示的旋转(Rotation)对话框,从中选择旋转方法。

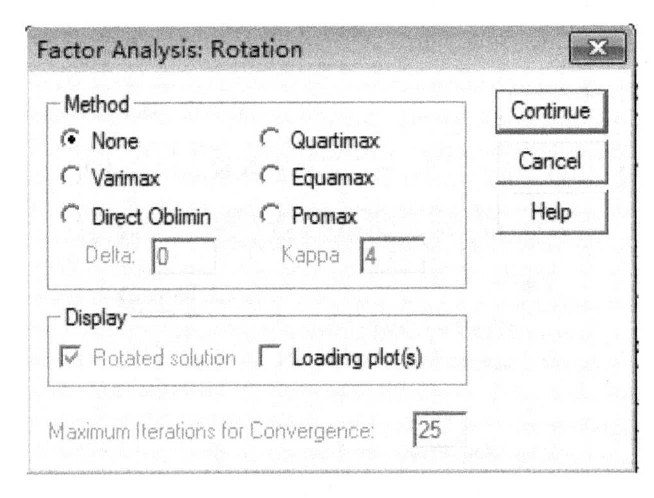

图 6-20 旋转方法对话框

(5) 单击 Scores 选项,打开因子得分(Factor Scores)对话框,如图 6-21 所示。

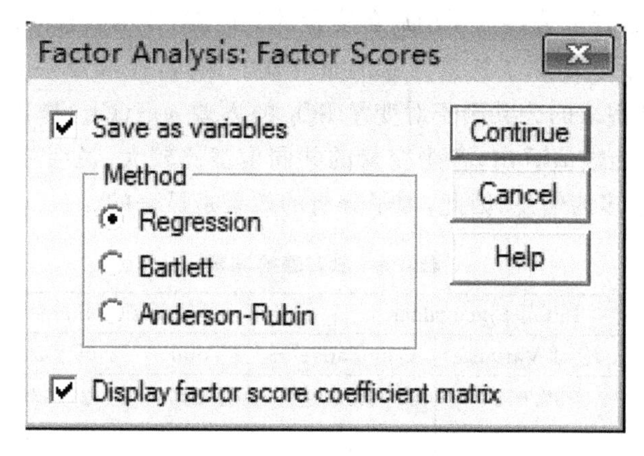

图 6-21 因子得分对话框

(6) 单击 Options 选项,打开 Options 对话框,如图 6-22 所示。

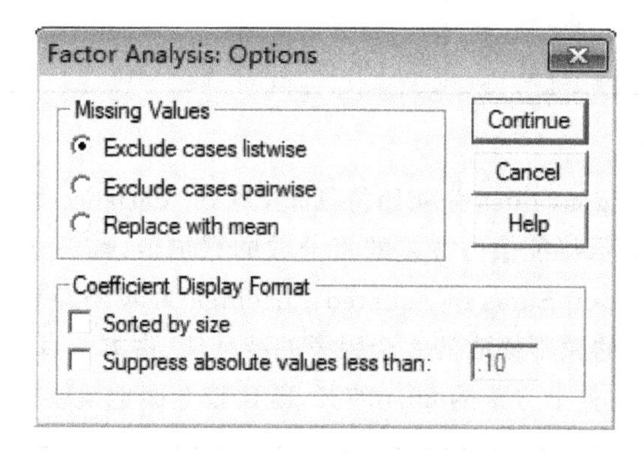

图 6-22 选项对话框

各选项选择完毕,单击主对话框中的"OK"按钮,提交系统运行。因子分析结果,如表 6-8、表 6-9、表 6-10 所示。

表 6-8 共同度表

	初始共同度(Initial)	提取因子以后的再生共同度(Extraction)
Cl_2	1.000	0.910
H_2S	1.000	0.773
SO_2	1.000	0.956
CO_2	1.000	0.869
NO_2	1.000	0.630
CO	1.000	0.967

提取方法:主成分分析。

表 6-8 中给出了提取公共因子前后各变量的共同度，显示因素间的共同性结果，它说明了全部公共因子反映出原了变量信息的百分比。比如，提取公共因子后，变量 SO_2 的共同度为 0.956，即提取的公共因子对变量 SO_2 的方差 Var(Cl_2)作出了 95.6%的贡献。从 Extraction 一列的数值看出，各个变量的共同度都比较大，说明变量空间转化为因子空间时，保留了比较多的信息，因此，因子分析的效果是显著的。

表 6-9　总方差解释表

Component	Initial Eigenvalues			Extraction Sums of Squared Loadings		
	Total	% of Variance	Cumulative %	Total	% of Variance	Cumulative %
1	2.225	37.079	37.079	2.225	37.079	37.079
2	1.753	29.222	66.301	1.753	29.222	66.301
3	1.128	18.797	85.097	1.128	18.797	85.097
4	0.672	11.195	96.292			
5	0.168	2.792	99.084			
6	0.055	0.916	100.000			

提取方法：主成分分析。

表 6-9 中 Initial Eigenvalues 为初始特征值，% of Variance 表示特征值占方差的百分数，Cumulative %表示特征值占方差的百分数的累加值，前三个因子的累积贡献率已达到 85.097%，Extraction Sums of Squared Loadings 为未经旋转提取因子的载荷平方和，根据特征值大于 1 的原则提取的 3 个因子的特征值、占方差百分数及其累加值。这 3 个因子所解释的方差占整个方差的 85.097%，能比较全面地反映所有信息。

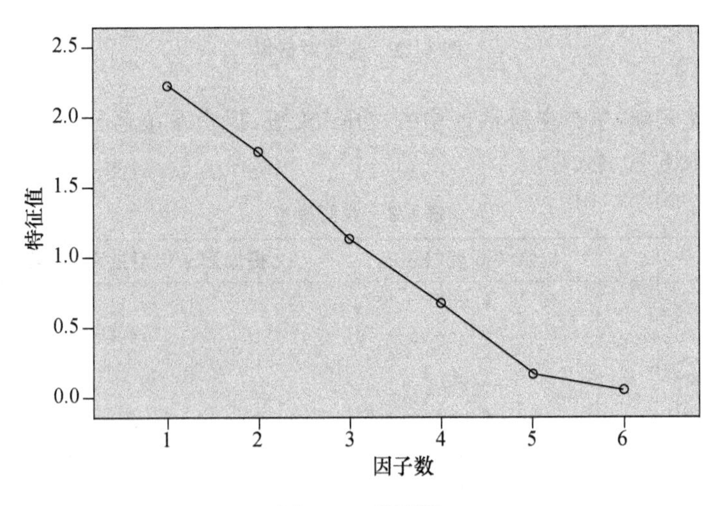

图 6-23　碎石图

碎石图的纵坐标为特征值(Eigenvalue),横坐标为因子数(Component Number),从图 6-23 中可以看出前面 3 个因子的特征值(皆大于 1),图中折线陡峭,从第四个因子以后,折线平缓。因此,选择 3 个公共因子。

表 6-10 因子荷载矩阵*

	因子序号(Component)		
	1	2	3
Cl_2	0.936	0.184	−0.027
H_2S	−0.706	0.471	0.229
SO_2	0.273	−0.166	0.924
CO_2	0.495	0.736	0.287
NO_2	−0.723	0.102	0.311
CO	−0.088	0.958	−0.202

提取方法:主成分分析;*:3 个主成分提取。

表 6-10 为因子荷载矩阵,列出了对应于各变量的 3 个主因子的提取公共因子的荷载值。如设 F_1、F_2 和 F_3 分别为公共因子,从而得出因子模型为

$$Cl_2 = 0.936F_1 + 0.184F_2 - 0.027F_3$$
$$H_2S = -0.706F_1 + 0.471F_2 + 0.229F_3$$
$$SO_2 = 0.273F_1 - 0.166F_2 + 0.924F_3$$
$$CO_2 = 0.495F_1 + 0.736F_2 + 0.287F_3$$
$$NO_2 = -0.723F_1 + 0.102F_2 + 0.311F_3$$
$$CO = -0.088F_1 + 0.958F_2 - 0.202F_3$$

从因子模型可以看出,第一主因子主要由变量 Cl_2、H_2S 和 NO_2 决定,它们在主因子上的载荷分别为 0.936、−0.706 和−0.723;第二主因子则主要由变量 CO 和 CO_2 决定,它们在主因子上的载荷分别为 0.958 和 0.736;第三主因子则主要由变量 SO_2 决定,它在主因子上的载荷为 0.924。

表 6-11 因子得分系数矩阵

	主 成 分		
	1	2	3
Cl_2	0.421	0.105	−0.024
H_2S	−0.317	0.269	0.203
SO_2	0.122	−0.094	0.820
CO_2	0.223	0.420	0.255
NO_2	−0.325	0.058	0.276
CO	−0.040	0.546	−0.179

提取方法:主成分分析。

表6-11为因子得分系数矩阵，根据因子得分系数和原始变变的观测值可以计算出各个观测量的因子得分：

$$F_1=0.421\ Cl_2-0.317\ H_2S+0.122\ SO_2+0.223\ CO_2-0.325\ NO_2-0.040\ CO$$

$$F_2=0.105\ Cl_2+0.269\ H_2S-0.094\ SO_2+0.420\ CO_2+0.058\ NO_2+0.546\ CO$$

$$F_3=-0.024\ Cl_2+0.203\ H_2S+0.820\ SO_2+0.255\ CO_2+0.276\ NO_2-0.179\ CO$$

6.2　环境变量空间变化表征和预测

环境信息有一个非常突出和重要的特性即空间性。据统计，环境信息85%以上都与空间位置有关，可以把具有空间属性的环境信息称为环境空间信息，它是具体描述地球环境中实体的空间特征、属性特征和时间特征的数据集合。它是具有空间坐标的环境信息，强调的是具有空间位置的信息，更强调信息中所蕴含的内容和属性。例如描述某一河流污染状况，一般数据侧重于河流的污物含量等，而环境空间信息则要附加污染源的位置等和空间位置有关的信息；复杂一点的还要处理河流与流域内城市间的距离、方位等空间关系。这些信息可以是图形、图像、文字、表格和数字等，常见的环境空间信息有污染源分布、监测站点分布、环境质量的空间分布和自然生态资源空间分布特征等。

空间信息统计就是将空间信息与属性信息进行统一的考虑，研究特定属性或属性之间与空间位置的关系，比如农作物的产量往往与所处的土壤的肥沃程度相关。空间统计主要的工作是研究空间自相关性(spatial autocorrelation)，分析空间分布的模式，例如聚类(cluster)或离散(dispersed)。

6.2.1　空间变量筛选分析

随着现代数据收集系统的不断改进，在一个取样点上常可以收集到几十种原始变量。比如，中国污染源调查，每个市都包括有多种的污染源统计变量。根据统计学原理，这些复杂的多变量之间有许多是相互关联的，可以通过寻找一组相互独立的变量，使多变量数据得到简化，这就叫变量筛选分析。常用的变量筛选分析方法有主成分分析法、主因子分析法、关键变量分析法等。

空间变量主成分分析是以取样点作为坐标轴，以变量作为矢量，通过以相似系数建立相关矩阵，研究变量之间的亲疏关系。

主因子分析法是以变量作为坐标轴，以取样点作为矢量，通过以相关系数建立相关矩阵，研究取样点之间的亲疏关系。关键变量分析则是利用变量之间的相关矩阵，通过由用户确定的阈值，从数据库变量全集合中选择一定数量的关键独立变量，以消除其他冗余的变量。

6.2.2 空间变量聚类分析

所谓变量聚类分析就是将一组数据点或变量，按照其在性质上亲疏远近的程度进行分类。两个数据点在 m 维空间的相似性可以用这些点在变量空间的距离(d_{ij})来度量，即

$$d_{ij} = \left(\sum_{k=1}^{n}[x_{ik} - x_{jk}]^2\right)^{1/2}$$

这里，d_{ij} 称做欧几里德距离(Euclidean distance)，它表示数据点 i 与数据点 j 之间的距离，x 为相应点 k 的变量。距离越小，表明两者的相似性越大。或者采用马氏距离(Mahalonobis's)，数据点 i 与数据点 j 之间的马氏距离(d^2)为

$$d_{ij} = (x_i - x_j)' \sum\nolimits^{-1}(x_i - x_j)$$

其中，x_i 和 x_j $(i,j=1,2,\cdots n)$ 为数据点 i 与数据点 j 的 m 个变量所组成的向量；$\sum^{-1}$ 为样本协方差矩阵。

6.2.3 空间信息统计学原理

空间信息统计学的核心内容包含两个部分：一是变差函数；二是克里金估值。

(一) 变差函数

设$(x_i,y_i,z_i)(i=1,2,\cdots,n)$为一组观测值，其中 x_i，y_i 为第 i 个观测点上的坐标，z_i 为变量在第 i 个观测点上的观测值，则实验变差函数为

$$\gamma^*(h) = \frac{1}{2N(h)}\sum_{i=1}^{N(h)}[z(x_i) - z(x_i + h)]^2 \tag{6-1}$$

其中，$\gamma^*(h)$为实验变差函数值；x_i 为观测点的坐标，在二维空间中它代表(x_i,y_i)；$z(x_i)$为 i 点上的观测值；$z(x_i+h)$为距 i 点的距离为 h 的那一点的观测值；h 为两观测点之间距离，称为滞后距；$N(h)$为相距为 h 的点对的数目。

最小的滞后距称为基本滞后距。在实际计算中不同的滞后距一般是成倍增加的。对不同的滞后距 h，公式(6-1)可以算出相应的实验变差函数值 $\gamma^*(h)$。对每一滞后距 h_i，把诸点$[h_i,\gamma^*(h_i)]$在 h-$\gamma^*(h)$图上标出，所提到的图形称为实验变差函数图，或实验变差图。实验变差函数具有方向性，按照某一方向取滞后距 h，可得该方向上的实验变差函数。

(二) 理论变差函数

在实际应用中，运用最小二乘法原理将实验变差函数点$[h_i,\gamma^*(h_i)]$拟合成理论变差函数模型。常用的理论变差函数模型是球状模型。球状模型变差函数的数学表达式为

$$\gamma(h)=\begin{cases}0 & h=0\\ C_0+C\left(\dfrac{3}{2}\cdot\dfrac{h}{a}-\dfrac{1}{2}\cdot\dfrac{h^3}{a^3}\right) & 0<h\leqslant a\\ C_0+C & h>a\end{cases}\tag{6-2}$$

其中，a 为变程；C_0 为块金值；C 为拱高；C_0+C 为基台值。球状模型变差函数的图形可以图 6-24 表示。

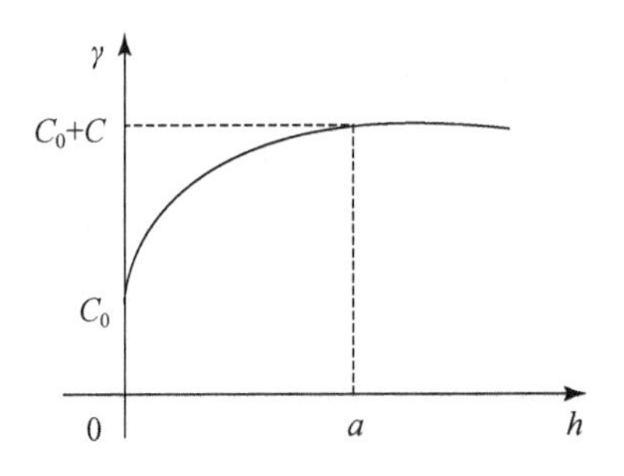

图 6-24　球状模型理论变差函数

从球状模型理论变差函数图上我们可以看出：变差函数在 $0\sim a$（变程）范围内，$\gamma(h)$ 随 h 的增大而增加，因此 a 变程反映了变量相关性的范围；当 $h>a$ 时，变差函数 $\gamma(h)$ 就不再单调增加了，而是稳定在基台值 C_0+C 附近，说明变量的变化性与距离无关了，这就反映了变量的随机性特征。基台值 C_0+C 反映了变量变化性的大小；块金值反映了变量连续性优劣。

（三）克里金估值与克里金方差

克里金估值方法是南非采矿工程师克里金（D. G. Krige）首次提出来的，故称为克里金估值。克里金法是利用原始数据和半方差函数的结构性，对未采样点的区域化变量进行无偏最佳估计值的一种方法，这种方法的一个特点是能够计算出每个估计值的误差大小（估计值方差），从而能知道估计值的可靠性程度。

设观测点上的观测值为$\{Z_i, i=1,2,\cdots,n\}$。用已知点上的数值来预测（估计）未知点上的值称为估值。通常采用的线性估计式为

$$Z_0^*=\sum_{i=1}^{n}\lambda_i Z_i\tag{6-3}$$

其中，Z_0^* 为未知点上的估计值；λ_i 为权系数。显然估计值精度优劣完全取决于 λ_i 的确定。克里金估值的权系数 λ_i 是在“无偏”和“方差最小”的前提下导出的，所以它是一种最优线性无偏估计量（the best linear unbiased estimator）。

1. 无偏性条件

设 Z_0^* 为某一点的估计值，Z_0 为该点上的真实值，估计总会有偏差的 $Z_0^* - Z_0$，但我们总可以使这偏差值的数学期望满足无偏性条件，即

$$E[Z_0^* - Z_0] = 0 \tag{6-4}$$

2. 方差最小性条件

估计值与真实值之差应满足：

$$E\{(Z_0^* - Z_0)^2\} = \min \tag{6-5}$$

满足上述两条件的估计值称为最优估计。根据最优估计的条件可以导出求克里金估值权系数 λ_i 的方程组，简称克里金方程组，即

$$\begin{cases} \sum_{j=1}^{n} \lambda_j \gamma(x_i, x_j) + \mu = \gamma(x_i, x_0) \quad i = 1,2,\cdots,n \\ \sum_{j=1}^{n} \lambda_j = 1 \end{cases} \tag{6-6}$$

克里金方差 σ_K^2 则可表示为

$$\sigma_K^2 = E\{[Z_K^* - Z_0]^2\} = \sum_{i=1}^{n} \lambda_i \gamma(x_i, x_0) + \mu \tag{6-7}$$

其中，x_0 为未知点(待估点)坐标，在二维空间中它表示(x_0, y_0)；x_i 为观测点(已知点)坐标，在二维空间中它表示(x_i, y_i)；$\gamma(x_i, x_j)$为观测点 i 与 j 之间的变差函数值；$\gamma(x_i, x_0)$为观测点 i 与待估点之间的变差函数值；μ 为拉格朗日乘数；Z_K^* 为用克里金方程组求出权系数得到的估计值，简称克里金估计值。

利用克里金方法进行预测，必须完成两个任务：① 揭示空间相关规律；② 进行预测。为此，克里金估值方法需要两个步骤：第一，生成变异函数和协方差函数，用于估算样点值间的统计相关(空间自相关)。变异函数和协方差函数取决于自相关模型(拟合模型)。第二，预测未知点的值。

6.2.4 在 ArcGIS 9 中进行空间统计

传统的统计并不考虑地理要素的空间关系，而在空间统计中，要素的空间关系是分析中需要考虑的重要因素。ArcGIS 9 中的空间统计工具箱包括了一系列用来分析地理要素的空间分布形态工具。通过使用这些工具，可以采用一种更高级的方法来解决空间数据分析中的问题。其空间统计工具如图 6-25 所示，表 6-12 列出了主要的空间统计工具集以及它们的功能。

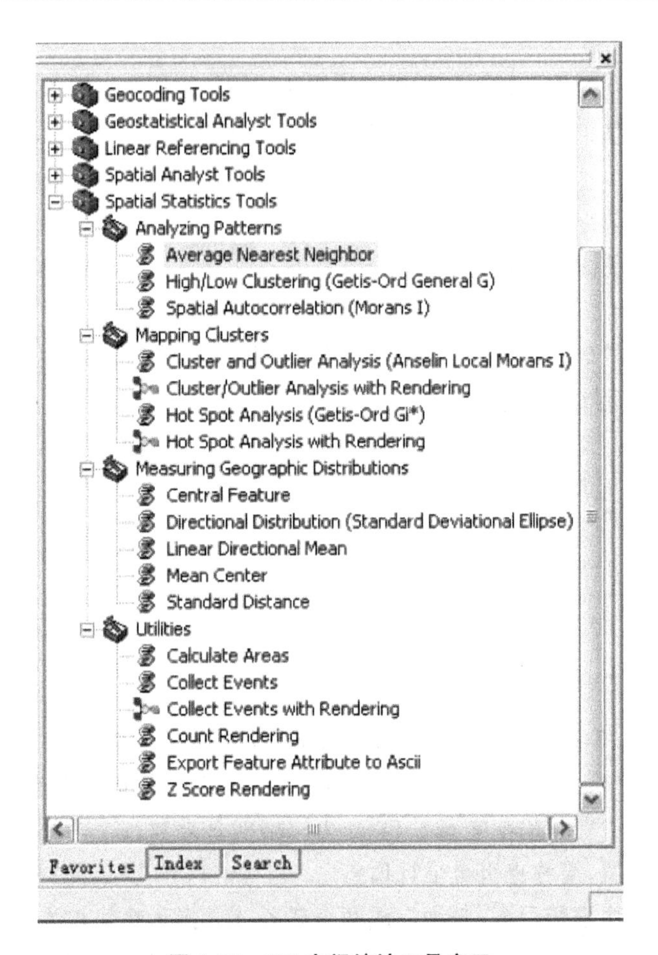

图 6-25 GIS 空间统计工具窗口

表 6-12 空间统计工具集及其功能工具集

工具集	功　能
空间分布模式分析 (analyzing patterns)	确定要素的某些属性值在一个区域中是聚集分布,均匀分布,或者是随机分布状态
聚集分布制图 (mapping clusters)	确定统计量上重要的 hot spots(最受关注地区),cold spots(不受关注地区)以及一些有特例的地区
度量空间分布 (measuring geographic distributions)	确定数据的中心位置,数据分布的形状及方向性,离散数据的离散程度
辅助工具集(utilities)	对数据进行重新处理或符号化分析结果

(一) 分析模式

该分析模式(analyzing patterns)主要用来探讨数据的空间分布特征,包含三个工具:

(1) 平均最邻近距离(average nearest neighbor)工具。测量每个要素与之最邻近要素之间的距离,并计算平均值;再测量平均距离与假定为随机分布距离的相似程度,进行统计后返回 Z Score 值。Z Score 值为负且越小,则要素分布越趋向于聚类分布,相反为离散分布。该工具主要用于说明要素之间的接近程度以及它们之间的相互关系。其对话框如图 6-26 所示,其图形化显示输出结果如图 6-27、6-28 所示。

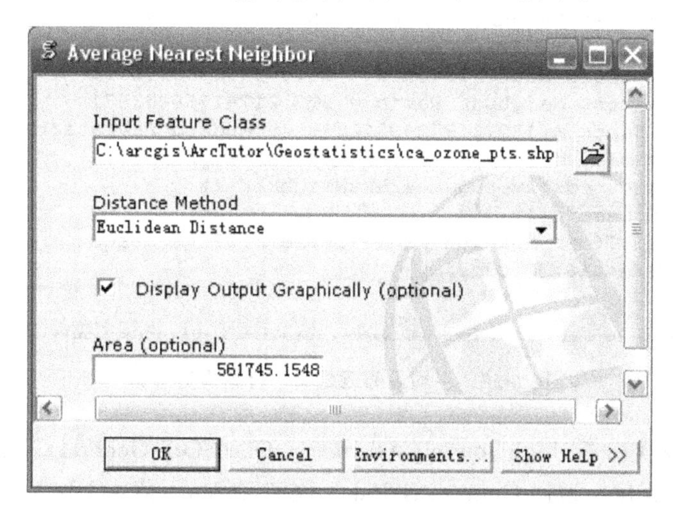

图 6-26 平均最邻近距离对话框

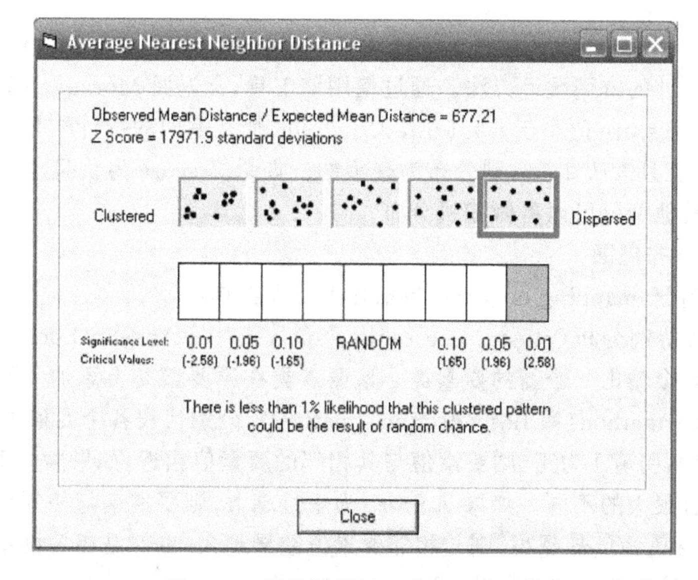

图 6-27 平均最邻近距离图示对话框

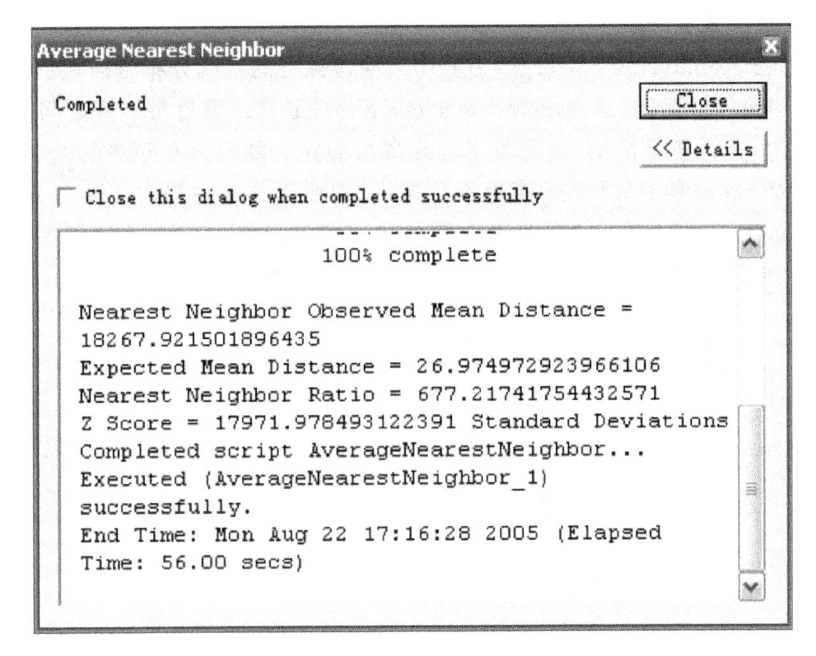

图 6-28 平均最邻近距离运行结果对话框

(2) 高/低聚类分析(high/low clustering——Getis-Ord General G)工具。用于测量特定区域的聚合程度。返回 General G Index 值和 Z Score 值：G Index 值越高，越趋向于高聚类；相反为低聚类。Z 值为正且越大，要素分布趋向高聚类分布；相反为低聚类分布。

(3) 空间自相关(spatial autocorrelation——Moran's I)工具。Moran's I 方法是进行空间自相关统计的常用统计方法。通过使用该工具，会返回 Moran's I Index 值以及 Z Score 值。如果 Z score 值小于－1.96 或大于 1.96，那么返回的统计结果就是可采信值。如果 Z score 为正且大于 1.96，则分布为聚集的。如果 Z score 为负且小于－1.96，则分布为离散的。其他情况可以看做随机分布。

(二) 聚类分布制图

聚类分布制图(mapping clusters)包括如下 4 个工具：

(1) 聚集及特例分析(cluster and outlier analysis——Anselin Local Moran's I)工具。使用该工具会输出一个新的要素类。该要素类在原要素类上添加了两个字段，分别为 LMi〈distance_method〉和 LMz〈distance_method〉，分别代表各个要素的索引值 I 和 Z Score 值。如果索引值 I 为正，则要素值与其相邻的要素值相近；如果索引 I 值为负值，则与相邻要素值有很大的不同。如果 Z Score 为正且越大，则要素越与相邻要素值相近；相反，如果 Z Score 值为负却越小，则与相邻要素值差异越大(也就是相关性不强)。

(2) 聚集及特例分析并符号化(cluster and outlier analysis with rendering)。进行与

聚集及边界分析工具相同的操作并对结果进行符号化。

(3) 热点分析(hot spot analysis——Getis-Ord Gi *)。用于对输入要素进行 Getis-Ord Gi * 统计。并把统计结果作为新加字段(Gi〈distance band or threshold distance 的输入值〉)写入输出要素中。

该工具主要用于进行事件发生地区的预测或获取关注地区。比如通过对以往犯罪发生频率的统计,推测可能再次发生的地点。

(4) 热点分析并符号化(hot spot analysis with rendering)工具。用于进行热点分析工具相同的操作并对分析结果的 Gi 字段进行符号化,生成一个存储了符号化方案的 layer 文件。

(三) 度量空间分布

度量空间分布(measuring geographic distributions)包含如下工具:

(1) 中心要素(central feature)。用于查找距其所有要素距离最短的要素。使用该工具查找的是已存在的要素。

(2) 方向性分布分析(标准差椭圆)(directional distribution——Standard Deviational Ellipse)工具。用于创建一个新的要素类。该要素包含以下属性:椭圆的中心坐标;x、y 方向上的标准距离,也就是椭圆长轴、短轴的值;以及椭圆的旋转方向;使用椭圆可以概括要素的空间分布,并识别方向的趋势;长轴为空间分布最多的方向,短轴为空间分布最少的方向。

该工具主要用于进行空间分布特征的方向性因素判定。比如通过对污染样点数据的分析,找出污染扩散的主要方向。

(3) 均值中心(mean center)。该工具计算所有输入要素的平均 x,y 坐标,生成一个新的要素。往往通过目视得出的结论是不准确的,例如发生事件比较频繁的地区经常发生空间上的重叠,而目视判断会忽略这些信息,从而造成判断错误。通过使用工具,会对每个要素进行计算,得出来的中心才是真正的均值中心,是可信的结果。

(4) 线性方向均值(linear directional mean)。该工具要求输入要素为线要素。计算线要素的平均走向。方向均值的计算结果都是从正东开始,以逆时针旋转的角度来表示的,还包括平均长度等统计信息。

该工具只用来统计变化要素的主要发展趋势。比如统计一段时期的洋流运动方向,来确定洋流的主要运动方向或趋势。

(5) 标准距离(standard distance)。对密集分布的测量可以提供一个表示中心周围要素离散度的值,这个值就是标准距离。通过计算要素的标准距离,生成一个以标准距离为半径的圆来概括密集分布特征,该圆覆盖了要素的大部分。标准距离越大,说明要素的分布越分散。如果数据中存在差异较大的极值,会对结果产生比较大的影响。

（四）辅助工具集

辅助工具集(utilities)包含如下工具：

（1）计算面积(calculate areas)，计算多边形的面积。提供其他某些工具所需的面积参数。

（2）事件收集(collect events)，收集同一空间位置时间发生的次数。比如同一地区犯罪发生次数、流行病发病次数等等。

（3）对count字段符号化工具(count rendering)。该工具用于对count字段进行符号化并生成Layer文件。

（4）收集事件并符号化(collect events with rendering)，这是一个Model工具。进行与事件收集工具相同的工作并对其结果进行符号化，符号化字段为count字段。

（5）Z Score值符号化工具(Z Score rendering)。该工具会对包含Z Score值字段进行符号化。

（6）将要素属性值输出为Ascii码(export feature attribute to ascii)。该工具会将要素的x，y坐标及指定的属性值输出为Ascii码文件。

参考文献

1. 汤洁，卞建民，李昭阳等. 3S技术在环境科学中的应用[M]. 北京：高等教育出版社，2009.
2. 余明. 地理信息系统导论[M]. 北京：清华大学出版社，2009.
3. Kang tsung Chang 著. 陈健飞等译. 地理信息系统导论[M]. 北京：科学出版社，2003.
4. 李旭祥，沈振兴，刘萍萍等. 地理信息系统在环境科学中的应用[M]. 北京：清华大学出版社，2008.
5. 刘兴权，梁艳平. 浅析 GIS 中的空间分析与应用模型[J]. 四川测绘，2001，24(4)：150—155.
6. 姜亚莉，张延辉. GIS空间分析的应用领域[J]. 四川测绘，2004，27(3)：99—102.
7. 马天智，张燕妮. 空间分析方法、应用模型与 GIS 的关系[J]. 湖南地质，2003，22(1)：70—72.
8. 余柏蔵，吴健平，魏晓峰等. 空间分析 GIS 软件开发研究[J]. 测绘与空间地理信息，2004，27(5)：14—23.
9. 杨驰. GIS空间分析建模构想[J]. 测绘通报，2006(11)：22—25.
10. 李旭祥编著. GIS在环境科学与工程中的应用[M]. 北京：电子工业出版社，2003.
11. 王桥，张宏，李旭文. 环境地理信息系统[M]. 北京：科学出版社，2004.
12. 付川，林俊杰，潘杰等. 基于 GIS 的三峡库区消落区土壤中 Cu 分布研究[J]. 重庆三峡学院学报，2010，26(125)：5—7.
13. 杨士琦，高阳华，梅勇等. 基于 GIS 和 RS 的三峡库区重庆段钉螺可疑孳生环境研究[J]，长江流域资源与环境，2010，19(11)：1290—1293.
14. 郑磊，左太安，李月臣. 三峡库区消落区生态安全预警系统研究[J]，安徽农业科学，2010，38(23)：12626—12629.
15. 杨晓华，刘瑞民，曾勇. 环境统计分析[M]，北京：师范大学出版社，2008.
16. 郝黎仁. SPSS实用统计分析[M]，北京：中国水利水电出版社，2003.
17. 苏金明，傅荣华，周建斌等. 统计软件 SPSS 系列应用实战篇[M]. 北京：电子工业出版社，2002.
18. 蔡宝森. 环境统计[M]. 武汉：理工大学出版社，2002.
19. 姜小轶，孙运生，王安. 三维地理信息系统(3DGIS)的发展现状及趋势[J]. 世界地质，1998，17(4)：58—62.
20. Egenhofer M J. Spatial SQL：A Query and Presentation Language[J]. IEEE Trans Know 1 Data Eng.，1994，6(1)：86—95.
21. 李霖. 空间数据库查询语言的特征[J]. 武汉测绘科技大学学报，1997，22(2)：107—109.
22. Wang F. Tow and a Natural Language User Interface：An Approach of Fuzzy Query[J]. NT. J. GIS，1994(2)：143—162.
23. 孙洪泉，高加庆. 空间信息统计方法在研究城市地表水质中的应用[J]，中国农村水利水电，2011(10)：87—89.
24. 王斐，王杰生，胡德永. 三个商用遥感数字图像处理软件比较[J]. 遥感技术与应用，1998，13(2)：49—56.

25. 杨一鹏,王桥,肖青等.基于TM数据的太湖叶绿素a浓度定量遥感反演方法研究[J].地理与地理信息科学,2006,22(2):5—8.
26. 李海峰.遥感图像解译技术概述[J].科技广场,2009(9):225—226.
27. 王守觉,丁兴号,廖英豪等.一种新的仿生彩色图像增强方法[J].电子学报,2008,36(10):1970—1973.
28. 杨鑫.浅谈遥感图像监督分类与非监督分类[J].四川地质学报,2008,28(3):251—254.
29. 赵春霞,钱乐祥.遥感影像监督分类与非监督分类的比较[J].河南大学学报(自然科学版),2004,34(3):90—93.
30. 游代安,蒋定华,余旭初.GIS辅助下的Bayes法遥感影像分类[J].测绘学院学报,2001,18(2):113—117.
31. 姚一飞,王浩,张安.遥感图像分类方法综述[J].魅力中国,2011(1):399—400.
32. 杨桦,刘晓鹏,郭悦.大气因素对空间相机成像的影响[J].航天返回与遥感,2008,29(2):18—22.
33. 张召才,王向军,庞博.异步推扫式遥感立体成像仿真系统[J].红外与激光工程,2010,39(5):887—891.
34. 陈耀辉.浅谈遥感数字图像处理[J].中小企业管理与科技,2011(4):253.
35. 郑永春,欧阳自远。嫦娥1号绕月探测——中国航天迈向深空[J].科技导报,2007(5):47—52.
36. 唐巍,叶东.三维视觉测量系统[J].红外与激光工程,2008,37(S1):328—332.
37. Soudan I K, Francois C, Lemaire G, et al. Comparative analysis of IKONOS, SPOT, and ETM data for leaf area index estim ation in temperate coniferous and deciduous forest stands[J]. Remote Sensing of Environment, 2006, 102(1—2): 161—175.
38. 郭海涛,张保明,徐青等.线阵CCD推扫式影像的投影误差特性分析[J].海洋测绘,2007,27(2):18—22.
39. 郭格元,程红.热红外遥感的成像原理及温度标定[J].影像技术,1998(4):37—41.
40. 张仁华.对于定量热红外遥感的一些思考[J].国土资源遥感,1999(1):1—6.
41. 杨国鹏,余旭初,冯伍法等.高光谱遥感技术的发展与应用现状[J].测绘通报,2008(10):1—4.
42. 万余庆,谭克龙,周日平.高光谱遥感应用研究[M].北京:科学出版社,2006.
43. 梅安新,彭望碌,秦其明等.遥感导论[M].北京:高等教育出版社,2002.
44. 杨丽君,吴健平.遥感成像技术的发展[J].地理教学,2003(5):3—4.
45. 金君.遥感成像观测技术综述[J].东北测绘,2000,23(4):7—8.
46. 李树楷.全球资源环境遥感分析[M].北京:测绘出版社,1992.
47. 金仲辉.微波遥感的物理基础及其在农业上的应用[J].物理,22(3):159—164,132.
48. 刘一良.微波遥感的发展与应用[J].沈阳工程学院学报(自然科学版),2008,4(2):171—173.
49. 曾建刚,苗放,叶成名.基于GML/KML的空间数据库研究[J].计算机与数字工程,2009,37(2):51—54,120.
50. 文小岳,范冲等.GIS二次开发中空间数据库技术解决方案研究[D].昆明:昆明理工大学,2007.
51. 苏峰,黄正军.GIS空间数据管理模式探讨[J].计算机仿真,2003,20(8):140—143.
52. 于大东,钟志农,李军.基于Oracle Special和GML的webGIs研究[J].计算机丁程与科学,2004,(04):66—70.

53. 郭岚，席晶. MapGIS 数据转换方法研究[J]. 西安科技大学学报，2011，31(1)：64—67.
54. 赖格英. 地理信息系统空间分析模型与实现方法的分析和比较[J]. 江西师范大学学报（自然科学版），2003，27(2)：164—166，184.
55. 谢元礼，胡斌. 浅谈 GIS 的发展历程与趋势[J]. 北京测绘，2002(1)：16—18.
56. 李德仁. 当前国际 GIS 的研究和应用现状[M]. 北京：测绘出版社，1995.
57. 李斌. 当代 GIS 的若干理论与技术[M]. 武汉：武汉测绘科技大学出版社，1999.
58. 边馥苓. 地理信息系统原理和方法[M]. 北京：测绘出版社，1996
59. 韩丽君，安建成. 地图投影及其在 GIS 中的应用[J]. 科技情报开发与经济，2009，19(8)：136—138.
60. 朱亚光. 地图投影方式对 GPS 工程测量成果的影响分析建筑知识[J]. 施工技术与应用，建筑知识：学术刊，2011(3)：173—174.
61. 罗文彬. 采用 GIS 工程化思想开发铁路工务地理信息系统[J]. 铁道勘察，2004(2)：23—26.
62. 方杰，徐芬，何虎军等. 基于 MapGIS 的地质图数字化误差来源和对策[J]. 地下水，2009，31(2)：120—121.
63. 郑晓娟，赵素霞. 空间数据质量综合评价方法的探讨[J]. 地理空间信息，2006，4(6)：47—48.
64. 吴哲宁. 论 GIS 应用软件的发展与应用[J]. 计算机光盘软件与应用，2011(14)：52—53.
65. 郝鹏宇，董思宜，王秀兰等. 专家系统与地理信息系统一体化发展的现状和展望[J]. 中国科技纵横，2011(4)：22—23.
66. 石磊，王阿川. 地理信息系统与专家系统一体化的现状与发展[J]. 林业机械与木工设备. 2005，33(2)：15—17.
67. 石磊，丁剑霆. ES 与 GIS 一体化在公路生态景观评价及恢复系统中的应用[J]. 黑龙江工程学院学报（自然科学版），2009，23(1)：28—31.
68. 赵岂雪，孙海宽，杨文连. GIS 技术及应用趋势[J]. 大观周刊，2011(28)：62.
69. 李宁. 地理信息系统 GIS 的发展趋势[J]. 北京电力高等专科学校学报，2011(10)：131—132.
70. 刘慕溪. WebGIS——基于 Internet 的地理信息系统的研究[J]. 科技与向导，2011(23)：17.
71. 张华忠，余富基. 对控制性水库特点的探讨[J]. 人民长江，2010，41(10)：94—96.
72. 梅勇，唐云辉，杨世琦等. 巫山大昌消落带钉螺可能孳生地气候生态环境分析[J]. 中国农业气象，2010，31(4)：591—595.
73. 郭文格，汤志华，李庆耀. 浅析 GIS 空间数据库[J]. 北京测绘，2011(2)：88—90.
74. 金雪汉，黄文娟，李兴飞. GIS 标准及标准化[J]. 东北测绘，2002，25(3)：59—60.
75. 蒋景瞳，刘若梅. ISO 19100 地理信息系列标准特点及其本土化[J]. 地理信息世界，2003，1(1)：34—40.
76. 周永娟，仇江啸，王效科等. 三峡库区消落带崩塌滑坡脆弱性评价[J]. 资源科学，2010，32(7)：1301—1307.
77. 周永娟，仇江啸，王姣等. 三峡库区消落带生态环境脆弱性评价[J]. 生态学报，2010，30(24)：6726—6733.
78. 赵纯勇，杨华，苏维词. 三峡重庆库区消落区生态环境基本特征与开发利用对策探讨[J]. 中国发展，2004(4)：19—23.
79. 付青松. GIS 矢栅数据结构及数据组织管理研究[J]. 测绘与空间地理信息，2010，33(6)：64—66，72.

80. 崔伦柱. 浅析DTM地形数据采集方法与比较[J]. 湖南农机,2008(1)：124—125.
81. 张馨方,黄敏儿. 数字高程模型简介[J]. 科技与向导,2011(20)95,77.
82. 马振利,白建军,马维若. 应用GPS技术生成DTM及其分析[J]. 辽宁工程技术大学学报,2006,25(5)：669—671.
83. 高鹏. 数字高程模型的建立[J]. 中华建设科技,2010(6)：1—4.
84. 李进. 数字高程模型的表现及应用[J]. 研究与探讨,2010(5)：077—078.
85. 刘南艳,翟玲. 数字地面模型的建立与应用[J]. 西安电子科技大学学报(自然科学版),2006,33(3)：500—503.
86. 沙从术,耿宏锁,赵传慧. 数字地面模型的构建与应用[J]. 河南科技,2006(2)：29—30.
87. 高永明,郭亚兴,高丽霞. 全野外精密数字地面模型的建立[J]. 北京测绘,2011(3)：86—88.
88. 邓美容,莫剑,胡最等. 基于GIS空间分析的商场选址问题研究[J]. 商业经济,2009(4)：16—17.
89. 游江南. GIS空间分析在土地管理工作中的应用[J]. 太原师范学院学报(自然科学版),2010,9(2)：127—129.
90. 姜亚莉,关泽群,郑彩霞. GIS空间分析在水质污染监测中的应用[J]. 地理空间信息,2004,2(3)：32—33.
91. 洪胜,罗明良. GIS空间分析内容体系比较分析[J]. 浙江测绘,2010(1)：46—47,56.
92. 余成肖,李欣,王君. GIS空间分析建模模块的设计与实现[J]. 计算机工程与设计,2010,31(14)：3305—3308.
93. 张菲菲,许剑辉,解新路. GIS空间分析方法在公交站点选址中的应用[J]. 地理空间信息,2011,9(1)：118—120.
94. 季漩,周汝良. ArcView GIS空间分析方法的研究——以银行选址为例[J]. 云南地理环境研究,2008,20(6)：55—58.
95. 晁怡,李清泉. 应用软件工程学方法开发GIS工程的必要性探讨[J]. 测绘通报,2003(4)：47—49,60.
96. 艾廷华,郭任忠. 关于地理信息系统工程[J]. 测绘信息与工程,1997(1)：16—20.
97. 成建国. "数字城市"建设中的地图综合技术[J]. 地理空间信息,2006,4(1)：69—71.
98. 李明玉,黄虎国,金爱芬. GIS的人口信息空间可视化技术在专题地图制作过程中的作用[J]. 东疆学刊,2007,24(3)：102—106.
99. 冯海山,李善平. GIS环境下的地图综合[J]. 计算机工程,1998,24(12)：32—34.
100. 张明旺. GIS中地图符号设计方法的研究[J]. 电奠知识与技术,2011,7(19)：4687—4688,4712.
101. 程满,梁虹,冯涛等. 基于空间问题建模概念过程的空间分析建模与实现[J]. 计算机工程与设计,2007,28(16)：4042—4045.
102. 陈述彭,鲁学军,周成虎. 地理信息系统导论[M]. 北京：科学出版社,1999.
103. 冯险峰,汪闽,孟雪莲等. ArcGIS空间分析实用指南[Z]. 北京：ESRI中国(北京)培训中心,2002.
104. 史文中,刘春,刘大杰. 基于一般抽样原理的GIS属性数据质量评定方法[J]. 武汉大学学报-信息科学版,2002,27(5)：445—450,461.
105. 陶华学,孙英君. GIS空间分析模型的建立[J]. 四川测绘,2001,24(4)：147—149.

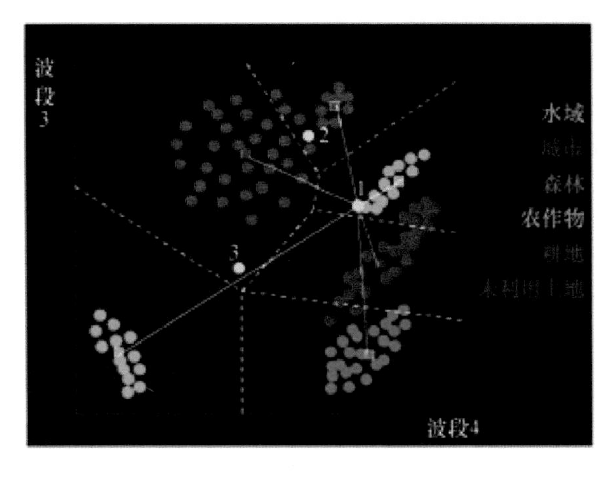

对图像中每个类别选一个具有代表意义的统计特征量（均值），计算待分像元与已知类别的距离，将其归属于距离最小的一类。

彩图1　最小距离判别法

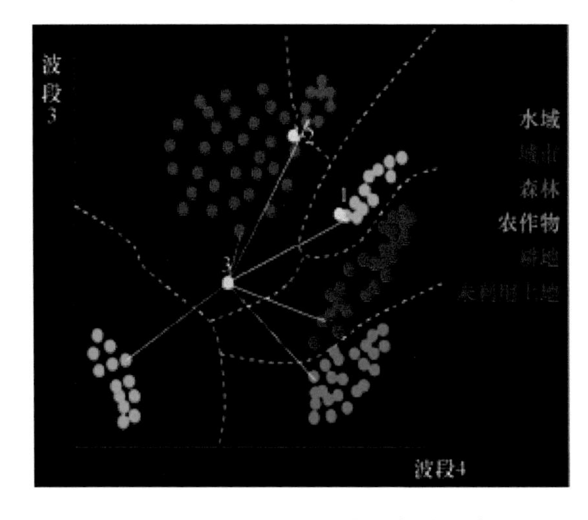

计算待分像元到第一类中每一个统计特征量之间的距离。该像元到每一类都有几个距离值，取其中最小的一个距离作为该像元到该类别的距离，再比较待分像元到所有类别间的距离。将其归属于距离最小的一类。

彩图2　最近邻域分类法

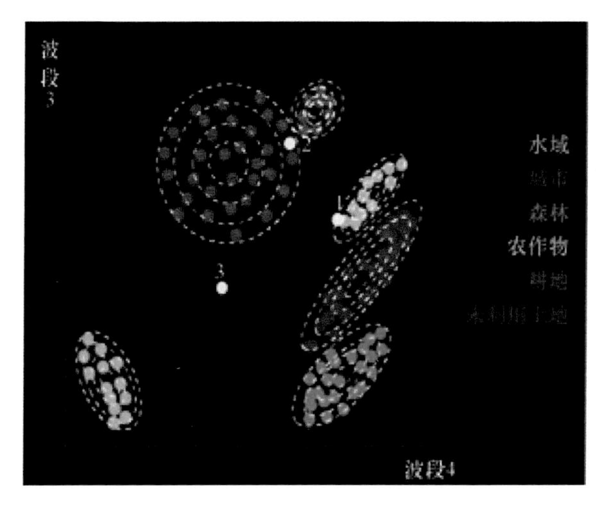

通过求出每个像元对于各类别归属概率（似然度），把待分像元分到归属概率（似然度）最大的类别中。

彩图3　最大似然法

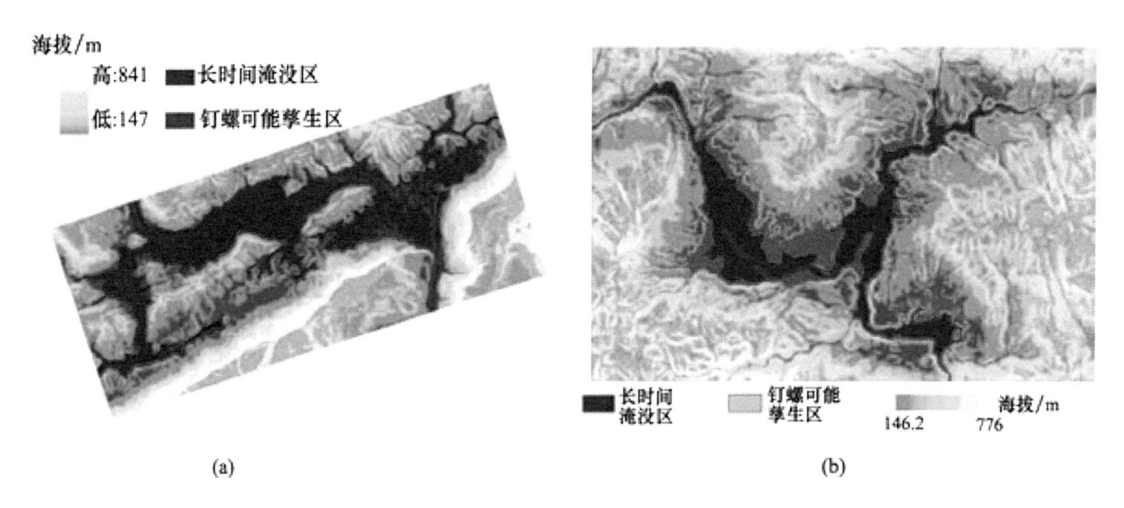

彩图4　重点监测区—渠口（a）和大昌（b）的钉螺可能孳生区

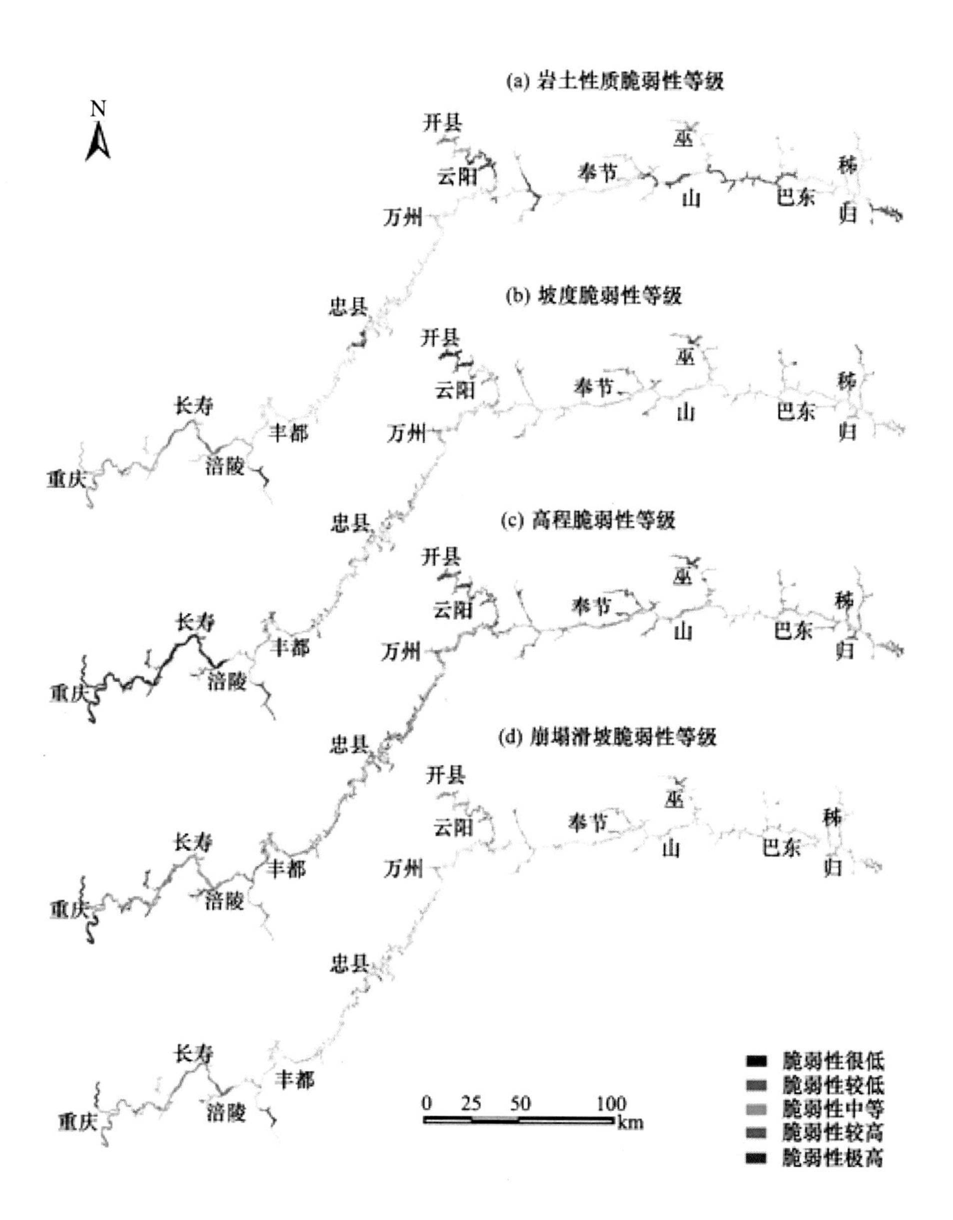

彩图5　三峡库区消落带崩塌滑坡的脆弱性等级分布

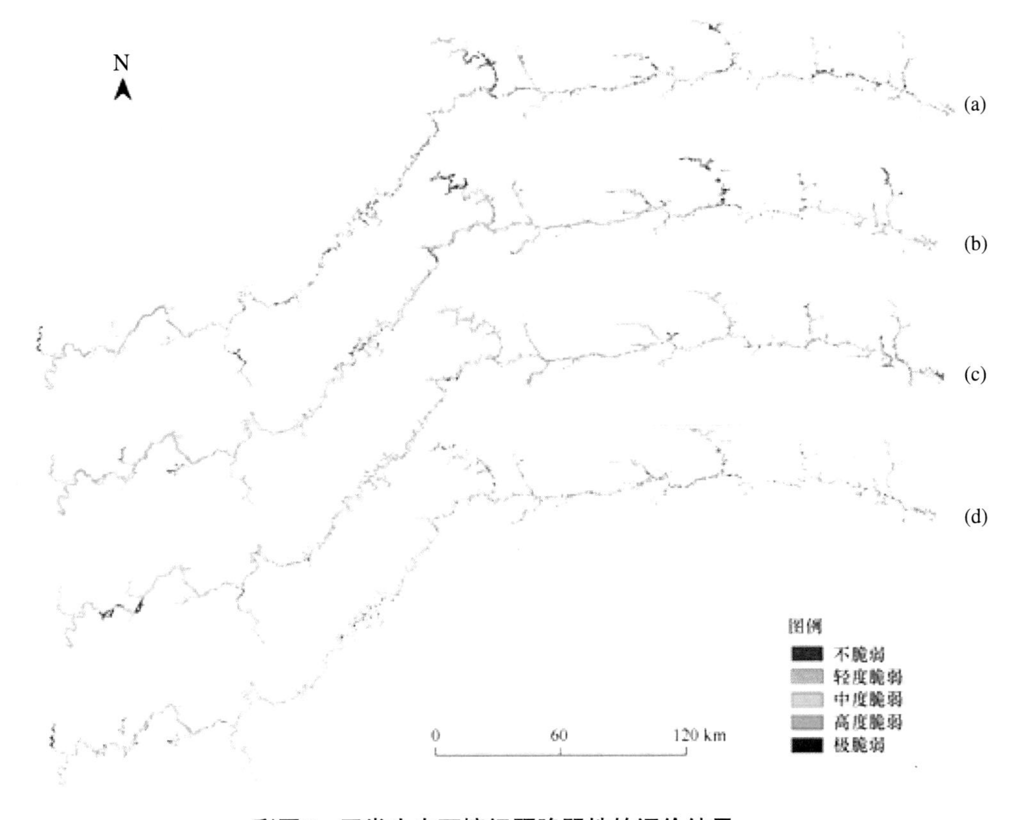

彩图6　四类生态环境问题脆弱性的评价结果

（a）崩塌滑坡脆弱性；（b）水力侵蚀脆弱性；（c）污染脆弱性；（d）景观破坏脆弱性

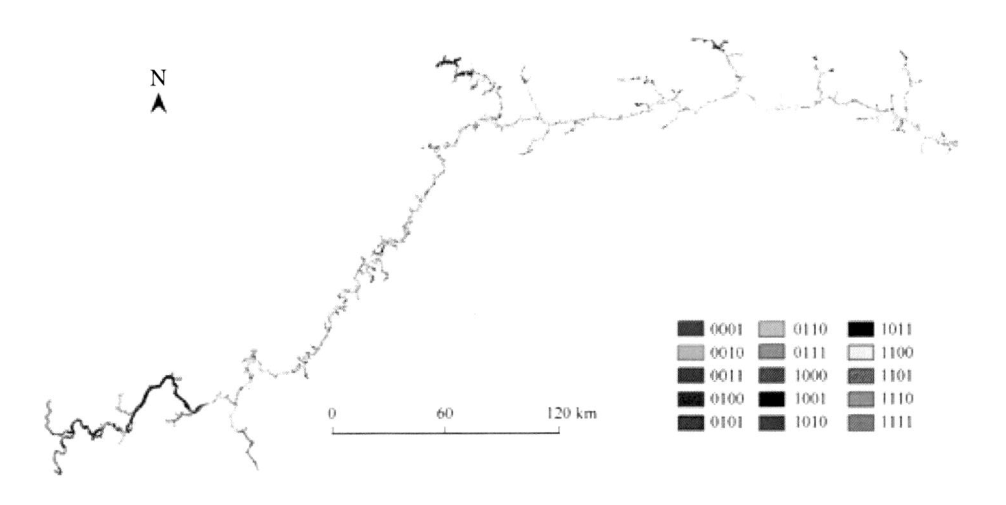

彩图7　消落带综合脆弱性分布图